本项工作得到原环境保护部"生物多样性保护专项"经费支持

国家出版基金项目
NATIONAL PUBLICATION FOUNDATION

中国红树林生物多样性调查

（广东卷）

陈清华等　编著

中国海洋大学出版社

·青岛·

图书在版编目(CIP)数据

中国红树林生物多样性调查(广东卷) / 陈清华等编
著. —青岛:中国海洋大学出版社,2019.11
ISBN 978-7-5670-1876-1

Ⅰ.①中… Ⅱ.①陈… Ⅲ.①红树林－生物多样性－
调查研究－广东 Ⅳ.①S796

中国版本图书馆 CIP 数据核字(2019)第 257263 号

出版发行	中国海洋大学出版社			
社 址	青岛市香港东路 23 号		**邮政编码**	266071
出 版 人	杨立敏			
网 址	http://pub.ouc.edu.cn			
电子信箱	dengzhike@sohu.com			
订购电话	0532-82032573(传真)			
责任编辑	邓志科 姜佳君		**电 话**	0532-85901040
印 制	青岛海蓝印刷有限责任公司			
版 次	2019 年 12 月第 1 版			
印 次	2019 年 12 月第 1 次印刷			
成品尺寸	210 mm×297 mm			
印 张	28			
字 数	610 千			
印 数	1～1000			
定 价	198.00 元			

发现印装质量问题,请致电 0532-88785354,由印刷厂负责调换。

中国红树林生物多样性调查(广东卷)

编委会

前 言 *Preface*

　　红树林是生长在热带、亚热带地区中潮带,受海水周期性浸淹,以红树植物为主体的木本植物群落。红树植物是热带、亚热带海湾、河口泥滩上特有的常绿灌木和小乔木,具有呼吸根或支柱根,种子可以在树上的果实中萌芽长成小苗,然后脱离母株,坠落于淤泥中发育生长,是一类稀有的木本"胎生"植物。红树植物因富含单宁酸,被砍伐后氧化变成红色,故称"红树"。

　　在中国,红树林主要分布在海南、广西、广东、福建和台湾沿海。淤泥沉积的热带、亚热带海岸和海湾,或河口处的冲积盐土或含盐沙壤土,适于红树林生长和发展。红树林一般分布于高潮线与低潮线之间的中潮带。随着海岸地貌的发育和红树林本身的作用,红树林常不断向海岸外缘扩展。红树植物对盐土的适应能力比任何陆生植物都强。据测定,红树林带外缘的海水含盐量为 $3.2\%\sim3.4\%$,内缘的海水含盐量为 $1.98\%\sim2.2\%$,河口处海水的含盐量要低些。红树植物是喜盐植物,通常它们不见于海潮达不到的河岸。例外的现象也有,红树林主要组成之一的桐花树就可以在中国广东的黄埔一带河岸生长。温度对红树林的分布和群落的结构及外貌起着决定性的作用。赤道地区的红树林高达 $30\ m$,组成的种类也最复杂,并表现出某些陆生热带森林群落的外貌和结构,林内出现藤本和附生植物等。在热带的边缘地区,如在中国海南岛,红树林一般高 $10\sim15\ m$。随着纬度升高,温度降低,红树林高可不足 $1\ m$,构成红树林的种类也减为 $1\sim2$ 种。

　　红树植物以凋落物的方式,通过食物链转换,为海洋动物提供良好的生长发育环境,同时,红树林区内潮沟发达,吸引深水区的动物来到红树林区内觅食、繁殖。由于红树林生长于热带、亚热带,并拥有丰富的鸟类食物资源,所以红树林区是候鸟的越冬场和迁徙中转站，更是各种海鸟觅食、繁殖的场所。红树林另一重要生态功能是防风消浪、促淤保滩、固岸护堤、净化海水和空气。盘根错节的发达根系能有效地滞留陆地来沙，减少近岸海域的含沙量；茂密高大的枝体宛如一道道绿色长城，有效抵御风浪袭击。

广东海岸绵长，适宜红树林生长的滩涂长达 500 km，是全国红树林分布最广、面积最大、红树种类最丰富的地区之一。全省有红树林面积 10 065.3 hm²（2006 年），占全国红树林面积的 41%。广东是红树林面积最大的省份。广东沿海各市均有红树林分布。红树林主要断续分布在南起徐闻县五里、北至饶平县海山之间的泥质滩涂上，主要分布的市县有湛江市（廉江市、遂溪县、徐闻县、雷州市）、茂名市（电白区）、阳江市、江门市（恩平市、台山市、新会区）、珠海市、东莞市、深圳市、惠州市（惠东县）、汕尾市（海丰县）、汕头市（澄海区）、潮州市（饶平县），其中以粤西段最为繁茂。

广东红树植物有 19 科 28 种，如木榄、秋茄、红海榄、柱果木榄、角果木、白骨壤、假茉莉、钝叶豆腐木、桐花树、海漆、银叶树、老鼠簕、小花老鼠簕、榄李、卤蕨、黄槿、杨叶肖槿、海杧果、海桑、无瓣海桑、苦槛蓝、草海桐和露兜树等。红树林种类组成以粤西地区最为丰富，群落结构复杂，且保护良好。从西往东种类数量逐渐减少，结构也趋于简单，人为破坏越来越严重。现存天然红树林群落类型主要有秋茄林、木榄林、桐花树林、白骨壤林及由这些红树植物组成的混生林；人工红树林主要分布在湛江、深圳、澄海、惠东等地，主要有无瓣海桑林、木榄林、红海榄林、白骨壤林和秋茄林等。

湛江红树林国家级自然保护区位于中国大陆南部，呈带状散式分布在广东西南部的雷州半岛沿海滩涂上，跨湛江市的徐闻、雷州、遂溪、廉江四县（市）及麻章、坡头、东海、霞山四区，地理坐标为东经 109°40′～110°35′、北纬 20°14′～21°35′，面积 1.9 万公顷。

廉江高桥红树林面积约 700 hm²，南临北部湾，西与广西山口镇接壤，北与龙潭镇交界，为湛江红树林国家级自然保护区核心区。该地区气候类型为南亚热带海洋性季风气候，年平均气温 23.2 ℃，年均降水量为 1 417～1 802 mm，年日照时数为 1 864～2 160 h。该地区全年主导风为东南风，气候温和，适宜热带、亚热带植物的生长。该地区主要优势树种为红海榄与白骨壤，兼有老鼠簕等其他红树植物分布。红坎一带沿岸多密植木麻黄，形成树墙；西村、东村与凤地村沿岸有人工堤坝，堤坝内为开发后的耕地和鱼塘。

雷州附城镇东临南海雷州湾，北与沈塘镇接壤，面积 121.33 hm²，下辖 33 个管理区、104 个自然村，人口 8 万余人。附城镇东部沿海约有 20 km² 滩涂。该地区的主要优势树种为桐花树与白骨壤，兼有老鼠簕等其他红树植物分布。该地区红树林大部分被开发为鱼塘、虾池，红树林面积萎缩严重。仙来村红树林内存在大量焚烧垃圾现象，红树物种多样性低。流沙镇位于雷州南部，东濒南海，西靠北部湾，南与西连镇毗邻。该地区红树林种类和分布面积较少，但保存相对完好。

惠州惠东红树林市级自然保护区位于广东惠东县稔山、铁涌、盐洲等镇的海岸，属湿地类型的自然保护区，以候鸟与沿岸滩涂红树林为主要保护对象。惠州市红树林自然保护区红树林面积约 5.33 km^2，位于北纬 $22°30'\sim23°23'$、东经 $114°33'\sim115°26'$，东连深汕特别合作区，北靠河源市紫金县，西接惠阳区，南临南海大亚湾和红海湾。该区的主要优势树种为老鼠簕、桐花树、木榄和秋茄，兼有其他红树物种。

本书共分为 8 章，参与各章编写的人员如下：第 1 章，刘忠成、叶矾、邓磊、张信坚；第 2 章和第 3 章，刘伟杰、张志鹏、韩崇、黄建荣；第 4 章，黄建荣、钟超、李秀锋、周国峰、黎祖福；第 5 章，朱江、黄耀华；第 6 章，李强、周惠强、黄健彬、李文俊、杨廷宝；第 7 章，陈什旺；第 8 章，崔建国、江帆、陈勤、赵龙辉、王寅川、许静、朱弼成、汪继超、邓可。全书由陈清华负责统一修改、定稿。

因编写人员水平有限，书中错误在所难免，恳请读者批评指正。

编者

2019 年 10 月

目 录 Contents

第 1 章　广东红树林植物多样性调查

摘要　在广东湛江和惠州野外实地调查共鉴定出红树林植物 3 纲 17 目 25 科 42 属 45 种。其中,蕨类植物门 1 纲 1 目 2 科 2 属 2 种,被子植物门 2 纲 16 目 23 科 40 属 43 种。

湛江红树林国家级自然保护区红树植物有 21 科 31 属 32 种,其中,真红树植物 7 科 9 属 9 种,半红树植物 3 科 3 属 3 种,伴生植物 13 科 19 属 20 种。

湛江红树林植物群落有以下几个特点:

(1)各类海湾广阔,红树林生长条件优越,多连片分布,面积广阔。本次调查的红坎村、东村、覃典村等都处于良好的湾口,红树林分布面积较大。

(2)红树林植物群落类型丰富,结构组成多样化。本次调查中,不仅有发育良好的无瓣海桑、红海榄、秋茄、白骨壤、桐花树等单优纯林群落,还有无瓣海桑＋白骨壤、无瓣海桑＋秋茄、红海榄＋白骨壤、白骨壤＋海漆、红海榄＋桐花树、白骨壤＋桐花树等混交群落。

(3)本区域红树林生长良好,恢复扩展很快,保存分布有很大面积的原生及次生的红树林群落。早些年代的围海造田及海产养殖发展对当地红树林群落造成了直接和间接的显著干扰,而在近十几年来的有效管理下,红树林群落表现出很强的恢复力,逐渐在人工抚育的情况下向成熟群落演变。

在惠州惠东红树林市级自然保护区共鉴定出红树植物 20 科 28 属 30 种,其中,真红树植物 7 科 9 属 9 种,半红树植物 2 科 2 属 2 种,伴生植物 16 科 17 属 19 种。

惠东红树林植物群落有以下几个特点:

(1)红树林呈条带式和斑块状分布。在调查的 3 个片区中,红树林的生长区域受到当地海产养殖的强烈人为干扰,现存的红树林被各类鱼塘隔离,只沿着鱼塘岸边区域条带状分布,或在未开发区域斑块状分布,各斑块面积小,群落类型较单一。

(2)区域内原生红树林面积很小,主要在其外围人工种植了大面积的红树。在中国红树林保护和沿海生态防护林项目的指引下,在惠东各海湾进行了大面积的红树人工种植,主要有无瓣海桑、白骨壤、红海榄、秋茄、木榄等。

(3)红树林植物群落层次明显、结构简单。从各个片区的断面调查来看,红树林从低潮位到高潮位,植物群落高度很明显地由低到高增加。在同一潮位的植物群落中,群落外貌整齐,结构简单,树种组成较单一。

本次秋季复查监测时间为 10 月底至 11 月初,与春季调查监测时间(4 月底至 5 月初)相距约 6 个月,各样地群落动态有以下几个特点:

(1)各样地群落类型变化不明显,群落结构处于同等水平。红树植物生长相对缓慢,未发现胸径及株高的明显变化。

(2)个别低潮位群落的幼苗及草本植物表现出明显的生活力。如土角村的互花米草,冬季结实,植株高度增加明显。

1.1　湛江和惠州红树林植物研究概况

1.1.1　湛江红树林植物研究概况

1990 年 1 月 1 日,广东省政府批准成立湛江红树林省级自然保护区,保护区旨在保护红树林相关的鸟类资源,地点为廉江高桥,面积 2 000 多公顷。1992 年,经广东省林业局批准,省级保护区管理站在廉江高桥成立。1995 年,湛江市政府申请将保护区面积扩大,并申请升级为国家级保护区。1997 年,国务院批准该保护区升级为国家级保护区。同年 11 月 7 日,保护区更名为湛江红树林国家级自然保护区。1996 年,缪绅裕等(1998)对湛江红树林保护区内 5 个群落14 个样地的调查分析表明:本区域红树林植物群落的物种多样性偏低,群落结构简单,组织水平较低;群落中的桐花树、白骨壤、秋茄和红海榄种群为集群分布,只有木榄种群为随机分布,红树林发育处于较早阶段。刘敏超等(2001)调查发现:湛江红树林植物种类有 15 科 24 种,其中,分布最广、数量最多的为白骨壤、桐花树、红海榄、秋茄、木榄等 5 种;红树林主要群落有白骨壤、桐花树、秋茄、红海榄等纯林群落和白骨壤＋桐花树、桐花树＋秋茄、桐花树＋红海榄等混交群落,林分郁闭度在 0.8 以上,林木一般高度为 1~2 m。彭逸生(2002)进行的样方调查表明:湛江红树林群落外貌整齐,结构较单调。其中,木榄、红海榄和桐花树等天然群落的物种多样性较低,密度和均匀度较高,林下幼苗少,群落发展很成熟;白骨壤天然群落幼苗更新较多,物种多样性与密度低,均匀度较高,群落处于演替中期;无瓣海桑人工林物种多样性比本地天然红树林还高,也有一定数量的幼苗,密度与均匀度稍低,群落处于演替中期,并可能被乡土红树植物取代。林子腾(2005)认为,雷州半岛红树林植物种类以木榄、白骨壤、桐花树、秋茄、红海榄为主,均有纯林分布,特别是白骨壤面积比较大,其次为桐花树和木榄。湛江红树林的优势植物群落为红海榄群落、木榄群落、白骨壤群落、桐花树群落和秋茄群落等,其余均是混交群落;近年引种的海桑、无瓣海桑和当地灌木树种迅速组成2层结构的红树林群落。陈粤超(2006)对湛江红树林保护区内生物多样性的调查表明:红树林植物种类有17科25种,属于红树科的种类有红海榄、木榄、秋茄和角果木,还有海漆、白骨壤、桐花树、榄李、老鼠簕和卤蕨等;分布最广、数量最多的为白骨壤、桐花树、红海榄、秋茄和木榄,主要红树林植被群落有白骨壤、桐花树、秋茄、红海榄纯林群落和白骨壤＋桐花树、桐花树＋秋茄、桐花树＋红海榄等群落,林分郁闭度在0.8以上。许会敏等(2010)对特呈岛的红树林进行了群落样地调查,结果表明:分布面积较大的有3个群落类型,即白骨壤群落、白骨壤＋红海榄群落、白骨壤＋桐花树群落,群落中幼苗及小树更新相对较少,优势种群的年龄结构均为衰退型;白骨壤群落为典型的单优群落,目前长势良好,无病虫害。

　　高桥红树林保护区地处广东、广西交界的北部湾英罗港东北部,为广东湛江红树林国家级自然保护区的核心区,是中国大陆地区最大面积的连片红树林生长区。高桥红树林品种多,树龄大,林相美。保护区内土壤肥沃,盐分大,潮沟纵横交错,构成了复杂的生态环境,为红树林植物及其他海生动植物的生长提供了良好的条件,被誉为"海洋天然湿地乐园"。张宏伟(2010)对高桥红树林保护区内不同潮带红树林的林分空间结构进行了详细研究,结果表明:几种优势红树林树种在各潮带胸径大小差异不大,中潮带较大,高潮带和低潮带稍小;中潮带红树林林分的空间结构状况优于高潮带和低潮带红树林林分。林广旋等(2011)认为,高桥红树林区域有较高的生物多样性以及独特的红树植物资源,具有较高的保护价值,其中,中潮带维管束植物有18科22属28种,红树植物主要有红海榄、木榄、秋茄、桐花树、白骨壤、卤蕨、老鼠簕、无瓣海桑、海桑,半红树植物有苦槛蓝、小草海桐等,伴生植物有鱼藤、盐地鼠尾粟、南方碱蓬等。卢伟志等(2014)的研究表明:高桥红树林中桐花树相对多度和相对盖度明显大于其他物种,重要值远远超过木榄、秋茄和红海榄,其重要值由大到小顺序为桐花树、木榄、秋茄、红海榄,高桥红树群落大部分仍为次生群落。

　　2005年以来,湛江区域的红树林人工引种培育项目取得了明显成效。黎明(2006)报道了湛江红树林在广东最大的林业外援项目(中荷合作雷州半岛红树林综合管理和沿海保护项目)的实施下,5年内新增红树林面积1 003 hm²。林康英等(2006)对湛江市红树林资源调查结果表明,湛江市天然及引种红树植物及半红树植物种类较多,形成的群落类型达30多种,但保存较好的原始群落类型不多,群落受人为干扰和破坏严重。红树林的生态系列从外滩到内岸表现为白骨壤、桐花树、秋茄、榄李、角果木、海漆、卤蕨、老鼠簕、许树、黄槿。刘静等(2016)对湛江红树林保护区内4科6种红树植物组成的11个优势乔木群落结构的研究表明:区域内无瓣海桑群落分布最广,平均胸径、高度和冠幅面积显著大于红海榄、秋茄、桐花树和白骨壤优势群落;但无瓣海桑群落物种多度较低,群落内无瓣海桑对秋茄有显著抑制作用,白骨壤和秋茄优势乔木群落的多样性指数较高;红树林优势乔木群落林下植被组成贫乏、结构简单,以桐花树、秋茄和白骨壤为主。

1.1.2 惠州红树林植物研究概况

惠州市红树林自然保护区位于惠东县稔山、铁涌等镇的海岸,属湿地类型的自然保护区,主要保护对象为沿海滩涂红树林和候鸟。保护区总面积约 5.33 km²,其中,现有红树林0.8 km²,种植发展红树林约4.53 km²。1999 年 12 月,经惠东县人民政府批准为县级自然保护区;2000年 12 月,经惠州市人民政府批准为市级自然保护区。保护区内红树林主要分布在稔山镇的蟹洲湾、铁涌镇的好招楼村及考洲洋海堤、盐洲镇的白沙村。该自然保护区红树林资源和湿地水鸟资源丰富,物种多,蕴藏着丰富的生物资源。

惠州地区海岸位于北回归线的南侧,属于南亚热带季风气候,热量丰富,降水充足。海岸曲折而且多湾,还有很多河流流入,所以形成较大面积的淤泥质滩,特别适宜红树林生长(巫添辉,2014)。由于 20 世纪 60～70 年代的围海造田、20 世纪 80 年代的围垦养殖以及 20 世纪 90 年代后的城镇发展建设,到 20 世纪末,红树林的面积缩小到了 100 hm²,惠东县占80 hm²,大亚湾占20 hm²。剩下的红树林大多零星分布,而且生长不良,植物种类以灌木树种为主,乔木树种比较稀少。红树林生态系统稳定性较差、林分质量低,导致整体的生态保护效能弱(巫添辉,2014)。曹飞等(2007)对惠州红树林自然保护区内好招楼和蟹洲湾区域的外来入侵植物进行了调查,结果表明两区域共有 21 种入侵植物,其种群的优势度综合值显示出比较严重的入侵性,但对红树林生态系统的直接危害较轻。曾宪光(2008)对惠州红树林湿地资源的调查表明:惠州红树林面积已近 4 km²,主要分布在惠东县的考洲洋、范和港、蟹洲堤,以及大亚湾区的白寿湾、黄鱼涌,沿海的其他乡镇也有零星分布;有红树林维管束植物 9 科 12 属 17 种,主要植物种类有木榄、秋茄、桐花树、海漆、老鼠簕、红海榄、白骨壤、海杞果、卤蕨、黄槿、许树和海桑等。陈一萌等(2011)对遥感数据的分析表明:从 1989 年起,惠州红树林面积呈先减少后增加的趋势;至 2009 年,红树林总面积近 340.45 hm²,但其分布呈斑块状,零散斑块约 60 个,主要沿着海堤分布。姚少慧等(2013)在保护区内设立了 7 个断面,分析了主要的 3 个群落类型(白骨壤＋桐花树群落、无瓣海桑群落、白骨壤＋无瓣海桑＋老鼠簕群落)的优势度、重要值、多样性等群落特征,认为惠州红树林整体处于群落发展的上升期和稳定期。

1.2 红树林植物群落调查方法

植物群落调查一般采取路线调查与重点调查相结合的方法。本次调查参照《红树林生态监测技术规程》(HY/T 081—2005)(附录Ⅰ),在实地踏勘的基础上,确定红树林群落地段,采用我国生态地植物样地记录法进行群落调查。

1.2.1　样点布设

植被调查取样的目的是通过样地的研究,准确地推测评价范围内植被的总体概况。因此,所选取的样地应具有代表性,能通过有限的抽样获得较为准确的植被特征。本次群落样方调查根据监测区域内不同植被类型做了样地布点设计,在湛江红树林主要的 3 块区域(高桥镇、雷州附城镇、雷州流沙镇)、惠州惠东红树林的主要区域共布设了 13 个监测点,具体情况见表 1-1。

表 1-1　广东湛江和惠州红树林调查布点情况

监测区域	时间	监测布点	经度(E)	纬度(N)
高桥镇	春季、秋季	红坎村	109°46′52.57″	21°34′43.08″
		西村	109°46′54.81″	21°32′00.42″
		东村	109°47′18.60″	21°31′48.20″
		凤地村	109°46′28.63″	21°32′40.94″
雷州附城镇	春季、秋季	仙来村	110°10′02.91″	20°55′06.61″
		土角村	110°10′52.02″	20°52′53.70″
		南渡河	110°10′20.18″	20°51′23.06″
雷州流沙镇	春季、秋季	英典村	109°56′33.96″	20°28′05.35″
		覃典村	109°58′26.99″	20°27′33.64″
		英良村	109°56′33.17″	20°27′19.19″
惠东	春季、秋季	蟹洲村	114°46′21.72″	22°49′24.49″
		好招楼村	114°51′56.63″	22°45′27.08″
		白沙村	114°56′17.34″	22°43′47.28″

1.2.2　样地设置

针对 13 个监测点的红树林植物群落种类和分布面积的差异,选择不同方法设置样地:在红树林分布面积广、种类多样的区域,严格按照低、中、高潮位的断面式调查方法进行样地设置,在断面内,低、中、高潮区各布设 1 个大小相同的样地;在红树林分布面积较小,呈集中分布或是沿海岸呈条带式狭窄分布的区域,依据不同群落类型进行样地设置。

1.2.3 样地大小

样地面积取决于树木的密度，可根据红树林的密度扩大或缩小。一般来说，每一样地不能小于 100 m²（10 m×10 m），应有 40～100 株树木。如果红树林仅为沿海岸分布的狭窄条状带，则应在此条状带中布设 1 个样地。

1.2.4 样地调查记录方法

1.2.4.1 植物胸径、株高测量

用 2 m 玻璃纤维卷尺测量每株周长大于 4 cm 的树木的基干周长。测量在肩高位置进行，大约在地面以上 1.5 m 处。将钉子（长 5 cm）钉入测量高度以下 10 cm 的茎干，以便为将来的测量提供参考点。将钉子的一半突出茎干以外，以利于树木生长。

一些红树林树木的形状和生长形态导致难以测量其树木基干周长，则采用下述方法测量：

（1）若树木在胸部高度以下分叉，或在近地面或地面上的基部单向萌芽，则将每一分枝看作单独的茎干加以测量。在记录中，将主茎干记为"1"，其他分枝记为"2"。

（2）若茎干具有支撑根系或下部树干呈现凹槽形（红树科植物），则在根茎上部 20 cm 处测量树木基干周长。

（3）若在测量点茎干具有隆起、枝条或畸形，则把测量树木基干周长的位置稍微上移或下移。

测量树木基干周长的同时测定每株红树林树木的高度（地面至植株的最高点）。

胸径按公式（1-1）计算：

$$DBH = C/\pi \tag{1-1}$$

式中，DBH 表示胸径，单位为 cm；C 表示树木基干周长，单位为 cm。

1.2.4.2 植物种类组成、密度

鉴定样地内所有红树植物种类，按以下 3 类记录不同种类的植株数量：

（1）大树：DBH＞4 cm。

（2）小树：1 cm＜DBH≤4 cm，且株高＞1 m。

（3）幼树：株高≤1 m。

红树林的密度按照公式（1-2）计算：

$$d = n/s \times 10 \tag{1-2}$$

式中，d 表示红树林植株密度（每 10 m² 内红树植物的植株数）；n 表示样地内红树植物的植株数；s 表示样地面积，单位为 m²。

1.2.4.3 物种多样性分析

物种多样性是把物种数的均匀度混合起来的一个统计量。一个群落中如果有许多物种，且

它们的多度非常均匀,则该群落就有较高的多样性;反之,如果群落中物种数较少,并且它们的多度不均匀,则说明群落有较低的多样性。测度物种多样性常用以下几个指数:

(1)Simpson 多样性指数:该指数是基于概率论提出的,其意义是当从包含 N 个个体 S 个种的样方中随机抽取 2 个个体并且不再放回,如果这 2 个个体属于相同种的概率大,则认为样方的多样性低,反之则高。其公式如下:

$$\mathrm{Sp} = N(N-1) / \sum_{i=1}^{n} n_i (n_i - 1) \tag{1-3}$$

式中,Sp 为 Simpson 多样性指数,N 为群落个体总数,n_i 为第 i 个种的个体数,S 为物种数。

(2)Shannon-Wiener 多样性指数:该指数是以信息论范畴的 Shannon-Wiener 函数为基础,用以测度从群落中随机排出一定个体的种的平均不定度,当种的数目增加或已存在的物种的个体分布越来越均匀时,此不定度增加。其公式如下:

$$H' = -\sum_{i=1}^{S} P_i \times \log_2 P_i \tag{1-4}$$

式中,H' 为 Shannon-Wiener 多样性指数,S 为物种数,P_i 为第 i 种占个体总数的比例。

(3)均匀度:群落的均匀度是指群落中各个物种的多度的均匀度,是通过多样性指数值和该样地物种数、个体总数不变的情况下理论上具有的最大的多样性指数值的比值来度量的。这个理论值实际是在假定群落中所有种的多度分布是均匀的这个基础上来确定的。

基于 Simpson 多样性指数的物种均匀度的计算式为

$$J_{\mathrm{Sp}} = \mathrm{Sp} / \mathrm{Sp}_{\max} \tag{1-5}$$

其中:

$$\mathrm{Sp}_{\max} = S(N-1) / (N-S) \tag{1-6}$$

基于 Shannon-Wiener 多样性指数的物种均匀度的计算式为

$$J' = H' / H'_{\max} \tag{1-7}$$

其中:

$$H'_{\max} = \log_2 S \tag{1-8}$$

1.3　红树林植物群落调查结果

1.3.1　湛江红树林植物群落调查结果

1.3.1.1　湛江红树林植物群落调查概况

本次对湛江高桥镇区、雷州附城区及流沙镇区的红树林植物群落进行调查,可知其有以下几个特点:

各类海湾广阔,红树林生长条件优越,多连片分布,面积广阔。本次调查的红坎村、东村、覃典村等都处于良好的湾口,红树林分布面积较大。

红树林植物群落类型丰富,结构组成多样化。本次调查中,不仅有发育良好的无瓣海桑、红海榄、秋茄、白骨壤、桐花树等单优纯林群落,还有无瓣海桑＋白骨壤、无瓣海桑＋秋茄、红海榄＋白骨壤、白骨壤＋海漆、红海榄＋桐花树、白骨壤＋桐花树等混交群落。

本区域红树林生长良好,恢复扩展很快,保存分布有很大面积的原生及次生的红树林群落。早些年代的围海造田及海产养殖发展对当地红树林群落造成了直接和间接的显著干扰,而在近十几年来的有效管理下,红树林群落表现出很强的恢复力,在人工抚育的情况下逐渐向成熟群落演变。

1.3.1.2 湛江红树林植物种类组成

野外实地调查发现广东湛江红树林保护区植物种类有 21 科 31 属 32 种,其中,真红树植物有 7 科 9 属 9 种,半红树植物有 3 科 3 属 3 种,伴生植物有 13 科 19 属 20 种(附录 1)。

1.3.1.2.1 真红树植物

老鼠簕 *Acanthus ilicifolius* L.

爵床科 Acanthaceae,老鼠簕属 *Acanthus*。直立灌木。单叶,长圆形至长圆状披针形,长 6～14 cm。花期 4～6 月,穗状花序顶生,花冠白色,长 3～4 cm。果期 6～7 月。蒴果椭球形,长 2.5～3 cm。极耐盐,耐水。

卤蕨 *Acrostichum aureum* L.

卤蕨科 Acrostichaceae,卤蕨属 *Acrostichum*。别名:金蕨。多年生草本,高可达 2 m。一回羽状复叶,簇生,叶柄长 30～60 cm;羽叶大,长 15～36 cm。孢子囊满布能育羽片下面,无盖。极耐盐,耐水。

桐花树 *Aegiceras corniculatum*（L.）Blanco

紫金牛科 Myrsinaceae,蜡烛果属 *Aegiceras*。别名:黑榄、浪柴。灌木或小乔木,高 1.5～4 m。单叶,革质,倒卵形或椭圆形,长 3～10 cm。花期 12 月至翌年 1～2 月。伞形花序,有花 10 余朵;花冠白色,钟形。果期 10～12 月;蒴果弯曲如新月,长约 6 cm。

白骨壤 *Avicennia marina*（Forsk.）Vierh.

马鞭草科 Verbenaceae,海榄雌属 *Avicennia*。别名:咸水矮让木、海豆落叶。灌木,高 1.5～6 m。单叶,革质,卵形至倒卵形、椭圆形,长 2～7 cm。花期 7～10 月。聚伞花序紧密呈头状,花小,花冠黄褐色。果期 7～10 月。果近球形,直径约 1.5 cm。极耐盐,耐水。

木榄 *Bruguiera gymnorrhiza*（L.）Poir.

红树科 Rhizophoraceae,木榄属 *Bruguiera*。别名:鸡爪浪、五脚里、五梨蛟。小乔木,高达 6 m。单叶,椭圆状矩圆形,长 7～15 cm。花期几乎为全年。花单生,长 3～3.5 cm,花瓣上部 2 裂。果期几乎为全年。胚轴长 15～25 cm。极耐盐,耐水。

海漆 *Excoecaria agallocha* L.

大戟科 Euphorbiaceae，海漆属 *Excoecaria*。常绿小乔木，高达 4 m。单叶，近革质，叶柄顶端有 2 个圆形的腺体。花期 1～9 月。总状花序。果期 1～9 月。蒴果球形。耐盐，稍耐水。

秋茄 *Kandelia obovata*（L.）Druce

红树科 Rhizophoraceae，秋茄属 *Kandelia*。别名：水笔仔、茄行树、红浪、浪柴。灌木或小乔木，高 2～3 m。单叶，椭圆形或近倒卵形，长 5～9 cm。花期几乎为全年。二歧聚伞花序，有花 4～9 朵，花瓣白色，膜质。果期几乎为全年。果实圆锥形，胚轴细长，长 12～20 cm。极耐盐，耐水。

红海榄 *Rhizophora stylosa* Griff.

红树科 Rhizophoraceae，红树属 *Rhizophora*。别名：鸡爪榄、厚皮。小乔木或灌木，高达 5 m。单叶，中叶，椭圆形或矩圆状椭圆形，长 6.5～11 cm。花期秋、冬季。花腋生，小花。果期秋、冬季。果实倒梨形，小果，长 2.5～3 cm，胚轴圆柱形，长 30～40 cm。喜阳光，喜潮湿，耐盐碱，耐水。

无瓣海桑 *Sonneratia apetala* Buch.-Ham.

海桑科 Sonneratiaceae，海桑属 *Sonneratia*。大乔木，高 15～20 m。叶对生，厚革质。总状花序，花瓣缺，花丝白色，柱头蘑菇状。果期秋季。浆果有香味。耐水。

1.3.1.2.2　半红树植物

许树 *Clerodendrum inerme*（L.）Gaertn.

马鞭草科 Verbenaceae，大青属 *Clerodendrum*。别名：苦郎树、假茉莉。攀缘状灌木，高可达 2 m。叶薄革质，卵形或椭圆形，长 3～7 cm。花期 3～12 月。聚伞花序，花很香，花冠白色，顶端 5 裂。果期 3～12 月。核果倒卵形。稍耐盐，耐水。

黄槿 *Hibiscus tiliaceus* L.

锦葵科 Malvaceae，木槿属 *Hibiscus*。别名：桐花、海麻。常绿小乔木，高 4～10 m，叶革质，近圆形或广卵形，直径 8～15 cm。花期 6～8 月。聚伞花序顶生或腋生，花冠钟形，直径 6～7 cm，花瓣黄色，内面基部暗紫色。蒴果卵圆形，长约 2 cm。极耐盐，耐水。

阔苞菊 *Pluchea indica*（L.）Less.

菊科 Compositae，阔苞菊属 *Pluchea*。灌木，高 2～3 m。叶倒卵形或阔倒卵形，长 3～7 cm。花期全年。头状花序伞房状，小花。瘦果圆柱形。极耐盐，耐水。

1.3.1.2.3　伴生植物

磨盘草 *Abutilon indicum*（L.）Sweet

锦葵科 Malvaceae，苘麻属 *Abutilon*。亚灌木状草本，分枝多，全株均被灰色短柔毛。叶卵圆形或近圆形，长 3～9 cm。花期 7～10 月。花单生于叶腋，花梗长达 4 cm，花黄色，直径 2～

2.5 cm。果磨盘状，直径约 1.5 cm，分果爿 15～20 个。

田菁 *Sesbania cannabina*（Retz.）Poir.

豆科 Leguminosae，田菁属 *Sesbania*。一年生草本，高可达 3 m。羽状复叶；叶轴长 15～25 cm，小叶 20～40 对，对生，线状长圆形，两侧不对称，被紫色小腺点。总状花序长 3～10 cm，具 2～6 朵花；花冠黄色。荚果长圆柱形，长 12～22 cm。花、果期 7～12 月。

落葵 *Basella alba* L.

落葵科 Basellaceae，落葵属 *Basella*。一年生缠绕草本。茎略带紫红色。叶片卵形或近圆形，长 3～9 cm。花期 5～9 月。穗状花序腋生，长 3～15 cm。花被片淡红色或淡紫色。果期 7～10 月。果实球形，直径 5～6 mm，黑色，外包宿存小苞片及花被。耐盐碱。

春云实 *Caesalpinia vernalis* Champ.

豆科 Leguminosae，云实属 *Caesalpinia*。有刺藤本，各部被锈色绒毛。二回羽状复叶，羽片 8～16 对，小叶 6～10 对，对生，革质，卵状披针形、卵形或椭圆形。花期 4 月。圆锥花序，花瓣黄色，有红色斑纹。果期 12 月。荚果斜长圆形，长 4～6 cm。

海刀豆 *Canavalia maritima*（Aubl.）Thou.

豆科 Leguminosae，刀豆属 *Canavalia*。草质藤本，羽状复叶具 3 片小叶，被长柔毛。花期 6～7 月。总状花序腋生，长达 30 cm，小花，花冠紫红色，长约 2.5 cm。荚果线状长圆形，长 8～12 cm。喜潮湿，耐盐碱，稍耐水。

木麻黄 *Casuarina equisetifolia* Forst.

木麻黄科 Casuarinaceae，木麻黄属 *Casuarina*。别名：马尾树。大乔木，高可达 30 m。叶退化成鳞片状，7 轮生，极小。雄花序，棒状圆柱形，长 1～4 cm。球果状果序椭圆形，长 1.5～2.5 cm。极耐盐，耐水。

车桑子 *Dodonaea viscosa*（L.）Jacq.

无患子科 Sapindaceae，车桑子属 *Dodonaea*。别名：明油子。灌木或小乔木，高 1～3 m。叶纸质，长 5～12 cm。花期秋末。花序顶生或腋生，花小。果期冬末春初。蒴果倒心形或扁球形，2 或 3 翅，小果，高 1.5～2.2 cm，连翅宽 1.8～2.5 cm。耐旱，不耐水。

凤眼蓝 *Eichhornia crassipes*（Mart.）Solms

雨久花科 Pontederiaceae，凤眼蓝属 *Eichhornia*。浮水草本。须根发达，具长匍匐枝。叶莲座状，圆形或宽菱形，叶柄长短不等，中部膨大成囊状或纺锤形。花期 7～10 月。穗状花序长 17～20 cm，花被裂片花瓣状，紫蓝色，花冠具 3 色。果期 8～11 月。蒴果。原产巴西。

小心叶薯 *Ipomoea obscura*（L.）Ker-Gawl.

旋花科 Convolvulaceae，番薯属 *Ipomoea*。别名：紫心牵牛。缠绕草本。叶心状圆形或心状卵形，长 2～8 cm。聚伞花序腋生，花冠漏斗状，白色或淡黄色，长约 2 cm，花冠管基部深紫色。

蒴果圆锥状卵形或近球形。

厚藤 *Ipomoea pes-caprae*（L.）Sweet

旋花科 Convolvulaceae，番薯属 *Ipomoea*。别名：二叶红薯、沙灯芯、海薯。多年生草本。叶肉质，卵圆形、椭圆形、圆形、肾形或长圆形，长 3.5～9 cm。多歧聚伞花序，花冠紫色或深红色，漏斗状，长 4～5 cm。蒴果球形，高 1.1～1.7 cm。耐盐碱，耐水。

马缨丹 *Lantana camara* L.

马鞭草科 Verbenaceae，马缨丹属 *Lantana*。直立或蔓性灌木，高 1～2 m。茎枝有倒钩状刺。叶对生，卵形至卵状长圆形。全年开花。花序直径 1.5～2.5 cm，花萼管状，花冠黄色或橙黄色，开花后不久转为深红色。果圆球形，成熟时紫黑色。

含羞草 *Mimosa pudica* L.

豆科 Leguminosae，含羞草属 *Mimosa*。多年生草本或亚灌木。叶为羽毛状复叶，互生，呈掌状排列。花期 9 月。头状花序长圆形，2～3 个生于叶腋。花为白色、粉红色。荚果扁平。

露兜树 *Pandanus tectorius* Sol.

露兜树科 Pandanaceae，露兜树属 *Pandanus*。别名：簕古子。常绿小乔木。叶带状，长一般为 1 m 多，边缘具刺。花期 5～6 月。雄花序由若干穗状花序组成，雄花白色，芳香；雌花序头状，圆锥形，长约 4 cm，佛焰苞多枚，长 14～20 cm。聚花果椭球形，由 150 多个核果束组成；核果束倒圆锥形，长约 3 cm。稍耐盐，耐水。

龙珠果 *Passiflora foetida* L.

西番莲科 Passifloraceae，西番莲属 *Passiflora*。草质藤本，有臭味。叶膜质，宽卵形至长圆状卵形。叶脉羽状，叶柄长 2～6 cm。花期 7～8 月。花白色或淡紫色，具白斑，直径 2～3 cm。果期翌年 4～5 月。浆果卵球形。

海马齿 *Sesuvium portulacastrum*（L.）L.

番杏科 Aizoaceae，海马齿属 *Sesuvium*。多年生肉质草本，叶片厚，肉质。花期 4～7 月。花小，单生叶腋。蒴果卵形，果小。耐盐碱，稍耐水。

互花米草 *Spartina alterniflora* Lois.

禾本科 Gramineae，米草属 *Spartina*。直立草本，根系发达，深入地下可达 80 cm。茎节具叶鞘，叶腋有腋芽。叶互生，呈长披针形，长可达 90 cm，具盐腺。圆锥花序，具 10～20 个穗形总状花序。两性花。种子常在 8～12 月成熟，颖果长 0.8～1.5 cm。耐盐，耐水。被引入我国人工种植。

盐地鼠尾粟 *Sporobolus virginicus*（L.）Kunth

禾本科 Gramineae，鼠尾粟属 *Sporobolus*。多年生草本，高 15～60 cm。叶片较硬，长 3～10 cm。花期 6～9 月。圆锥花序紧缩穗状，长 3.5～10 cm。果期 6～9 月。耐盐碱，耐水。

南方碱蓬 *Suaeda australis*（R. Br.）Moq.

藜科 Chenopodiaceae，碱蓬属 *Suaeda*。小灌木，高 20～50 cm。叶条形，长 1～2.5 cm。花期 7～11 月。团伞花序含 1～5 朵花。果期 7～11 月。胞果扁球形。极耐盐，耐水。

番杏 *Tetragonia tetragonioides*（Pall.）Kuntze

番杏科 Aizoaceae，番杏属 *Tetragonia*。别名：法国波菜。一年生肉质草本，无毛。茎平卧上升，高 40～60 cm。叶片卵状菱形或卵状三角形，长 4～10 cm，边缘波状。花期 8～10 月。花单生或 2～3 朵簇生叶腋。花被筒长 2～3 mm，内面黄绿色。雄蕊 4～13 个。坚果陀螺形，有 4～5 角，具数颗种子。

地桃花 *Urena lobata* L.

锦葵科 Malvaceae，梵天花属 *Urena*。别名：肖梵天花。亚灌木状草本，小枝被星状绒毛。叶互生。茎下部的叶近圆形，先端浅 3 裂，基部圆形或近心形；中部的叶卵形；上部的叶长圆形至披针形。花期 7～10 月。花淡红色。果扁球形，直径约 1 cm，被星状短柔毛和锚状刺。

1.3.1.3 湛江红树林植物群落特征

本次调查中，依据湛江红树林的分布情况和调查要求，在其 3 个主要的红树林分布区布设 10 个监测点进行植被调查。各样点的具体调查结果如下。

1.3.1.3.1 红坎村样点

红坎村区域红树林面积较大，植被生长状况良好（图 1-1）。其中，高潮位红树林群落类型多样，主要有桐花树、木榄、无瓣海桑等的单优群落，还有以木榄、桐花树等种群共优的混交群落，同时伴生有卤蕨、海漆、黄槿、木麻黄等植物；中潮位植被是以白骨壤、红海榄为优势种所组成的群落，群落结构稳定性强。本次调查在红坎村布设了 1 个断面，其低潮位狭小，没有红树林分布，在中潮位设置 1 个样地，高潮位设置 3 个不同群落类型的样地。

1.3.1.3.1.1 中潮位群落

红坎村中潮位样地编号 HKC-Z，样地中心坐标为 21°33′58.73″N、109°45′7.17″E，样地面积为 100 m²，群落类型为秋茄＋桐花树群落。该群落是一个处于发育中期的典型红树林群落（图 1-2），以秋茄和桐花树占绝对优势，群落郁闭度高，林间分枝密集，林下几乎没有草本。其中，秋茄 25 株，31 个分枝，平均胸围约 6.6 cm，平均株高约 4.0 m；桐花树 22 株，45 个分枝，平均胸围约 3.0 cm，平均株高约 2.9 m。HKC-Z 样地群落数据情况见表 1-2。

图 1-1　红坎村红树林植物群落

图 1-2　HKC-Z 样地群落

表 1-2　HKC-Z 样地群落监测数据报表

断面编号：HKC；样地编号：HKC-Z；样地中心坐标：21°33′58.73″N、109°45′7.17″E

种类数量：2 种；平均胸径：4.4 cm；平均株高：3.4 m

幼树平均密度：0；小树平均密度：4.7；大树平均密度：0

种类	小树	
	数量/株	密度
秋茄 *Kandelia obovata*	25	2.5
桐花树 *Aegiceras corniculatum*	22	2.2

注：密度数据指每 10 m² 内红树植物的植株数

1.3.1.3.1.2　高潮位群落一

红坎村高潮位样地一的编号为 HKC-G1，样地中心坐标为 21°34′6.53″N、109°45′19.29″E，样地面积为 100 m²，群落类型为木榄＋桐花树群落。该群落是一个发育比较成熟的红树林群落（图 1-3），以木榄和桐花树占绝对优势。其中，木榄有 3 株，分枝 7 个，平均胸围约 13.5 cm，平均株高约 3.6 m；桐花树有 44 株，分枝 72 个，平均胸围约 3.1 cm，平均株高约 2.6 m。HKC-G1

样地群落数据情况见表1-3。

图 1-3　HKC-G1 样地群落

表 1-3　HKC-G1 样地群落监测数据报表

断面编号:HKC;样地编号:HKC-G1;样地中心坐标:21°34′6.53″N、109°45′19.29″E

种类数量:2 种;平均胸径:2.6 cm;平均株高:3.1 m

幼树平均密度:0;小树平均密度:4.7;大树平均密度:0

种类	小树	
	数量/株	密度
木榄 *Bruguiera gymnorrhiza*	3	0.3
桐花树 *Aegiceras corniculatum*	44	4.4

注:密度数据指每10 m² 内红树植物的植株数

1.3.1.3.1.3　高潮位群落二

红坎村高潮位样地二的编号为 HKC-G2,样地中心坐标为 21°34′10.29″N、109°45′16.50″E,样地面积为 100 m²,群落类型为桐花树群落。该群落是一个发育比较成熟的桐花树单优群落(图1-4),群落郁闭度达 1.0,林下无草本。其中,桐花树有 28 株,88 个分枝,平均胸围约4.5 cm,平均株高约 2.3 m。HKC-G2 样地群落数据情况见表 1-4。

图 1-4　HKC-G2 样地群落

表 1-4　HKC-G2 样地群落监测数据报表

断面编号：HKC；样地编号：HKC-G2；样地中心坐标：21°34′10.29″N、109°45′16.50″E

种类数量：1 种；平均胸径：1.5 cm；平均株高：2.3 m

幼树平均密度：0；小树平均密度：2.8；大树平均密度：0

种类	小树	
	数量/株	密度
桐花树 *Aegiceras corniculatum*	28	2.8

注：密度数据指每 10 m² 内红树植物的植株数

1.3.1.3.1.4　高潮位群落三

红坎村高潮位样地三的编号为 HKC-G3，样地中心坐标为 21°34′8.54″N、109°45′25.59″E，样地面积为 100 m²，群落类型为无瓣海桑群落。该群落是一个发育比较成熟的人工红树林群落（图1-5），无瓣海桑占绝对优势，高度达 8 m，群落郁闭度约 0.8。其中，无瓣海桑有 36 株，分枝 63 个，平均胸围约 18.7 cm，平均株高约 5.4 m；群落下层有秋茄 5 株，平均胸围约 3.7 cm，平均株高约 1.4 m。HKC-G3 样地群落数据情况见表 1-5。

图 1-5　HKC-G3 样地群落

表 1-5　HKC-G3 样地群落监测数据报表

断面编号:HKC;样地编号:HKC-G3;样地中心坐标:21°34′8.54″N、109°45′25.59″E

种类数量:2 种;平均胸径:3.6 cm;平均株高:4.9 m

幼树平均密度:0;小树平均密度:1.6;大树平均密度:2.5

种类	大树				小树	
	数量/株	平均胸径/cm	株高/m	密度	数量/株	密度
无瓣海桑 Sonneratia apetala	25	6.5	5.8	2.5	11	1.1
秋茄 Kandelia obovata	—	—	—	—	5	0.5

注:密度数据指每 10 m² 内红树植物的植株数

1.3.1.3.2　东村样点

东村位于北部湾内一个小海湾的坝口区域,有丰富的淤泥沉积,红树林分布面积较广,有比较成熟的红海榄群落、白骨壤群落及其混交群落(图 1-6)。从中潮位到高潮位都有广阔的红树林分布;低潮位因受强烈的海水冲刷的影响,红树植物矮小,主要是红树林先锋树种白骨壤呈零星分布。本次调查设置 1 个断面,在低、中、高潮位各设置 1 个 10 m×10 m 的样地进行植物群落调查。

图 1-6　东村红树林群落

1.3.1.3.2.1　低潮位群落

东村低潮位样地编号为 DC-D,样地中心坐标为 21°31′40.83″N、109°46′40.14″E,样地面积为100 m²,群落类型为白骨壤群落。该群落是靠近外滩的早期扩展的红树林群落(图 1-7),主要物种为白骨壤,群落低矮,郁闭度约 0.2。其中,白骨壤有 54 株,平均基围约 2.6 cm,平均株高约 0.46 m。DC-D 样地群落数据情况见表 1-6。

图 1-7　DC-D 样地群落

表 1-6　DC-D 样地群落监测数据报表

断面编号：DC；样地编号：DC-D；样地中心坐标：21°31′40.83″N、109°46′40.14″E

种类数量：1 种；平均胸径：—；平均株高：0.46 m

幼树平均密度：5.4；小树平均密度：0；大树平均密度：0

种类	幼树	
	数量/株	密度
白骨壤 *Avicennia marina*	54	5.4

注：密度数据指每 10 m² 内红树植物的植株数

1.3.1.3.2.2　中潮位群落

东村中潮位样地编号为 DC-Z，样地中心坐标为 21°31′52.28″N、109°46′45.43″E，样地面积为 100 m²，群落类型为木榄＋秋茄群落。该群落是本区域分布广泛的发育较成熟的混交红树林群落（图 1-8）。木榄占绝对优势，株数 19 株，有分枝 52 个，平均胸围约 7.7 cm，平均株高约 2.4 m；伴生有秋茄 8 株，15 个分枝，平均胸围约 5.4 cm，平均株高约 2.2 m。DC-Z 样地群落数据情况见表 1-7。

图 1-8 DC-Z 样地群落

表 1-7 DC-Z 样地群落监测数据报表

断面编号：DC；样地编号：DC-Z；样地中心坐标：21°31′52.28″N、109°46′45.43″E

种类数量：2 种；平均胸径：2.1 cm；平均株高：2.3 m

幼树平均密度：0；小树平均密度：2.7；大树平均密度：0

种类	小树	
	数量/株	密度
木榄 *Bruguiera gymnorrhiza*	19	1.9
秋茄 *Kandelia obovata*	8	0.8

注：密度数据指每 10 m² 内红树植物的植株数

1.3.1.3.2.3 高潮位群落

东村高潮位样地编号为 DC-G，样地中心坐标为 21°31′59.57″N、109°46′56.38″E，样地面积为 100 m²，群落类型为红海榄群落。该群落是一个发育比较成熟的红海榄单优群落（图 1-9），群落郁闭度达 0.95，高度达 6 m，林间根枝密集，下层无草本。其中，红海榄有 26 株，44 个分枝，平均胸围约 14.7 cm，平均株高约 4.2 m。DC-G 样地群落数据情况见表 1-8。

图 1-9　DC-G 样地群落

表 1-8　DC-G 样地群落监测数据报表

断面编号:DC;样地编号:DC-G;样地中心坐标:21°31′59.57″N、109°46′56.38″E

种类数量:1 种;平均胸径:4.7 cm;平均株高:4.2 m

幼树平均密度:0;小树平均密度:0.8;大树平均密度:1.8

种类	大树				小树	
	数量/株	平均胸径/cm	平均株高/m	密度	数量/株	密度
红海榄 *Rhizophora stylosa*	18	5.8	4.6	1.8	8	0.8

注:密度数据指每 10 m² 内红树植物的植株数

1.3.1.3.3　西村样点

西村与东村位置相距不远,但其背离着坝口方向,红树林分布逐渐变狭窄,呈带状分布,群落发育也不够成熟,主要是红海榄与白骨壤的混交群落、白骨壤单优群落(图 1-10)。依据其群落类型设置了 1 个断面,在中、高潮位各设置 1 个 10 m×10 m 的样地进行植物群落调查。

图 1-10　西村红树林群落

1.3.1.3.3.1　中潮位群落

西村中潮位样地编号为 XC-Z,样地中心坐标为 21°32′8.58″N、109°46′31.07″E,样地面积为 100 m²,群落类型为木榄＋白骨壤群落(图 1-11)。该群落生长良好,结构稳定,以木榄和白骨壤为优势种。其中,木榄有 6 株,分枝有 13 个,平均胸围约 13.8 cm,平均株高约 4.3 m;白骨壤有 23 株,35 个分枝,平均胸围约 10.4 cm,平均株高约 3.4 m。XC-Z 样地群落数据情况见表 1-9。

图 1-11　XC-Z 样地群落

表 1-9　XC-Z 样地群落监测数据报表

断面编号:XC;样地编号:XC-Z;样地中心坐标:21°32′8.58″N、109°46′31.07″E

种类数量:2 种;平均胸径:3.9 cm;平均株高:3.8 m

幼树平均密度:0;小树平均密度:1.5;大树平均密度:1.5

种类	大树				小树	
	数量/株	平均胸径 /cm	平均 株高/m	密度	数量/株	密度
木榄 *Bruguiera gymnorrhiza*	3	4.8	4.9	0.3	3	0.3
白骨壤 *Avicennia marina*	12	3.7	3.6	1.2	11	1.2

注:密度数据指每 10 m² 内红树植物的植株数

1.3.1.3.3.2　高潮位群落

西村高潮位样地编号为 XC-G,样地中心坐标为 21°32′12.02″N、109°46′35.83″E,样地面积为 100 m²,群落类型为白骨壤群落。该群落是一个邻近陆地沿岸的白骨壤单优群落(图 1-12),群落低矮,分枝近平展,郁闭度约 0.9。白骨壤 16 株,分枝有 35 个,平均基围约 8.2 cm,平均株高约 2.2 m。XC-G 样地群落数据情况见表 1-10。

图 1-12　XC-G 样地群落

表 1-10 XC-G 样地群落监测数据报表

断面编号：XC；样地编号：XC-G；样地中心坐标：21°32′12.02″N、109°46′35.83″E

种类数量：1 种；平均胸径：2.6 cm；平均株高：2.2 m

幼树平均密度：1.6；小树平均密度：0；大树平均密度：0

种类	幼树	
	数量/株	密度
白骨壤 *Avicennia marina*	16	16

注：密度数据指每 10 m² 内红树植物的植株数

1.3.1.3.4 凤地村样点

凤地村区域红树林面积较小，红树林群落垂直海岸线分布，宽度约为 384 m。由于渔业以及水禽养殖开发对红树林破坏较大，该区域分布着以白骨壤为优势种的群落，植株长势较差，群落单一，在高潮位区域有一片无瓣海桑人工林，长势一般（图 1-13）。本次调查设置了一个断面，其低潮位没有红树林分布，在中、高潮位各设置 1 个 10 m×10 m 的样地进行植物群落调查。

图 1-13 凤地村红树林群落

1.3.1.3.4.1 中潮位群落

凤地村中潮位样地编号为 FDC-Z，样地中心坐标为 21°32′44.07″N，109°46′2.75″E，样地面积为 100 m²,群落类型为白骨壤＋木榄群落。该群落是一个靠近浅滩发育的白骨壤群落(图 1-14),零星散生有木榄,生长状态良好。其中,白骨壤有 16 株,分枝 32 个,平均基围约 6.1 cm,平均株高约 1.2 m;木榄有 48 株,平均基围约 4.3 cm,平均株高约 1.1 m,有较多幼苗。FDC-Z 样地群落数据情况见表 1-11。

图 1-14　FDC-Z 样地群落

表 1-11　FDC-Z 样地群落监测数据报表

断面编号:FDC;样地编号:FDC-Z;样地中心坐标:21°32′44.07″N、109°46′2.75″E

种类数量:2 种;平均胸径:1.7 cm;平均株高:1.2 m

幼树平均密度:4.5;小树平均密度:1.9;大树平均密度:0

种类	小树		幼树	
	数量/株	密度	数量/株	密度
白骨壤 *Avicennia marina*	10	1.0	6	0.6
木榄 *Bruguiera gymnorrhiza*	9	0.9	39	3.9

注:密度数据指每 10 m² 内红树植物的植株数

1.3.1.3.4.2　高潮位群落

凤地村高潮位样地编号为 FDC-G，样地中心坐标为 21°32′48.92″N、109°46′7.29″E，样地面积为100 m²，群落类型为无瓣海桑群落。该群落是一个人工种植的红树林群落（图 1-15），群落高达约8 m，郁闭度约 0.8。以无瓣海桑为单优势种，株数 42 株，分枝有 58 个，平均胸围约 8.9 cm，平均株高约 6.1 m。FDC-G 样地群落数据情况见表 1-12。

图 1-15　FDC-G 样地群落

表 1-12　FDC-G 样地群落监测数据报表

断面编号：FDC；样地编号：FDC-G；样地中心坐标：21°32′48.92″N、109°46′7.29″E

种类数量：1 种；平均胸径：4.3 cm；平均株高：6.1 m

幼树平均密度：0；小树平均密度：3.9；大树平均密度：0.3

种类	大树				小树	
	数量/株	平均胸径/cm	平均株高/m	密度	数量/株	密度
无瓣海桑 *Sonneratia apetala*	3	4.3	7.4	0.3	39	3.9

注：密度数据指每 10 m² 内红树植物的植株数

1.3.1.3.5　仙来村样点

仙来村样点的红树林群落类型较丰富，群落层次明显（图 1-16），其垂直海岸线的分布宽度约 500 m,还有约 150 m 宽的沿海滩涂。本样点在低、中、高潮位各设置了 1 个 10 m×10 m 的样地进行断面式的植物群落调查。

图 1-16　仙来村红树林群落

1.3.1.3.5.1　低潮位群落

仙来村低潮位样地编号 XLC-D,样地中心坐标为 20°55′15.98″N、110°10′4.87″E,样地面积为 100 m²,该群落是低潮位人工种植的白骨壤群落(图 1-17)。以白骨壤占绝对优势,株数 28 株,平均基围约 6.4 cm,平均株高约 1.1 m;伴生有无瓣海桑 3 株,平均基围约 12.4 cm,平均株高约 2.1 m。XLC-D 样地群落数据情况见表 1-13。

图 1-17 XLC-D 样地群落

表 1-13 XLC-D 样地群落监测数据报表

断面编号：XLC；样地编号：XLC-D；样地中心坐标：20°55′15.98″N、110°10′4.87″E

种类数量：2 种；平均胸径：3.1 cm；平均株高：1.6 m

幼树平均密度：1.1；小树平均密度：2.0；大树平均密度：0

种类	小树		幼树	
	数量/株	密度	数量/株	密度
白骨壤 *Avicennia marina*	17	1.7	11	1.1
无瓣海桑 *Sonneratia apetala*	3	0.3	—	—

注：密度数据指每 10 m² 内红树植物的植株数

1.3.1.3.5.2 中潮位群落

仙来村中潮位样地编号 XLC-Z，样地中心坐标为 20°55′15.51″N、110°9′58.39″E，样地面积为 100 m²，群落类型为无瓣海桑－白骨壤＋秋茄群落。该群落是一个人工林种植后的次生性群落（图 1-18）。乔木层是无瓣海桑占绝对优势，株数 9 株，平均胸围约 47.6 cm，平均株高约10.8 m。灌木层以白骨壤、秋茄占优势。其中，白骨壤 7 株，平均基围约 13.4 cm，平均株高约1.3 m，群落盖度约为 18％；秋茄有 21 株，平均基围约 11.3 cm，平均株高约 1.1 m；有 12 株木榄，平均基围约 8.2 cm，高度 0.9 m。XLC-Z 样地群落数据情况见表 1-14。

图 1-18　XLC-Z 样地群落

表 1-14　XLC-Z 群落监测数据报表

断面编号:XLC;样地编号:XLC-Z;样地中心坐标:20°55′15.51″N、110°9′58.39″E

种类数量:4 种;平均胸径:15.1 cm;平均株高:10.8 m

幼树平均密度:2.1;小树平均密度:1.9;大树平均密度:0.9

种类	大树				小树			
	数量/株	平均胸径/cm	平均株高/m	密度	数量/株	平均胸径/cm	株高/m	密度
无瓣海桑 *Sonneratia apetala*	9	15.1	10.8	0.9	—	—	—	—
白骨壤 *Avicennia marina*	—	—	—	—	7	0.7	—	—
秋茄 *Kandelia obovata*	—	—	—	—	12	1.2	9	0.9
木榄 *Bruguiera gymnorrhiza*	—	—	—	—	—	—	12	1.2

注:密度数据指每 10 m² 内红树植物的植株数

1.3.1.3.5.3　高潮位群落

仙来村高潮位样地编号 XLC-G，样地中心坐标为 20°55′15.59″N、110°9′50.57″E，样地面积为 100 m²，群落类型为秋茄群落。该群落是一个人工种植的红树林群落，群落生长状态良好（图 1-19）。以秋茄为优势种，株数 74 株，平均基围约 18.3 cm，平均株高约 1.7 m。林内分枝密集，林下无草本。XLC-G 样地群落数据情况见表 1-15。

图 1-19　XLC-G 样地群落

表 1-15　XLC-G 样地群落监测数据报表

断面编号：XLC；样地编号：XLC-G；样地中心坐标：20°55′15.59″N、110°9′50.57″E

种类数量：1 种；平均胸径：5.8 cm；平均株高：1.7 m

幼树平均密度：0；小树平均密度：7.4；大树平均密度：0

种类	小树	
	数量/株	密度
秋茄 *Kandelia obovata*	74	7.4

注：密度数据指每 10 m² 内红树植物的植株数

1.3.1.3.6　土角村样点

土角村区域红树林分布面积广阔，在十几年的种植养护下，生长良好，群落结构明显。低潮位主要有互花米草分布，生长良好；中潮位以白骨壤群落为主；高潮位是无瓣海桑群落（图 1-20）。本次调查设置了 1 个断面，分别在低、中、高潮位各设置 1 个 10 m×10 m 的样地进行调查。

图 1-20　土角村红树林群落

1.3.1.3.6.1　低潮位群落

土角村低潮位样地编号 TJC-D,样地中心坐标为 20°53′0.83″N、110°11′0.36″E,样地面积为 100 m²,群落类型为互花米草群落,该群落是在中潮带人工种植的草本群落(图 1-21)。以互花米草占优势,高度为 40～60 cm,盖度约 15%;还有零星的白骨壤小苗,高度为 10～20 cm,有 8 株。TJC-D 样地群落数据情况见表 1-16。

图 1-21　TJC-D 样地群落

表 1-16   TJC-D 样地群落监测数据报表

断面编号：TJC；样地编号：TJC-D；样地中心坐标：20°53′0.83″N、110°11′0.36″E

种类数量：2 种；平均胸径：—；平均株高：0.45 m

幼树平均密度：0.8；小树平均密度：0；大树平均密度：0

种类	幼树	
	数量/株	密度
白骨壤 *Avicennia marina*	8	0.8
互花米草 *Spartina alterniflora*	—	—

注：密度数据指每 10 m² 内红树植物的植株数

1.3.1.3.6.2　中潮位群落

土角村中潮位样地编号 TJC-Z，样地中心坐标为 20°53′0.71″N、110°10′53.52″E，样地面积为 100 m²，群落类型为白骨壤—互花米草群落。该群落是人工抚育的红树林群落（图 1-22）。以白骨壤占绝对优势，株数 58 株，平均基围约 21.2 cm，平均株高约 1.6 m；伴生有秋茄 2 株，平均基围约 24 cm，平均株高约 1.5 m；草本层为生长良好的互花米草，盖度约 8%，高度为 0.4～0.8 m；还散生有很多白骨壤小苗。TJC-Z 样地群落数据情况见表 1-17。

图 1-22   TJC-Z 样地群落

表 1-17　TJC-Z 样地群落监测数据报表

断面编号:TJC;样地编号:TJC-Z;样地中心坐标:20°53′0.71″N、110°10′53.52″E

种类数量:3 种;平均胸径:7.2 cm;平均株高:1.8 m

幼树平均密度:4.3;小树平均密度:5.8;大树平均密度:0

种类	小树		幼树	
	数量/株	密度	数量/株	密度
白骨壤 *Avicennia marina*	58	5.8	43	4.3
秋茄 *Kandelia obovata*	2	0.2	—	—
互花米草 *Spartina alterniflora*	—	—	—	—

注:密度数据指每 10 m² 内红树植物的植株数

1.3.1.3.6.3　高潮位群落

土角村高潮位样地编号为 TJC-G,样地中心坐标为 20°53′0.90″N、110°10′49.49″E,样地面积为100 m²,群落类型为无瓣海桑－白骨壤群落。该群落是一个发育比较成熟的人工红树林(图 1-23)。其中,无瓣海桑为乔木层,有 13 株,分枝有 26 个,平均胸围约 32.3 cm,平均株高约8.3 m;下层有 8 株白骨壤分散分布,平均基围约 14.2 cm,平均株高约 1.5 m。TJC-G 样地群落数据情况见表 1-18。

图 1-23　TJC-G 样地群落

表 1-18　TJC-G 样地群落监测数据报表

断面编号:TJC;样地编号:TJC-G;样地中心坐标:20°53′0.90″N、110°10′49.49″E

种类数量:2 种;平均胸径:11.5 cm;平均株高:5.7 m

幼树平均密度:0;小树平均密度:0.8;大树平均密度:1.3

种类	大树				小树	
	数量/株	平均胸径/cm	平均株高/m	密度	数量/株	密度
无瓣海桑 *Sonneratia apetala*	13	11.5	5.7	1.3	—	—
白骨壤 *Avicennia marina*	—	—	—	—	8	0.8

注:密度数据指每 10 m² 内红树植物的植株数

1.3.1.3.7　南渡河样点

南渡河区域红树林分布面积狭小,约 1.4 hm²,低、中潮位没有红树林分布,只在高潮位有人工种植的无瓣海桑生态景观林。本次在高潮位设置了 1 个 10 m×10 m 的无瓣海桑群落样地进行调查。

南渡河无瓣海桑群落样地编号为 NDH-G,样地中心坐标为 20°51′30.95″N、110°9′49.68″E,样地面积为 100 m²。该无瓣海桑群落是一个人工种植的沿海防护林,发育比较成熟(图 1-24),为无瓣海桑的单优群落,群落郁闭度约 0.8。样地共有无瓣海桑 28 株,分枝 48 个,平均胸围约 38.4 cm,平均株高约 11.4 m;草本层有卤蕨 1 丛,高度约 1.2 m;还有较多散生的老鼠簕小苗,高度为 0.6~0.8 m。NDH-G 样地群落数据情况见表 1-19。

图 1-24　NDH-G 样地群落

表 1-19 NDH-G 样地群落监测数据报表

断面编号:NDH;样地编号:NDH-G;样地中心坐标:20°51′30.95″N、110°9′49.68″E

种类数量:1 种;平均胸径:12.2 cm;平均株高:11.4 m

幼树平均密度:0;小树平均密度:0.6;大树平均密度:2.2

种类	大树				小树	
	数量/株	平均胸径/cm	平均株高/m	密度	数量/株	密度
无瓣海桑 *Sonneratia apetala*	22	13.4	12.7	2.2	6	0.6

注:密度数据指每 10 m² 内红树植物的植株数

1.3.1.3.8 英典村样点

英典村区域受当地海水养殖的干扰,红树林呈狭小、断裂的带状分布,垂直于海岸线的分布宽度约 68 m,红树林群落主要为红海榄+白骨壤混交群落。本次调查依据红树林群落分布情况,在带状分布区域内设置了 2 个 10 m×10 m 的样地进行调查。

1.3.1.3.8.1 红海榄+白骨壤混交群落一

英典村红海榄+白骨壤混交群落一的样地编号为 YDC1,样地中心坐标为 20°28′21.62″N、109°56′14.88″E,样地面积为 100 m²。该群落是本区域发育较好的红树林群落,白骨壤占绝对优势,散生有几株红海榄(图 1-25)。本样地有白骨壤 16 株,分枝 46 个,平均胸围约12.6 cm,平均株高约 2.8 m;伴生有红海榄 4 株,平均胸围约 14.5 cm,平均株高约 2.1 m。YDC1 样地群落数据情况见表 1-20。

图 1-25 YDC1 样地群落

表 1-20　YDC1 样地群落监测数据报表

断面编号:无;样地编号:YDC1;样地中心坐标:20°28′21.62″N、109°56′14.88″E

种类数量:2 种;平均基径:4.3 cm;平均株高:2.5 m

幼树平均密度:0.2;小树平均密度:1.8;大树平均密度:0

种类	小树		幼树	
	数量/株	密度	数量/株	密度
白骨壤 *Avicennia marina*	16	1.6	—	—
红海榄 *Rhizophora stylosa*	2	0.2	2	0.2

注:密度数据指每 10 m² 内红树植物的植株数

1.3.1.3.8.2　红海榄＋白骨壤混交群落二

英典村红海榄＋白骨壤混交群落二的样地编号为 YDC2,样地中心坐标为 20°28′4.14″N、109°56′26.45″E,样地面积为 100 m²。该群落是一个发育初期的次生红树林群落(图1-26),是红海榄与白骨壤共占优势的混交群落。其中,红海榄 16 株,平均基围约 12.4 cm,平均株高约2.6 m;白骨壤 25 株,平均基围约 9.3 cm,平均株高约 2.4 m。YDC2 样地群落数据情况见表1-21。

图 1-26　YDC2 样地群落

表 1-21　YDC2 样地群落监测数据报表

断面编号:无;样地编号:YDC2;样地中心坐标:20°28′4.14″N、109°56′26.45″E

种类数量:2 种;平均基径:3.5 cm;平均株高:2.5 m

幼树平均密度:1.0;小树平均密度:3.1;大树平均密度:0

种类	小树		幼树	
	数量/株	密度	数量/株	密度
白骨壤 *Avicennia marina*	15	1.5	10	1.0
红海榄 *Rhizophora stylosa*	16	1.6	—	—

注:密度数据指每 10 m² 内红树植物的植株数

1.3.1.3.9　英良村样点

英良村区域红树林呈斑块状分布,面积狭小,约 2.9 hm²,主要为白骨壤＋红海榄群落、白骨壤群落、互花米草群落,且群落发展时间短,群落高度不达 2 m。依据其群落类型,设置了 2 个 10 m×10 m 的乔木、灌木样地和 1 个 2 m×2 m 的草本样地进行调查。

1.3.1.3.9.1　白骨壤＋红海榄群落

英良村白骨壤＋红海榄群落类型的样地编号为 YLC1,样地中心坐标为 20°27′22.24″N、109°56′40.13″E,样地面积为 100 m²。该群落是一个发育初期的次生红树林群落(图 1-27)。其中,白骨壤 26 株,平均基围约 32.6 cm,平均株高约 3.4 m;红海榄 7 株,平均基围约 24.7 cm,平均株高约 3.2 m。YLC1 样地群落数据情况见表 1-22。

图 1-27　YLC1 样地群落

表 1-22　YLC1 样地群落监测数据报表

断面编号：无；样地编号：YLC1；样地中心坐标：20°27′22.24″N、109°56′40.13″E

种类数量：2 种；平均基径：9.1 cm；平均株高：3.3 m

幼树平均密度：0；小树平均密度：3.3；大树平均密度：0

种类	小树	
	数量/株	密度
白骨壤 *Avicennia marina*	24	2.6
红海榄 *Rhizophora stylosa*	7	0.7

注：密度数据指每 10 m² 内红树植物的植株数

1.3.1.3.9.2　白骨壤群落

英良村白骨壤群落类型的样地编号为 YLC2，样地中心坐标为 20°27′20.99″N、109°56′34.63″E，样地面积为 100 m²。该群落是一个发育早期的红树林群落（图 1-28）。白骨壤占绝对优势，株数 86 株，平均基围约 7.6 cm，平均株高约 0.9 m；伴生有红海榄 1 株，基围约 12 cm，株高约 1.3 m。YLC2 样地群落数据情况见表 1-23。

图 1-28　YLC2 样地群落

表 1-23　YLC2 样地群落监测数据报表

断面编号:无;样地编号:YLC2;样地中心坐标:20°27′20.99″N、109°56′34.63″E

种类数量:2 种;平均基径:3.1 cm;平均株高:1.1 m

幼树平均密度:7.3;小树平均密度:1.4;大树平均密度:0

种类	小树		幼树	
	数量/株	密度	数量/株	密度
白骨壤 *Avicennia marina*	13	1.3	73	7.3
红海榄 *Rhizophora stylosa*	1	0.1	—	—

注:密度数据指每 10 m² 内红树植物的植株数

1.3.1.3.9.3　互花米草群落

英良村互花米草群落的样地编号为 YLC3,样地中心坐标为 20°27′18.68″N、109°56′33.38″E,样地面积为 4 m²。该群落是一个互花米草草本群落(图 1-29),其高度为 0.2～0.65 m,盖度约 0.96。

图 1-29　YLC3 样地群落

1.3.1.3.10　覃典村样点

覃典村区域红树林位于一个形似倒 V 形的湾口,泥沙淤积,土壤肥沃,很适合红树林发展,分布面积较大,约 62.2 hm²,沿湾口延伸长度约 1 610 m,宽度可达 300 m。该区域红树林群落类型较简单,以白骨壤群落、白骨壤+红海榄群落为主,在小部分区域形成红海榄+白骨壤—桐花树的混交群落,仅在沿海岸处散生有一些海桑和海漆。在潮位上,红树林主要集中在中、高潮位,低潮位没有明显的红树林分布,只有零星的白骨壤小苗(图 1-30)。本次设置了 2 个断面进行调查,分别在中、高潮位各设置 1 个 10 m×10 m 的样地。

图 1-30　覃典村红树林群落

1.3.1.3.10.1　覃典村断面一

本断面低潮位没有红树林分布。

中潮位样地编号为 TDC1-Z,样地中心坐标为 20°27′42.18″N、109°57′56.70″E,样地面积为 100 m²,群落类型为海漆＋秋茄＋白骨壤群落。该群落是一个发育初期的次生红树林群落(图 1-31),物种组成丰富。群落最高层为海漆,高约为 5.2 m;下层以白骨壤、秋茄占优势,散生少量红海榄。其中,海漆有 11 株,平均胸围约 14 cm,平均株高约 3.2 m;秋茄有 34 株,平均基围约 12.2 cm,平均株高约 2.5 m;白骨壤有 14 株,平均基围约 15.5 cm,平均株高约 2.6 m;红海榄有

7 株,平均基围约 27.3 cm,平均株高约 3.8 m。TDC1-Z 样地群落数据情况见表 1-24。

图 1-31　TDC1-Z 样地群落

表 1-24　TDC1-Z 样地群落监测数据报表

断面编号:TDC1;样地编号:TDC1-Z;样地中心坐标:20°27′42.18″N、109°57′56.70″E

种类数量:4 种;平均胸径:4.6 cm;平均株高:3.1 m

幼树平均密度:0;小树平均密度:5.5;大树平均密度:1.1

种类	大树				小树	
	数量/株	平均胸径/cm	株高/m	密度	数量/株	密度
海漆 *Excoecaria agallocha*	7	5.1	2.8	0.7	4	0.4
秋茄 *Kandelia obovata*	—	—	—	—	34	3.4
白骨壤 *Avicennia marina*	—	—	—	—	14	1.4
红海榄 *Rhizophora stylosa*	4	4.2	3.9	0.4	3	0.3

注:密度数据指每 10 m² 内红树植物的植株数

高潮位样地编号为 TDC1-G,样地中心坐标为 20°27′43.75″N、109°58′0.82″E,样地面积为 100 m²,群落类型为白骨壤群落。该群落是在高潮位退田还林区域人工种植的白骨壤群落(图 1-32),白骨壤占优势,散生几株秋茄及海漆。其中,白骨壤有 64 株,82 个分枝,平均基围约 12 cm,平均株高约 2.3 m;秋茄有 8 株,平均基围约 7.6 cm,平均株高约 1.2 m;海漆有 2 株,平均基围约 21.2 cm,平均株高约 2.9 m。TDC1-G 样地群落数据情况见表 1-25。

图 1-32　TDC1-G 样地群落

表 1-25　TDC1-G 样地群落监测数据报表

断面编号：TDC1；样地编号：TDC1-G；样地中心坐标：20°27′43.75″N、109°58′0.82″E

种类数量：3 种；平均胸径：—；平均株高：2.2 m

幼树平均密度：1.8；小树平均密度：5.6；大树平均密度：0

种类	小树		幼树	
	数量/株	密度	数量/株	密度
白骨壤 *Avicennia marina*	46	4.6	18	1.8
秋茄 *Kandelia obovata*	8	0.8	—	—
海漆 *Excoecaria agallocha*	2	0.2	—	—

注：密度数据指每 10 m² 内红树植物的植株数

1.3.1.3.10.2　覃典村断面二

本断面低潮位没有红树林分布。

中潮位样地编号为 TDC2-Z，样地中心坐标为 20°27′30.51″N、109°58′15.56″E，样地面积为 100 m²，群落类型为白骨壤＋木榄群落。该群落以白骨壤占优势，生长良好，红海榄为零散分布（图 1-33）。其中，白骨壤有 38 株，分枝有 64 个，平均胸围 7.6 cm，平均株高 2.6 m；红海榄有 5 株，平均胸围 10.3 cm，平均株高 2.9 m。TDC2-Z 样地群落数据情况见表 1-26。

图 1-33　TDC2-Z 样地群落

表 1-26　TDC2-Z 样地群落监测数据报表

断面编号：TDC2；样地编号：TDC2-Z；样地中心坐标：20°27′30.51″N、109°58′15.56″E

种类数量：2 种；平均胸径：2.8 cm；平均株高：2.8 m

幼树平均密度：0；小树平均密度：4.2；大树平均密度：0.1

种类	大树				小树	
	数量/株	平均胸径/cm	株高/m	密度	数量/株	密度
白骨壤 *Avicennia marina*	—	—	—	—	38	3.8
红海榄 *Rhizophora stylosa*	1	4.1	3.3	0.1	4	0.4

注：密度数据指每 10 m² 内红树植物的植株数

高潮位样地编号为 TDC2-G，样地中心坐标为 20°27′33.73″N、109°58′17.45″E，样地面积为 100 m²，群落类型为红海榄＋白骨壤—桐花树群落。该群落是一个发育良好的红海榄＋白骨壤—桐花树混交群落（图 1-34），群落外貌灰绿，较平整，以红海榄和白骨壤占优势。其中，红海榄有 14 株，平均胸围约 13.2 cm，平均株高约 3.4 m；白骨壤有 33 株，45 个分枝，平均胸围约 6.9 cm，平均株高约 2.1 m；桐花树有 15 株，平均胸围约 4.3 cm，平均株高约 1.6 m。TDC2-G 样地群落数据情况见表 1-27。

图 1-34　TDC2-G 样地群落

表 1-27　TDC2-G 样地群落监测数据报表

断面编号：TDC2；样地编号：TDC2-G；样地中心坐标：20°27′33.73″N、109°58′17.45″E

种类数量：3 种；平均胸径：4.7 cm；平均株高：2.4 m

幼树平均密度：0；小树平均密度：5.3；大树平均密度：0.9

种类	大树				小树	
	数量/株	平均胸径/cm	株高/m	密度	数量/株	密度
红海榄 *Rhizophora stylosa*	9	4.7	3.6	0.9	5	0.5
白骨壤 *Avicennia marina*	—	—	—	—	33	3.3
桐花树 *Aegiceras corniculatum*	—	—	—	—	15	1.5

注：密度数据指每 10 m² 内红树植物的植株数

1.3.2　惠州红树林植物群落调查结果

1.3.2.1　惠州红树林植物群落调查概况

惠州红树林自然保护区内的红树林集中分布在稔山镇的蟹洲湾、铁涌镇的好招楼村、考洲洋海堤及盐洲镇的白沙村。本次对蟹洲村、好招楼村和白沙村等 3 个片区的红树林进行植物群落调查。惠州红树林植物群落有以下几个特点。

红树林呈条带状和斑块状分布。在调查的 3 个片区中,红树林的生长区域受到当地海产养殖的强烈干扰,现存的红树林被各类鱼塘隔离,只沿着鱼塘岸边区域呈带状分布,或在未开发区域呈斑块状分布,各斑块面积小,群落类型较单一。

区域内原生红树林面积很小,主要在其外围人工种植了大面积的红树林。在中国红树林保护和沿海生态防护林项目的指引下,在惠东各海湾进行了大面积的红树林人工种植,主要有无瓣海桑、白骨壤、红海榄、秋茄和木榄等。

红树林植物群落层次明显、结构简单。从各个片区的断面调查结果来看,红树林从低潮位到高潮位,植物群落高度很明显地由低到高增加。在同一潮位的植物群落中,群落外貌整齐,结构简单,树种多样性较低。

1.3.2.2　惠州红树林植物种类组成

本次野外群落调查共发现惠州红树林自然保护区有红树植物 20 科 28 属 30 种,其中,真红树植物有 7 科 9 属 9 种,半红树植物有 2 科 2 属 2 种,伴生植物有 16 科 17 属 19 种(附录1)。

1.3.2.2.1　真红树植物

老鼠簕 *Acanthus ilicifolius* L.

(见前文第 8 页)

卤蕨 *Acrostichum aureum* L.

(见前文第 8 页)

桐花树 *Aegiceras corniculatum*(L.)Blanco

(见前文第 8 页)

白骨壤 *Avicennia marina*(Forssk.)Vierh.

(见前文第 8 页)

木榄 *Bruguiera gymnorrhiza*(L.)Poir.

(见前文第 8 页)

海漆 *Excoecaria agallocha* L.

(见前文第 9 页)

秋茄 *Kandelia obovata*(L.)Druce

（见前文第 9 页）

红海榄 *Rhizophora stylosa* Griff.

（见前文第 9 页）

无瓣海桑 *Sonneratia apetala* Buch.-Ham.

（见前文第 9 页）

1.3.2.2.2　半红树植物

许树 *Clerodendrum inerme*（L.）Gaertn.

（见前文第 9 页）

杨叶肖槿 *Thespesia populnea*（L.）Sol. ex Corr.

锦葵科 Malvaceae,桐棉属 Thespesia。别名:桐棉。常绿小乔木,高约 6 m。叶心形,长 7～18 cm。花期几乎为全年。花单生,花冠钟形,黄色,内面基部具紫色块,长约 5 cm。蒴果梨形,直径约 5 cm。极耐盐,耐水。

1.3.2.2.3　伴生植物

木麻黄 *Casuarina equisetifolia* Forst.

（见前文第 10 页）

鱼藤 *Derris trifoliata* Lour.

豆科 Leguminosae,鱼藤属 *Derris*。攀缘状灌木。羽状复叶长 7～15 cm,小叶常 2 对,厚纸质。花期 4～8 月。总状花序腋生,花冠白色或粉红色,长约 10 mm。果期 8～12 月。荚果斜卵形、球形,长 2.5～4 cm,扁平。耐盐碱,不耐水。

凤眼蓝 *Eichhornia crassipes*（Mart.）Solms

（见前文第 10 页）

福建胡颓子 *Elaeagnus oldhamii* Maxim.

胡颓子科 Elaeagnaceae,胡颓子属 *Elaeagnus*。常绿直立灌木,具刺。叶近革质,倒卵形或倒卵状披针形。花期 11～12 月。短总状花序,花白色。果期翌年 2～3 月。果实卵形,熟时红色。

一点红 *Emilia sonchifolia*（L.）DC.

菊科 Compositae,一点红属 *Emilia*。一年生草本。叶质较厚,下部叶密集,大头羽状分裂,下面常变紫色。头状花序,小花粉红色或紫色,冠毛丰富,白色,细软。花果期 7～10 月。

五爪金龙 *Ipomoea cairica*（L.）Sweet

旋花科 Convolvulaceae,番薯属 *Ipomoea*。多年生缠绕草本。全体无毛。叶掌状 5 深裂或全裂,裂片卵状披针形、卵圆形。聚伞花序腋生,花序梗长 2～8 cm,具 1～3 朵花,花冠紫红色、紫色或淡红色,偶有白色。蒴果近球形。

厚藤 *Ipomoea pes-caprae* (L.) Sweet

（见前文第 11 页）

马缨丹 *Lantana camara* L.

（见前文第 11 页）

小叶海金沙 *Lygodium microphyllum* (Cav.) R. Br.

海金沙科 Lygodiaceae，海金沙属 *Lygodium*。植株蔓攀。叶轴纤细如铜丝，二回羽状。不育羽片生于叶轴下部；能育羽片长圆形，孢子囊穗排列于叶缘，到达先端。

白背叶 *Mallotus apelta* (Lour.) Muell. Arg.

大戟科 Euphorbiaceae，野桐属 *Mallotus*。小乔木。小枝、叶柄和花序均密被淡黄色星状柔毛和散生橙黄色颗粒状腺体。叶卵圆形或阔卵圆形。花期 6～9 月。雄花序为圆锥花序，长 15～30 cm。果期 8～11 月。蒴果近球形，下面被灰白色星状绒毛。

野牡丹 *Melastoma candidum* D. Don

野牡丹科 Melastomataceae，野牡丹属 *Melastoma*。灌木，分枝多。叶片坚纸质，卵圆形或广卵圆形。花期 5～7 月。伞房花序，花瓣玫瑰红色或粉红色，倒卵形，长 3～4 cm。果期 10～12 月。蒴果坛状，球形，长 1～1.5 cm，密被鳞片状糙伏毛。

含羞草 *Mimosa pudica* L.

（见前文第 11 页）

鸡矢藤 *Paederia scandens* (Lour.) Merr.

茜草科 Rubiaceae，鸡矢藤属 *Paederia*。攀缘藤本。叶对生，纸质，呈卵状长圆形，长 5～9 cm。花期 5～7 月。圆锥花序式的聚伞花序，末次花序分枝为蝎尾状。花冠浅紫色，被毛，顶部 5 裂。果球形，黄色。

龙珠果 *Passiflora foetida* L.

（见前文第 11 页）

芦苇 *Phragmites australis* (Cav.) Trin. ex Steud.

禾本科 Gramineae，芦苇属 *Phragmites*。多年生草本，高 1～3 m。单叶，叶片披针状线形，长 30 cm。圆锥花序大型，顶生，长 20～40 cm。颖果长约 1.5 mm。喜阳光，喜潮湿，耐盐碱，耐水。

小果叶下珠 *Phyllanthus reticulatus* Poir.

大戟科 Euphorbiaceae，叶下珠属 *Phyllanthus*。灌木，高达 4 m。叶片膜质至纸质，椭圆形、卵圆形至圆形。花期 3～6 月。通常 2～10 朵雄花和 1 朵雌花簇生于叶腋。果期 6～10 月。蒴果呈浆果状，球形，干后灰黑色。

少花龙葵 *Solanum americanum* Mill.

茄科 Solanaceae，茄属 *Solanum*。纤弱草本。叶薄，卵圆形至卵状长圆形。花序近伞形，腋外生，萼绿色，花冠白色。浆果球状，成熟后黑色。几乎全年均开花结果。

水茄 *Solanum torvum* Swartz

茄科 Solanaceae，茄属 *Solanum*。灌木，等星状毛。叶卵圆形至椭圆形，边缘半裂。伞房花序，腋外生，花白色。浆果黄色，光滑无毛。全年均开花结果。

地桃花 *Urena lobata* L.

（见前文第 12 页）

1.3.2.3 惠州红树林植物群落特征

本次调查中，依据调查要求和惠州红树林的分布情况，在主要的红树林分布区设立 3 个调查点，各样点的调查结果如下。

1.3.2.3.1 蟹洲村样点

蟹洲村区域的红树林相对较好，沿蟹洲湾海岸一带分布，当前分布面积约 18.3 hm²，沿湾口线长约 640 m。本区域低潮位由于当地开发海产养殖，基本没有红树林群落分布；中潮位主要为原生的或种植的木榄、红海榄、白骨壤、无瓣海桑群落；而高潮位主要为原生的白骨壤和种植的无瓣海桑（图 1-35）。依据其低、中、高潮位的红树林群落分布情况，设置了 2 个断面（XZC1 和 XZC2）进行调查。

图 1-35　蟹洲村红树林群落

图 1-35　蟹洲村红树林群落（续）

1.3.2.3.1.1　XZC1 断面

本断面低潮位没有红树林群落分布。

中潮位样地编号 XZC1-Z，样地中心坐标为 22°49′36.30″N、114°46′8.30″E，样地面积为 100 m²，群落类型为白骨壤＋木榄群落。该群落是一个靠近滩涂外侧的原生红树林群落（图 1-36），发育时间短，白骨壤、木榄为优势种。其中，白骨壤株数 15 株，平均基围约13.5 cm，平均株高约1.5 m；木榄株数 15 株，平均基围约 19.6 cm，平均株高约 2.2 m；散生有 3 株秋茄，平均基围约28.8 cm，平均株高约 3.2 m。XZC1-Z 样地群落数据情况见表 1-28。

图 1-36　XZC1-Z 样地群落

表 1-28　XZC1-Z 样地群落监测数据报表

断面编号：XZC1；样地编号：XZC1-Z；样地中心坐标：22°49′36.30″N、114°46′8.30″E

种类数量：3 种；平均基围：17.2 cm；平均株高：1.9 m

幼树平均密度：0.3；小树平均密度：3.0；大树平均密度：0

种类	小树		幼树	
	数量/株	密度	数量/株	密度
白骨壤 *Avicennia marina*	12	1.2	3	0.3
木榄 *Bruguiera gymnorrhiza*	15	1.5	—	—
秋茄 *Kandelia obovata*	3	0.3	—	—

注：密度数据指每 10 m² 内红树植物的植株数

　　高潮位样地编号 XZC1-G，样地中心坐标为 22°49′41.72″N、114°46′4.96″E，样地面积为 100 m²，群落类型为白骨壤－桐花树群落，该群落是一个发育比较成熟的原生红树林群落（图 1-37）。白骨壤占绝对优势，株数 18 株，每株分枝多，分枝总数达 30 个，平均胸围约 31.2 cm，平均株高约 5.4 m；下层优势树种为桐花树，有 12 株，也有少量分枝，平均胸围 7.2 cm，平均株高约 2.4 m；其他伴生树种有无瓣海桑、秋茄、海漆，林间还有 3 株鱼藤；草本层有较多老鼠簕幼苗，高度 0.8～1.7 m。XZC1-G 样地群落数据情况见表 1-29。

图 1-37　XZC1-G 样地群落

表 1-29 XZC1-G 样地群落监测数据报表

断面编号:XZC1;样地编号:XZC1-G;样地中心坐标:22°49′41.72″N、114°46′4.96″E

种类数量:6 种;平均胸径:7.3 cm;平均株高:5.6 m

幼树平均密度:0;小树平均密度:1.5;大树平均密度:2.4

种类	大树				小树	
	数量/株	平均胸径/cm	株高/m	密度	数量/株	密度
白骨壤 *Avicennia marina*	18	31.2	5.4	1.8	—	—
无瓣海桑 *Sonneratia apetala*	2	29	7.2	0.2	—	—
秋茄 *Kandelia obovata*	3	9.3	3.8	0.3	—	—
海漆 *Excoecaria agallocha*	1	22	6	0.1	—	—
桐花树 *Aegiceras corniculatum*	—	—	—	—	12	1.2
鱼藤 *Derris trifoliata*	—	—	—	—	3	0.3

注:密度数据指每 10 m² 内红树植物的植株数

1.3.2.3.1.2 XZC2 断面

中潮位样地编号 XZC2-Z,样地中心坐标为 22°49′45.79″N、114°46′15.55″E,样地面积为 100 m²,群落类型为白骨壤群落。该群落是一个发育时间比较短的原生红树林群落(图 1-38)。白骨壤占绝对优势,株数 29 株,平均基围约 15.4 cm,平均株高约 1.2 m;伴生有无瓣海桑 1 株、秋茄 1 株。XZC2-Z 样地群落数据情况见表 1-30。

图 1-38 XZC2-Z 样地群落

表 1-30　XZC2-Z 样地群落监测数据报表

断面编号：XZC2；样地编号：XZC2-Z；样地中心坐标：22°49′45.79″N、114°46′15.55″E

种类数量：3 种；平均基围：7.6 cm；平均株高：1.3 m

幼树平均密度：0.8；小树平均密度：2.3；大树平均密度：0

种类	小树		幼树	
	数量/株	密度	数量/株	密度
白骨壤 *Avicennia marina*	21	2.1	8	0.8
无瓣海桑 *Sonneratia apetala*	1	0.1	—	—
秋茄 *Kandelia obovata*	1	0.1	—	—

注：密度数据指每 10 m² 内红树植物的植株数

　　高潮位样地编号为 XZC2-G，样地中心坐标为 22°49′50.50″N、114°46′10.52″E，样地面积为 100 m²，群落类型为无瓣海桑—桐花树群落，该群落是一个发育比较成熟的红树林人工群落（图 1-39）。乔木层以无瓣海桑占绝对优势，大树株数 17 株，平均胸围约 76.6 cm，平均株高约 14.6 m，还有 8 株小树，平均株高约 2.8 m；下层乔木有秋茄 1 株，高 4 m，桐花树 31 株，平均胸围约 5.8 cm，平均株高约 2.2 m，还有少数幼苗；草本层有老鼠簕约 8 丛，高 1.2～1.5 m，盖度约为 5%。XZC2-G 样地群落数据情况见表 1-31。

图 1-39　XZC2-G 样地群落

表 1-31　XZC2-G 样地群落监测数据报表

断面编号：XZC2；样地编号：XZC2-G；样地中心坐标：22°49′50.50″N、114°46′10.52″E

种类数量：3 种；平均胸径：10.4 cm；平均株高：5.9 m

幼树平均密度：1.2；小树平均密度：4.0；大树平均密度：1.7

种类	大树				小树		幼树	
	数量/株	平均胸径/cm	株高/m	密度	数量/株	密度	数量/株	密度
无瓣海桑 *Sonneratia apetala*	17	24.4	14.6	1.7	8	0.8	—	—
秋茄 *Kandelia obovata*	—	—	—	—	1	0.1	—	—
桐花树 *Aegiceras corniculatum*	—	—	—	—	31	3.1	12	1.2

注：密度数据指每 10 m² 内红树植物的植株数

1.3.2.3.2　好招楼村样点

好招楼村区域的红树林分布面积广阔，但当地在发展海水渔业养殖时，将本区域原生的红树林砍伐或分割为条带状，致使原生红树林只呈斑块状分布。在近十几年来的红树林人工种植和养护下，本区域在高潮位分布有林分很好的无瓣海桑、木榄群落，而在中、低潮位进行了白骨壤、秋茄、木榄等红树植物种植养护（图 1-40）。依据红树林分布情况，本次设置了 HZLC1 和 HZLC2 两个断面进行调查。

图 1-40　好招楼村红树林群落

图 1-40　好招楼村红树林群落（续）

1.3.2.3.2.1　HZLC1 断面

中潮位样地编号 HZLC1-Z,样地中心坐标为 22°45′38.01″N、114°52′0.87″E,样地面积为 100 m²,群落类型为白骨壤群落。该群落是一个人工种植 3 年的红树林群落（图 1-41）。以白骨壤小树为主,株数 48 株,平均基围约 17 cm,平均株高约 1.7 m;伴生有 1 株无瓣海桑,是从别处漂来的种子在此定植生长的,高 2.3 m。HZLC1-Z 样地群落数据情况见表 1-32。

图 1-41　HZLC1-Z 样地群落

表 1-32　HZLC1-Z 样地群落监测数据报表

断面编号：HZLC1；样地编号：HZLC1-Z；样地中心坐标：22°45′38.01″N、114°52′0.87″E

种类数量：2 种；平均基围：18.4 cm；平均株高：1.7 m

幼树平均密度：0.9；小树平均密度：4.9；大树平均密度：0

种类	小树		幼树	
	数量/株	密度	数量/株	密度
无瓣海桑 *Sonneratia apetala*	1	0.1	—	—
白骨壤 *Avicennia marina*	48	4.8	9	0.9

注：密度数据指每 10 m² 内红树植物的植株数

高潮位样地编号 HZLC1-G，样地中心坐标为 22°45′54.69″N、114°51′43.19″E，样地面积为 100 m²，群落类型为无瓣海桑—海漆—桐花树群落（图 1-42）。该群落是人工林后期的次生群落。乔木上层以无瓣海桑占绝对优势，株数 11 株，共有 18 个分枝，平均胸围约 31.8 cm，平均株高约 7.6 m；中层乔木为海漆，有 4 株，15 个分枝，平均胸围约 20.6 cm，平均株高约 5.8 m；下层灌木为散生的桐花树，有 3 株，平均高约 2.4 m；草本层有 2 丛卤蕨和零星的老鼠簕，高度为 0.4~0.7 m。HZLC1-G 样地群落数据情况见表 1-33。

图 1-42　HZLC1-G 样地群落

表 1-33　HZLC1-G 样地群落监测数据报表

断面编号：HZLC1；样地编号：HZLC1-G；样地中心坐标：22°45′54.69″N、114°51′43.19″E

种类数量：3 种；平均胸径：8.4 cm；平均株高：6.7 m

幼树平均密度：0；小树平均密度：0.3；大树平均密度：1.5

种类	大树				小树	
	数量/株	平均胸径/cm	株高/m	密度	数量/株	密度
无瓣海桑 Sonneratia apetala	11	10.1	7.6	1.1	—	—
海漆 Excoecaria agallocha	4	6.6	5.8	0.4	—	—
桐花树 Aegiceras corniculatum	—	—	—	—	3	0.3

注：密度数据指每 10 m² 内红树植物的植株数

1.3.2.3.2.2　HZLC2 断面

低潮位样地编号 HZLC2-D，样地中心坐标为 22°45′8.90″N、114°52′27.35″E，样地面积为 100 m²，群落类型为白骨壤＋秋茄群落。该群落是一个人工种植的红树林群落（图 1-43）。白骨壤占优势，株数 51 株，平均基围约 8.2 cm，平均株高约 1.2 m；秋茄比较零散，有 9 株，平均基围约 6.6 cm，平均株高约 0.9 m。HZLC2-D 样地群落数据情况见表 1-34。

图 1-43　HZLC2-D 样地群落

表 1-34　HZLC2-D 样地群落监测数据报表

断面编号:HZLC2;样地编号:HZLC2-D;样地中心坐标:22°45′8.90″N、114°52′27.35″E

种类数量:2 种;平均基围:7.4 cm;平均株高:1.1 m

幼树平均密度:3.3;小树平均密度:2.7;大树平均密度:0

种类	小树		幼树	
	数量/株	密度	数量/株	密度
白骨壤 *Avicennia marina*	27	2.7	24	2.4
秋茄 *Kandelia obovata*	—	—	9	0.9

注:密度数据指每 10 m² 内红树植物的植株数

中潮位样地编号 HZLC2-Z,样地中心坐标为 22°45′4.32″N、114°52′11.35″E,样地面积为 100 m²,群落类型为秋茄群落。该群落是一个人工种植的红树林群落(图 1-44),树龄 3～4 年,是秋茄的单优群落,株数 38 株,平均基围约 6.8 cm,平均株高约 0.9 m。HZLC2-Z 样地群落数据情况见表 1-35。

图 1-44　HZLC2-Z 样地群落

表 1-35　HZLC2-Z 样地群落监测数据报表

断面编号：HZLC2；样地编号：HZLC2-Z；样地中心坐标：22°45′4.32″N、114°52′11.35″E

种类数量：1 种；平均基围：6.8 cm；平均株高：0.9 m

幼树平均密度：1.1；小树平均密度：2.7；大树平均密度：0

种类	小树		幼树	
	数量/株	密度	数量/株	密度
秋茄 *Kandelia obovata*	27	2.7	11	1.1

注：密度数据指每 10 m² 内红树植物的植株数

　　高潮位样地编号 HZLC2-G，样地中心坐标为 22°45′8.69″N、114°51′57.27″E，样地面积为 100 m²，群落类型为无瓣海桑－秋茄＋桐花树－卤蕨群落。该群落是一个人工林后期发育的次生性群落（图 1-45）。无瓣海桑占绝对优势，株数 8 株，分枝有 33 个，平均胸围约 31.8 cm，平均株高约 14.7 m；伴生有秋茄 2 株，高约 4.5 m，桐花树 6 株，高约 1.2 m；草本有卤蕨 6 丛，高度为 0.6～0.9 m。HZLC2-G 样地群落数据情况见表 1-36。

图 1-45　HZLC2-G 样地群落

表 1-36　HZLC2-G 样地群落监测数据报表

断面编号:XZC2;样地编号:XZC2-G;样地中心坐标:22°45′8.69″N、114°51′57.27″E

种类数量:3 种;平均胸径:10.4 cm;平均株高:5.9 m

幼树平均密度:1.2;小树平均密度:4.0;大树平均密度:1.7

种类	大树				小树		幼树	
	数量/株	平均胸径/cm	株高/m	密度	数量/株	密度	数量/株	密度
无瓣海桑 *Sonneratia apetala*	8	10.1	14.7	0.8	—	—	—	—
秋茄 *Kandelia obovata*	—	—	—	—	2	0.2	—	—
桐花树 *Aegiceras corniculatum*	—	—	—	—	—	—	6	0.6

注:密度数据指每 10 m² 内红树植物的植株数

1.3.2.3.3　白沙村样点

　　白沙村区域红树林分布面积小,垂直于海岸线的宽度仅约 218 m,但在高潮位保留了一大块约有 200 年历史的红树林,主要是白骨壤群落,面积约 2.6 hm²。在两侧的高潮位区域种植了一些木榄、无瓣海桑人工红树林。在中潮位区域,通过挖沟填坝的方式,进行了较大面积的红海榄人工种植,当前树龄为 5 年,其中有 2 年的苗圃培育时间(图 1-46)。本次调查依据白沙村红树林群落类型分布,设立了 BSC1 和 BSC2 两个断面。

图 1-46　白沙村红树林群落

图 1-46　白沙村红树林群落（续）

1.3.2.3.3.1　BSC1 断面

中潮位样地编号 BSC1-Z,样地中心坐标为 22°44′2.13″N、114°55′49.21″E,样地面积为 100 m²,群落类型为红海榄幼苗林。该群落是人工种植的红树林（图 1-47）,树龄为 5 年。样地中红海榄有 67 株,平均基围约 9.4 cm,平均株高约 0.9 m。BSC1-Z 样地群落数据情况见表 1-37。

图 1-47　BSC1-Z 样地群落

表 1-37　BSC1-Z 样地群落监测数据报表

断面编号：BSC1；样地编号：BSC1-Z；样地中心坐标：22°44′2.13″N、114°55′49.21″E

种类数量：1 种；平均基围：9.4 cm；平均株高：0.9 m

幼树平均密度：6.7；小树平均密度：0；大树平均密度：0

种类	幼树	
	数量/株	密度
红海榄 *Rhizophora stylosa*	67	6.7

注：密度数据指每 10 m² 内红树植物的植株数

高潮位样地编号 BSC1-G，样地中心坐标为 22°44′0.47″N、114°55′56.34″E，样地面积为 100 m²，群落类型为白骨壤＋红海榄群落。该群落是一个发育比较成熟的典型红树林群落（图 1-48），以白骨壤和红海榄占绝对优势。其中，大树有白骨壤 4 株，总分枝有 19 个，平均胸围约 43.6 cm，平均株高约 5.5 m；红海榄有 9 株，有分枝 36 个，平均胸围约 24.3 cm，平均株高约 4.8 m。样地林窗处有较多红海榄和白骨壤的幼苗，高 0.6～0.8 m。BSC1-G 样地群落数据情况见表 1-38。

图 1-48 BSC1-G 样地群落

表 1-38 BSC1-G 样地群落监测数据报表

断面编号:BSC1;样地编号:BSC1-G;样地中心坐标:22°44′0.47″N、114°55′56.34″E

种类数量:2 种;平均胸径:13.3 cm;平均株高:5.2 m

幼树平均密度:3.9;小树平均密度:0;大树平均密度:1.3

种类	大树				幼树	
	数量/株	平均胸径/cm	株高/m	密度	数量/株	密度
白骨壤 *Avicennia marina*	4	18.9	5.5	0.4	23	2.3
红海榄 *Rhizophora stylosa*	9	7.7	4.8	0.9	16	1.6

注:密度数据指每 10 m² 内红树植物的植株数

1.3.2.3.3.2 BSC2 断面

中潮位样地编号 BSC2-Z,样地中心坐标为 22°44′7.44″N、114°56′3.95″E,样地面积为 100 m²,群落类型为无瓣海桑－白骨壤＋红海榄群落。该群落是一个人工种植后发育的次生红树林群落(图 1-49),无瓣海桑和白骨壤零散分布,白骨壤、红海榄和木榄为人工种植的。应该是很早先种的白骨壤,后再补种的红海榄及木榄。群落高度参差不齐,生长状态一般,有零星的草本南方碱蓬。其中,无瓣海桑有 13 株,平均高度约 2.2 m;白骨壤有 23 株,平均高度约 0.8 m;红海榄有 19 株,平均高度约 0.7 m;木榄有 6 株,平均高度约 0.8 m;南方碱蓬有 3 丛,高度为 0.3～0.6 m。BSC2-Z 样地群落数据情况见表 1-39。

图 1-49　BSC2-Z 样地群落

表 1-39　BSC2-Z 样地群落监测数据报表

断面编号:BSC2;样地编号:BSC2-Z;样地中心坐标:22°44′7.44″N、114°56′3.95″E

种类数量:4 种;平均胸径:—;平均株高:0.9 m

幼树平均密度:5.4;小树平均密度:0.7;大树平均密度:0

种类	小树		幼树	
	数量/株	密度	数量/株	密度
无瓣海桑 *Sonneratia apetala*	7	0.7	6	0.6
白骨壤 *Avicennia marina*	—	—	23	2.3
红海榄 *Rhizophora stylosa*	—	—	19	1.9
木榄 *Bruguiera gymnorrhiza*	—	—	6	0.6

注:密度数据指每 10 m² 内红树植物的植株数

高潮位样地编号 BSC2-G,样地中心坐标为 22°44′3.37″N、114°56′3.46″E,样地面积为 100 m²,群落类型为白骨壤群落。该群落是一个发育比较成熟的白骨壤纯林(图 1-50),林冠整齐,郁闭度达 0.9,林间较空旷。白骨壤 15 株,各株基本都有分枝,总分枝达 34 个,平均胸围约 38.6 cm,平均株高约 4.6 m。BSC2-G 样地群落数据情况见表 1-40。

图 1-50　BSC2-G 样地群落

表 1-40　BSC2-G 样地群落监测数据报表

断面编号：BSC2；样地编号：BSC2-G；样地中心坐标：22°44′3.37″N、114°56′3.46″E

种类数量：1 种；平均胸径：12.3 cm；平均株高：4.6 m

幼树平均密度：0；小树平均密度：0；大树平均密度：1.5

种类	大树			
	数量/株	平均胸径/cm	株高/m	密度
白骨壤 *Avicennia marina*	15	12.3	4.6	1.5

注：密度数据指每 10 m² 内红树植物的植株数

1.3.3　红树林植物群落多样性分析

1.3.3.1　群落类型多样性

通过对湛江、惠州红树林 13 个样点各断面植物群落的调查，共统计湛江红树林 27 个植物样地，有群落类型 23 个（表 1-41）；惠州红树林 13 个植物样地，有群落类型 13 个（表 1-42）。依据群落优势种的情况，可将湛江红树林植物群落分为 8 个优势种群落，即白骨壤群落、海漆群落、红海榄群落、互花米草群落、木榄群落、秋茄群落、桐花树群落及无瓣海桑群落；惠州红树林可分为 4 个优势种群落，即白骨壤群落、红海榄群落、秋茄群落及无瓣海桑群落。湛江及惠州红树林群落类型多样性较高，表现为各优势种之间不同程度的混交群落，但群落物种数较少，以 2～3 种为多，说明两地红树林群落发育不够成熟，受当地人类生产活动的直接影响。

表 1-41　湛江红树林群落类型

序号	群落类型	物种数	样地编号	样地个数
1	白骨壤＋红海榄群落	2	YLC1	
2	白骨壤＋木榄群落	2	FDC-Z、TDC2-Z	
3	白骨壤－互花米草群落	3	TJC-Z	
4	白骨壤群落	1	DC-D、XC-G	9
5	白骨壤群落	2	XLC-D、YLC2	
6	白骨壤群落	3	TDC1-G	
7	海漆＋秋茄＋白骨壤群落	4	TDC1-Z	1
8	红海榄＋白骨壤群落	2	YDC1、YDC2	
9	红海榄＋白骨壤－桐花树群落	3	TDC2-G	4
10	红海榄群落	1	DC-G	
11	互花米草群落	1	YLC3	2
12	互花米草群落	2	TJC-D	
13	木榄＋白骨壤群落	2	XC-Z	
14	木榄＋秋茄群落	2	DC-Z	3
15	木榄＋桐花树群落	2	HKC-G1	
16	秋茄＋桐花树群落	2	HKC-Z	2
17	秋茄群落	1	XLC-G	
18	桐花树群落	1	HKC-G2	1
19	无瓣海桑－白骨壤＋秋茄群落	4	XLC-Z	
20	无瓣海桑－白骨壤群落	2	TJC-G	
21	无瓣海桑群落	1	FDC-G	5
22	无瓣海桑群落	2	HKC-G3	
23	无瓣海桑群落	3	NDH-G	

表 1-42　惠州红树林群落类型

序号	群落类型	物种数	样地编号	样地个数
1	白骨壤＋红海榄群落	2	BSC1-G	
2	白骨壤＋木榄群落	3	XZC1-Z	
3	白骨壤＋秋茄群落	2	HZLC2-D	7
4	白骨壤－桐花树群落	7	XZC1-G	
5	白骨壤群落	3	XZC2-Z	
6	白骨壤群落	2	HZLC1-Z	7
7	白骨壤群落	1	BSC2-G	
8	红海榄群落	1	BSC1-Z	1
9	秋茄群落	1	HZLC2-Z	1
10	无瓣海桑－白骨壤＋红海榄群落	4	BSC2-Z	
11	无瓣海桑－海漆－桐花树群落	5	HZLC1-G	
12	无瓣海桑－秋茄＋桐花树－卤蕨群落	4	HZLC2-G	4
13	无瓣海桑－桐花树群落	3	XZC2-G	

1.3.3.2　优势种群落物种多样性分析

依据对优势种群落的划分，采用 Simpson 多样性指数（Sp）、Shannon-Wiener 多样性指数（H'）及相应的均匀度指数分析方法，对各优势种群落的物种多样性进行分析，具体结果见表1-43、表 1-44。

结果表明，在多样性指数方面，Sp 和 H' 表现出一致性，以木榄群落、海漆群落、红海榄群落及无瓣海桑群落的指数值较高，Sp 范围为 2.34～3.27，H' 范围为 1.37～1.81，表现出较高的物种多样性。除了以单一物种组成的桐花树群落、红海榄群落、秋茄群落外，白骨壤群落的 Sp（1.23）和 H'（0.61）均最低，说明其群落物种多样性很低，并且其种群在群落中的优势度明显高于其他种群。整体上，湛江和惠州红树林群落都表现出较高的物种多样性，Sp 和 H' 分别达到 3.4 以上及 2.3 以上。

在均匀度方面，海漆群落、红海榄群落、木榄群落、秋茄群落的均匀度 J_{Sp} 及 J' 都处于较高水平，说明其群落物种分布较均匀。湛江和惠州白骨壤群落的均匀度值都表现为很低水平，基本在 0.2～0.5，惠州白骨壤群落的 J_{Sp} 甚至低至 0.06，说明白骨壤群落中各种群多呈集中分布，且白骨壤种群的个体数远远多于其他种群。白骨壤群落的这一表现也从总体上拉低了整个红树林群落的均匀度。

表 1-43　湛江红树林优势种群落的多样性

优势种群落	Sp	J_{Sp}	H'	J'
白骨壤群落	1.23	0.24	0.61	0.26
海漆群落	2.95	0.70	1.74	0.87
红海榄群落	2.44	0.72	1.38	0.87
木榄群落	3.27	0.79	1.81	0.90
秋茄群落	1.43	0.71	0.68	0.68
桐花树群落	1.00	1.00	0.00	0.00
无瓣海桑群落	2.34	0.38	1.70	0.66
整个红树林群落	3.66	0.40	2.32	0.73

表 1-44　惠州红树林优势种群落的多样性

优势种群落	Sp	J_{Sp}	H'	J'
白骨壤群落	0.56	0.06	1.44	0.48
红海榄群落	1.00	1.00	0.00	0.00
秋茄群落	1.00	1.00	0.00	0.00
无瓣海桑群落	5.04	0.48	2.67	0.81
整个红树林群落	3.46	0.31	2.37	0.69

1.3.4　秋季复查监测结果比较分析

本次秋季复查监测时间为 10 月底到 11 月初,与春季调查监测时间相距约 6 个月,各样地群落动态有以下几个特点。

各样地群落类型变化不明显,群落结构处于同等水平。红树林植物生长相对缓慢,春、秋季节未发现胸径及株高的明显变化。

个别低潮位群落的幼苗及草本表现出明显的生活力。如土角村的互花米草,冬季结实,植株高度增加明显。

参考文献

曹飞,宋小玲,何云核,等.惠州红树林自然保护区外来入侵植物调查[J].植物资源与环境学报,2007,16(4):61-66.

陈一萌,杨阳.惠州红树林资源的遥感监测应用研究[J].热带地理,2011,31(4):373-376.

陈粤超.湛江红树林生物多样性保护探讨[J].福建林业科技,2006,33(3):211-214.

黎明.湛江新增红树林千余公顷[N/OL].中国绿色时报,2006-11-01[2019-06-30].http://www.greentimes.com/greentimepaper/html/2006-11-01/content.3125080.htm.

林广旋,卢伟志.湛江高桥红树林及周边地区植物资源调查[J].林业与环境科学,2011,27(5):38-43.

林康英,张倩媚,简曙光,等.湛江市红树林资源及其可持续利用[J].生态科学,2006,25(3):222-225.

林子腾.雷州半岛红树林湿地生态保护与恢复技术研究[D].南京:南京林业大学.2005.

刘静,马克明,曲来叶.广东湛江红树林国家级自然保护区优势乔木群落的物种组成及结构特征[J].生态科学,2016,35(3):1-7.

刘敏超,李花粉.试论湛江红树林区生物多样性保护[J].广东海洋大学学报,2001,21(3):44-47.

卢伟志,林广旋,王参谋,等.广东湛江次生与原生红树林群落碳储量与掉落物动态研究[J].海洋环境科学,2014,33(6):913-919.

缪绅裕,陈桂珠.广东湛江保护区红树林种群的生物量及其分布格局[J].广西植物,1998,(1):11-23.

彭逸生.湛江红树林保护区主要植物群落生态学研究[C]//第七届全国系统与进化植物学青年学术研讨会论文摘要集.北京:中国植物学会.2002.

巫添辉.惠州地区红树林湿地的现状及保护措施[J].防护林科技,2014,(7):52-53.

许会敏,叶蝉,张冰,等.湛江特呈岛红树林植物群落的结构和动态特征[J].生态环境学报,2010,19(4):864-869.

姚少慧,孙妮,苗莉,等.惠州红树林保护区红树植物群落结构特征[J].广东农业科学,2013,40(17):153-157.

张宏伟.不同潮带红树林林分空间结构比较研究[D].长沙:中南林业科技大学.2010.

曾宪光.惠州红树林湿地资源现状及保护对策[J].惠州学院学报,2008,28(6):55-57.

附录 1　　　　　　　广东红树林植物调查名录

植物	湛江		惠州	
	春季	秋季	春季	秋季
蕨类植物门 Pteridophyta				
蕨纲 Filicopsida				
真蕨目 Eufilicales				
海金沙科 Lygodiaceae				
海金沙属 *Lygodium*				
小叶海金沙 *Lygodium microphyllum*（Cav.）R. Br			+	+
卤蕨科 Acrostichaceae				
卤蕨属 *Acrostichum*				
卤蕨 *Acrostichum aureum* L.	+	+	+	+
被子植物门 Angiospermae				
双子叶植物纲 Dicotyledoneae				
中央种子目 Centrospermae				
番杏科 Aizoaceae				
海马齿属 *Sesuvium*				
海马齿 *Sesuvium portulacastrum*（L.）L.	+	+		
番杏属 *Tetragonia*				
番杏 *Tetragonia tetragonioides*（Pall.）Kuntze	+	+		
藜科 Chenopodiaceae				
碱蓬属 *Suaeda*				
南方碱蓬 *Suaeda australis*（R. Br.）Moq.	+	+		
落葵科 Basellaceae				
落葵属 *Basella*				
落葵 *Basella alba* L.		+		
桃金娘目 Myrtiflorae				

植物	湛江		惠州	
	春季	秋季	春季	秋季
海桑科 Sonneratiaceae				
海桑属 *Sonneratia*				
无瓣海桑 *Sonneratia apetala* Buch.-Ham.	＋	＋	＋	＋
红树科 Rhizophoraceae				
木榄属 *Bruguiera*				
木榄 *Bruguiera gymnorrhiza*（L.）Poir.	＋	＋	＋	＋
秋茄属 *Kandelia*				
秋茄 *Kandelia obovata*（L.）Druce	＋	＋	＋	＋
红树属 *Rhizophora*				
红海榄 *Rhizophora stylosa* Griff.	＋	＋	＋	＋
胡颓子科 Elaeagnaceae				
胡颓子属 *Elaeagnus*				
福建胡颓子 *Elaeagnus oldhamii* Maxim.			＋	＋
侧膜胎座目 Parietales				
西番莲科 Passifloraceae				
西番莲属 *Passiflora*				
龙珠果 *Passiflora foetida* L.	＋	＋	＋	＋
毛茛目 Ranales				
野牡丹科 Melastomataceae				
野牡丹属 *Melastoma*				
野牡丹 *Melastoma candidum* D. Don			＋	
锦葵目 Malvales				
锦葵科 Malvaceae				
苘麻属 *Abutilon*				

植物	湛江		惠州	
	春季	秋季	春季	秋季
磨盘草 *Abutilon indicum*（L.）Sweet	+			
木槿属 *Hibiscus*				
黄槿 *Hibiscus tiliaceus* L.	+			
桐棉属 *Thespesia*				
杨叶肖槿 *Thespesia populnea*（L.）Sol. ex Corr.			+	
梵天花属 *Urena*				
地桃花 *Urena lobata* L.	+		+	
大戟目 Euphorbiales				
大戟科 Euphorbiaceae				
海漆属 *Excoecaria*				
海漆 *Excoecaria agallocha* L.	+	+	+	+
野桐属 *Mallotus*				
白背叶 *Mallotus apelta*（Lour.）Muell. Arg.			+	
叶下珠属 *Phyllanthus*				
小果叶下珠 *Phyllanthus reticulatus* Poir.			+	
蔷薇目 Rosales				
豆科 Leguminosae				
田菁属 *Sesbania*	+			
田菁 *Sesbania cannabina*（Retz.）Poir				
云实属 *Caesalpinia*				
春云实 *Caesalpinia vernalis* Champ.	+			
刀豆属 *Canavalia*				
海刀豆 *Canavalia maritima*（Aubl.）Thou.		+		
鱼藤属 *Derris*				

植物	湛江		惠州	
	春季	秋季	春季	秋季
鱼藤 *Derris trifoliata* Lour.			+	+
含羞草属 *Mimosa*				
含羞草 *Mimosa pudica* L.	+	+	+	+
轮生目 Verticillatae				
木麻黄科 Casuarinaceae				
木麻黄属 *Casuarina*				
木麻黄 *Casuarina equisetifolia* Forst.	+	+	+	+
无患子目 Sapindales				
无患子科 Sapindaceae				
坡柳属 *Dodonaea*				
车桑子 *Dodonaea viscosa*（L.）Jacq.			+	
报春花目 Primulales				
紫金牛科 Myrsinaceae				
蜡烛果属 *Aegiceras*				
桐花树 *Aegiceras corniculatum*（L.）Blanco	+	+	+	+
茜草目 Rubiales				
茜草科 Rubiaceae				
鸡矢藤属 *Paederia*				
鸡矢藤 *Paederia scandens*（Lour.）Merr.				+
桔梗目 Campanulales				
菊科 Compositae				
一点红属 *Emilia*				
一点红 *Emilia sonchifolia*（L.）DC.			+	
阔苞菊属 *Pluchea*				

植物	湛江		惠州	
	春季	秋季	春季	秋季
阔苞菊 *Pluchea indica*（L.）Less.	+			
管状花目 Tubiflorae				
茄科 Solanaceae				
茄属 *Solanum*				
少花龙葵 *Solanum americanum* Mill.			+	
水茄 *Solanum torvum* Swartz			+	+
番薯属 *Ipomoea*				
五爪金龙 *Ipomoea cairica*（L.）Sweet			+	+
小心叶薯 *Ipomoea obscura*（L.）Ker-Gawl.	+	+		
厚藤 *Ipomoea pes-caprae*（L.）Sweet	+	+	+	+
爵床科 Acanthaceae				
老鼠簕属 *Acanthus*				
老鼠簕 *Acanthus ilicifolius* L.	+	+	+	+
马鞭草科 Verbenaceae				
海榄雌属 *Avicennia*				
白骨壤 *Avicennia marina*（Forsk.）Vierh.	+	+	+	+
大青属 *Clerodendrum*				
许树 *Clerodendrum inerme*（L.）Gaertn.	+	+	+	+
马缨丹属 *Lantana*				
马缨丹 *Lantana camara* L.	+	+	+	+
单子叶植物纲 Monocotyledoneae				
粉状胚乳目 Farinosae				
雨久花科 Pontederiaceae				
凤眼蓝属 *Eichhornia*				

植物	湛江		惠州	
	春季	秋季	春季	秋季
凤眼蓝 *Eichhornia crassipes*（Mart.）Solms	+		+	
露兜树目 Pandanales				
露兜树科 Pandanaceae				
露兜树属 *Pandanus*				
露兜树 *Pandanus tectorius* Sol.	+			
禾本目 Graminales				
禾本科 Gramineae				
芦苇属 *Phragmites*				
芦苇 *Phragmites australis*（Cav.）Trin. ex Steud.				+
米草属 *Spartina*				
互花米草 *Spartina alterniflora* Lois.	+	+		
鼠尾粟属 *Sporobolus*				
盐地鼠尾粟 *Sporobolus virginicus*（L.）Kunth	+	+		

广东红树林植物实物图

老鼠簕 *Acanthus ilicifolius*

卤蕨 *Acrostichum aureum*

白骨壤 *Avicennia marina*（1）

白骨壤 *Avicennia marina*（2）

木榄 *Bruguiera gymnorrhiza*

红海榄 *Rhizophora stylosa*

秋茄 *Kandelia obovata*

无瓣海桑 *Sonneratia apetala*

海漆 *Excoecaria agallocha*

桐花树 *Aegiceras corniculatum*

许树 *Clerodendrum inerme*

黄槿 *Hibiscus tiliaceus*

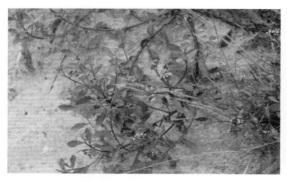

阔苞菊 *Pluchea indica*

磨盘草 *Abutilon indicum*

田菁 *Sesbania cannabina*

落葵 *Basella alba*

春云实 *Caesalpinia vernalis*

海刀豆 *Canavalia maritima*

木麻黄 *Casuarina equisetifolia*

车桑子 *Dodonaea viscosa*

凤眼蓝 *Eichhornia crassipes*

小心叶薯 *Ipomoea obscura*

厚藤 *Ipomoea pes-caprae*

马缨丹 *Lantana camara*

含羞草 *Mimosa pudica*

露兜树 *Pandanus tectorius*

龙珠果 *Passiflora foetida*（1）

龙珠果 *Passiflora foetida*（2）

海马齿 *Sesuvium portulacastrum*

互花米草 *Spartina alterniflora*

盐地鼠尾粟 *Sporobolus virginicus*

南方碱蓬 *Suaeda australis*

番杏 *Tetragonia tetragonioides*

地桃花 *Urena lobata*

杨叶肖槿 *Thespesia populnea*

鱼藤 *Derris trifoliata*

福建胡颓子 *Elaeagnus oldhamii*

一点红 *Emilia sonchifolia*

五爪金龙 *Ipomoea cairica*

小叶海金沙 *Lygodium microphyllum*

白背叶 *Mallotus apelta*

野牡丹 *Melastoma candidum*

鸡矢藤 *Paederia scandens*

芦苇 *Phragmites australis*

小果叶下珠 *Phyllanthus reticulatus*

少花龙葵 *Solanum americanum*

水茄 *Solanum torvum*（1）

水茄 *Solanum torvum*（2）

第2章　广东红树林浮游藻类多样性调查

摘要　浮游藻类利用光能驱动光合作用产生有机物,是水域生态环境中生命有机体的初级生产者,形成水生动物食物链的基础环节。其通过吸收水体中的营养盐促进自身的生长繁殖,同时也满足了浮游动物的摄食需求,进而开启了能量在水生动物食物链中的传递,并最终影响渔业资源的输出甚至整个水域生态系统的稳定。本研究将对湛江和惠州红树林水域浮游藻类进行调查,研究水体中浮游藻类群落结构的种类组成、密度、生物量和生物多样性,以期为该红树林区域的资源利用提供参考依据。

本次调查共采集到浮游藻类 8 门 10 纲 21 目 40 科 76 属 151 种。其中,蓝藻门 1 纲 3 目 9 科 11 属 13 种,硅藻门 2 纲 8 目 13 科 23 属 53 种,绿藻门 2 纲 5 目 12 科 32 属 62 种,甲藻门 1 纲 1 目 1 科 2 属 2 种,裸藻门 1 纲 1 目 1 科 4 属 16 种,隐藻门 1 纲 1 目 1 科 1 属 2 种,黄藻门 1 纲 1 目 2 科 2 属 2 种,金藻门 1 纲 1 目 1 科 1 属 1 种。

在春季观察到浮游藻类 7 门 9 纲 19 目 33 科 91 种。其中,蓝藻门 1 纲 3 目 8 科 10 属 10 种,硅藻门 2 纲 8 目 12 科 20 属 32 种,绿藻门 2 纲 4 目 8 科 19 属 33 种,裸藻门 1 纲 1 目 1 科 4 属 11 种,甲藻门 1 纲 1 目 2 科 2 属 2 种,隐藻门 1 纲 1 目 1 科 1 属 2 种,金藻门 1 纲 1 目 1 科 1 属 1 种。各采样点种类数为 11~44 种,种类最多的是硅藻和绿藻,蓝藻和裸藻次之,金藻、甲藻、隐藻和黄藻种类数较少。各采样点浮游藻类密度为 3.057×10^4~10.803×10^4 个/升,平均为 5.331×10^4 个/升,生物量为 7.564~30.918 mg/L,平均为 16.531 mg/L。各采样点浮游藻类丰富度指数为 8.053~10.53,Shannon-Wiener 多样性指数为 3.11~3.648,均匀度指数为 0.841~0.901。在秋季共观察到浮游藻类 8 门 9 纲 21 目 38 科 61 属 109 种。其中,蓝藻门 1 纲 3 目 8 科 8 属 11 种,硅藻门 2 纲 8 目 11 科 19 属 37 种,绿藻门 2 纲 5 目 12 科 26 属 47 种,裸藻门 1 纲 1 目 1 科 4 属 8 种，甲藻门和黄藻门皆为 1 纲 1 目 2 科 2 属 2 种，隐藻门和金藻门皆为 1 纲 1 目 1 科 1 属 1 种。各采样点浮游藻类密度为 $5.91 \times 10^4 \sim 15.39 \times 10^4$ 个/升，平均为 8.517×10^4 个/升，生物量为 $13.29 \sim 32.10$ mg/L，平均为 21.62 mg/L。各采样点浮游藻类丰富度指数为 $4.564 \sim 7.832$，Shannon-Wiener 多样性指数为 $2.312 \sim 3.556$，均匀度指数为 $0.738 \sim 0.958$。各采样点浮游藻类密度和生物量都是以蓝藻、硅藻和绿藻为多，裸藻次之，金藻、甲藻、隐藻和黄藻较少。

本次调查中，春季和秋季的浮游藻类种类组成中均出现较多具有典型淡水性质的种类，而大洋性的种类如角毛藻等的种类和数量均少，表明水质属咸淡水性质，这与红树林区处于河口区关系密切。本次调查还检测到大量底栖的羽纹纲硅藻，这是由于在红树林阻挡下，林前潮汐和风浪冲刷极易使底栖硅藻悬浮于水体，同时也显示了红树林水体浮游藻类群落在组成和结构上类似于近岸的特殊性。

本次调查中，浮游藻类优势种表现出季节变化。如在春季，浮游藻类优势种主要由蓝藻门和硅藻门种类组成；而在秋季，浮游藻类优势种主要由蓝藻门、硅藻门和绿藻门等种类组成。秋季各个采样点的浮游藻类平均密度和生物量都高于春季。浮游藻类优势种在空间上也有所不同。如在湛江红树林保护区，第一优势种常常由蓝藻门的种类组成；而在惠州红树林，特别是秋季，第一优势种常常是硅藻门的种类。

2.1　红树林浮游藻类群落调查方法

2.1.1　调查时间

2017 年春季（4～5 月）和秋季（10～11 月）各监测 1 次。

2.1.2　调查位点

按照监测要求，于湛江和惠州红树林共设置 13 个采样点。各采样点环境情况同第 1 章1.2.1。

2.1.3　调查内容

监测浮游藻类群落结构，包括种类组成、密度、生物量及群落生物多样性指数等。

2.1.4　样品采集与数据分析

2.1.4.1　样品采集

参照《红树林生态监测技术规程》(HY/T 081—2005),在各采样点分别用采水器和 25 号浮游藻类网采集定量和定性样品。定量样品:每个调查采样点用有机玻璃采水器取水,取混合水样 2 L,沉淀浓缩至 100 mL 后用于定量分析。定性样品:每次采样时,随机选定数个采样点,用25 号浮游藻类网取样,经甲醛固定,用于定性鉴定。定量分析时,从浓缩水样中吸取 0.1 mL 置于 10 mm×10 mm 的浮游生物计数框中,10×40 倍光镜下计数并换算成单位体积水体中浮游藻类密度,并根据浮游藻类的形状及大小计算体积,以密度 1.0 g/mL 换算成生物量。定性分析时,用显微镜镜检,确定水体中浮游藻类的种类。

2.1.4.2　数据分析

使用 Berger-Parker 优势度指数(Y)对浮游藻类的优势种进行分析:

$$Y = N_{max}/N_T \tag{2-1}$$

其中,N_{max} 为优势种的种群数量,N_T 为全部种的种群数量。

使用 PRIMER v6.0 软件进行单变量分析,包括物种丰富度指数 D(Margalef's index)、Shannon-Wiener 多样性指数 H' 和均匀度指数 J'(Pielou's evenness)。

物种丰富度指数 D 综合了样品中种类数目和丰度的信息,表示一定丰度中的种类数目,公式如下:

$$D = (S-1)/\ln N \tag{2-2}$$

其中,D 为物种的丰富度指数,S 为种类总数,N 为所有物种的个体数量。

Shannon-Wiener 多样性指数 H' 是最常用的多样性指数,综合群落的丰富性和均匀度 2 个方面的影响,公式如下:

$$H' = -\sum(P_i \times \ln P_i) \tag{2-3}$$

其中,H' 为样品的信息含量,即群落的多样性指数;P_i 为群落中属于第 i 种个体的比例,若总个体数为 N,第 i 种个体数为 n_i,则 $P_i = n_i/N$。

均匀度指数 J' 是通过估计理论上的最大 Shannon-Wiener 多样性指数(H'_{max}),然后以实际测得的 H' 对 H'_{max} 的比值来获得,其计算公式如下:

$$J' = H'/H'_{max} \tag{2-4}$$

2.2 红树林浮游藻类群落调查结果

2.2.1 红树林浮游藻类种类组成

如附录2所示，本次调查共采集到浮游藻类8门10纲21目40科76属151种。其中，蓝藻门1纲3目9科11属13种，硅藻门2纲8目13科23属53种，绿藻门2纲5目12科32属62种，甲藻门1纲1目1科2属2种，裸藻门1纲1目1科4属16种，隐藻门1纲1目1科1属2种，黄藻门1纲1目2科2属2种，金藻门1纲1目1科1属1种。

2.2.2 春季红树林浮游藻类群落结构

2.2.2.1 浮游藻类种类组成

如表2-1所示，春季共观察到浮游藻类7门9纲19目33科91种。其中，蓝藻门1纲3目8科10属10种，硅藻门2纲8目12科20属32种，绿藻门2纲4目8科19属33种，裸藻门1纲1目1科4属11种，甲藻门1纲1目2科2属2种，隐藻门1纲1目1科1属2种，金藻门1纲1目1科1属1种。

如表2-2所示，各采样点浮游藻类种类数为11～44种，以好招楼村涨潮时种类数最多，凤地村、英典村和覃典村退潮时种类数最少。各个采样点种类数最多的是硅藻和绿藻，蓝藻和裸藻次之，金藻、甲藻、隐藻和黄藻种类数较少。

2.2.2.2 浮游藻类密度

如表2-3所示，各个采样点浮游藻类密度为 $3.057 \times 10^4 \sim 10.803 \times 10^4$ 个/升，平均为 5.331×10^4 个/升，密度最高的为好招楼村涨潮时期，密度最低的为仙来村退潮时期。在各个采样点，蓝藻、硅藻和绿藻密度较高，裸藻次之，金藻、甲藻和隐藻密度较低。

表 2-1　春季各采样点浮游藻类种类组成

浮游藻类	红坎村 涨潮	红坎村 退潮	西村 涨潮	西村 退潮	东村 涨潮	东村 退潮	凤地村 涨潮	凤地村 退潮	仙来村 涨潮	仙来村 退潮	土角村 涨潮	土角村 退潮	南渡河 涨潮	南渡河 退潮	英典村 涨潮	英典村 退潮	覃典村 涨潮	覃典村 退潮	英良村 涨潮	英良村 退潮	好招楼村 涨潮	好招楼村 退潮	蟹洲村 涨潮	蟹洲村 退潮	白沙村 涨潮	白沙村 退潮
蓝藻门 Cyanophyta																										
蓝藻纲 Cyanophyceae																										
色球藻目 Chroococcales																										
聚球藻科 Synechococcaceae																										
隐杆藻属 Aphanothece																										
隐杆藻 Aphanothece sp.															+											
棒胶藻属 Rhabdogloea																						+		+		
棒胶藻 Rhabdogloea sp.																						+		+		
平列藻科 Merismopediaceae																										
平裂藻属 Merismopedia																										
点形平裂藻 Merismopedia punctata		+							+						+						+		+			
微囊藻科 Microcystaceae																										
微囊藻属 Microcystis																										
铜绿微囊藻 Microcystis aeruginosa	+	+	+	+	+	+	+	+	+	+	+	+	+	+	+	+	+		+	+	+	+			+	
颤藻目 Osillatoriales																										
颤藻科 Oscillatoriaceae																										
节旋藻属 Arthrospira																			+				+		+	

浮游藻类	红坎村		西村		东村		凤地村		仙来村		土角村		南渡河		英典村		覃典村		英良村		好招楼村		蟹洲村		白沙村	
	涨潮	退潮	涨潮	退潮	涨潮	退潮	涨潮	退潮	涨潮	退潮	涨潮	退潮	涨潮	退潮	涨潮	退潮	涨潮	退潮	涨潮	退潮	涨潮	退潮	涨潮	退潮	涨潮	退潮
节旋藻 Arthrospira sp.									+														+			
席藻科 Phormidiaceae																										
席藻属 Phormidium																										
小席藻 Phormidium tenue				+																						
颤藻科 Oscillatoriaceae																										
颤藻属 Oscillatoria																										
小颤藻 Oscillatoria minima		+	+				+		+		+								+		+			+		
颤藻 Oscillatoria sp.	+	+		+								+		+		+				+		+			+	
念珠藻目 Nostocales																										
胶须藻科 Rivulaiaceae																										
尖头藻属 Raphidiopsis																										
弯形尖头藻 Raphidiopsis curvata						+																				
念珠藻科 Nostocoideae																										
束丝藻属 Aphanizomenon																			+							
束丝藻 Aphanizomenon sp.																										
金藻门 Chrysophyta																										
金藻纲 Chrysophyceae																										

续表

浮游藻类	红坎村 涨潮	红坎村 退潮	西村 涨潮	西村 退潮	东村 涨潮	东村 退潮	凤地村 涨潮	凤地村 退潮	仙来村 涨潮	仙来村 退潮	土角村 涨潮	土角村 退潮	南渡河 涨潮	南渡河 退潮	英典村 涨潮	英典村 退潮	覃典村 涨潮	覃典村 退潮	英良村 涨潮	英良村 退潮	好招楼村 涨潮	好招楼村 退潮	蟹洲村 涨潮	蟹洲村 退潮	白沙村 涨潮	白沙村 退潮
色金藻目 Chromulinales																										
锥囊藻科 Dinobryonaceae																										
锥囊藻 *Dinobryon* sp.		+																								
硅藻门 Bacillariophyta																										
中心纲 Centricae																										
圆筛藻目 Coscinodiscales																										
圆筛藻科 Coscinodiscaceae																										
小环藻属 *Cyclotella*																										
梅尼小环藻 *Cyclotella meneghiniana*													+													
微小小环藻 *Cyclotella caspia*	+		+		+		+						+						+		+		+		+	
条纹小环藻 *Cyclotella striata*	+				+										+		+	+	+		+	+	+	+		
具星小环藻 *Cyclotella stelligera*									+					+												
直链藻属 *Melosira*																										
颗粒直链藻 *Melosira granulata*					+				+				+		+	+										
直链藻 *Melosira* sp.			+			+											+					+				
骨条藻属 *Skeletonema*																										
中肋骨条藻 *Skeletonema costatum*	+				+							+	+		+		+		+							+

续表

浮游藻类	红坎村		西村		东村		凤地村		仙来村		土角村		南渡河		英典村		覃典村		英良村		好招楼村		蟹洲村		白沙村	
	涨潮	退潮	涨潮	退潮	涨潮	退潮	涨潮	退潮	涨潮	退潮	涨潮	退潮	涨潮	退潮	涨潮	退潮	涨潮	退潮	涨潮	退潮	涨潮	退潮	涨潮	退潮
海链藻科 Thalassiosoraceae																								
海链藻属 Thalassiossira																								
诺氏海链藻 Thalassiosira nordenskiöldii													+											
根管藻目 Rhizosoleniales																								
管型藻科 Solenicaceae																								
根管藻属 Rhizosolenia																								
笔尖根管藻 Rhizosolenia styliformis									+															
盒形藻目 Biddulphiales																								
角毛藻科 Goniotrichaceae																								
角毛藻属 Chaetoceras																								
牟勒氏角毛藻 Chaetoceras muelleri	+				+						+													
羽纹纲 Pennatae																								
无壳缝目 Araphidiales																								
脆杆藻科 Fragilariaceae																								
脆杆藻属 Fragilaria	+			+	+			+				+				+		+		+		+		+
脆杆藻 Fragilaria sp.																							+	
针杆藻属 Synedra																								

续表

浮游藻类	红坎村		西村		东村		凤地村		仙来村		土角村		南渡河		英典村		覃典村		英良村		好招楼村		蟹洲村		白沙村	
	涨潮	退潮	涨潮	退潮	涨潮	退潮	涨潮	退潮	涨潮	退潮	涨潮	退潮	涨潮	退潮	涨潮	退潮	涨潮	退潮	涨潮	退潮	涨潮	退潮	涨潮	退潮	涨潮	退潮
尖针杆藻 *Synedra acus*					+						+		+		+											
肘状针杆藻 *Synedra ulna*			+				+												+				+		+	
针杆藻 *Synedra* sp.		+		+	+			+	+						+		+			+	+	+	+	+	+	+
平板藻属 *Tabellaria*																										
平板藻 *Tabellaria* sp.													+													
拟壳缝目 Raphidionales																										
短缝藻科 Eunotiaceae																										
弧形短缝藻 *Eunotia arcus*											+															
双壳缝目 Biraphidinales																										
舟形藻科 Naviculaceae																										
双壁藻属 *Diploneis*																										
美丽双壁藻 *Diploneis puella*			+		+			+				+			+		+		+			+				
布纹藻属 *Gyrosigma*																										
尖布纹藻 *Gyrosigma acuminatum*																						+				
舟形藻属 *Navicula*																										
简单舟形藻 *Navicula simplex*			+							+			+						+		+		+		+	
隐头舟形藻 *Navicula cryptocephala*																						+				

续表

浮游藻类	红坎村 涨潮	红坎村 退潮	西村 涨潮	西村 退潮	东村 涨潮	东村 退潮	凤地村 涨潮	凤地村 退潮	仙来村 涨潮	仙来村 退潮	土角村 涨潮	土角村 退潮	南渡河 涨潮	南渡河 退潮	英典村 涨潮	英典村 退潮	覃典村 涨潮	覃典村 退潮	英良村 涨潮	英良村 退潮	好招楼村 涨潮	好招楼村 退潮	蟹洲村 涨潮	蟹洲村 退潮	白沙村 涨潮	白沙村 退潮
舟形藻 Navicula sp.				+	+	+	+							+		+	+		+				+	+	+	+
桥弯藻科 Cymbellaceae																										
双眉藻属 Amphora																										
双眉藻 Amphora sp.											+										+		+	+		
桥弯藻属 Cymbella																										
偏肿桥弯藻 Cymbella naviculiformis																	+		+							
桥弯藻 Cymbella sp.	+		+		+	+	+	+	+	+	+	+	+	+	+	+		+	+		+				+	
异极藻科 Gomphonemaceae																										
异极藻属 Gomphonema																										
异极藻 Gomphonema sp.	+				+		+		+		+		+		+	+		+		+	+					
羽纹藻属 Pinnularia																										
羽纹藻 Pinnularia sp.			+		+	+	+	+	+	+	+	+	+		+	+					+			+	+	
单壳缝目 Monoraphidinales																										
曲壳藻科 Achnanthaceae																										
曲壳藻属 Achnanthes																										
短小曲壳藻 Achnanthes exigua				+		+		+	+	+	+			+							+	+	+		+	+
管壳缝目 Aulonoraphidinales																										

续表

浮游藻类	红坎村		西村		东村		凤地村		仙来村		土角村		南渡河		英典村		覃典村		英良村		好招楼村		蟹洲村		白沙村	
	涨潮	退潮	涨潮	退潮	涨潮	退潮	涨潮	退潮	涨潮	退潮	涨潮	退潮	涨潮	退潮	涨潮	退潮	涨潮	退潮	涨潮	退潮	涨潮	退潮	涨潮	退潮	涨潮	退潮
菱形藻科 Nitzschiaceae																										
菱形藻属 Nitzschia																										
颗粒菱形藻 Nitzschia granulata							+				+															
长菱形藻 Nitzschia longissima																					+					
新月菱形藻 Nitzschia closterium		+									+				+						+					
双菱藻科 Surirellaceae																										
双菱藻属 Surirella																										
双菱藻 Surirella sp.	+	+	+	+	+		+		+		+		+		+		+		+	+	+	+			+	+
隐藻门 Cryptophyta																										
隐藻纲 Cryotophyceae																										
隐藻目 Cryptonemiales																										
隐鞭藻科 Cryptomonadaceae																										
隐藻属 Chroomonas																										
尖尾蓝隐藻 Chroomonas acuta								+												+						
啮蚀隐藻 Cryptomonas erosa																			+		+					
甲藻门 Crytophyta																										
甲藻纲 Dinophyceae																										

续表

浮游藻类	红坎村		西村		东村		凤地村		仙来村		土角村		南渡河		英典村		覃典村		英良村		好招楼村		蟹洲村		白沙村	
	涨潮	退潮	涨潮	退潮	涨潮	退潮	涨潮	退潮	涨潮	退潮	涨潮	退潮	涨潮	退潮	涨潮	退潮	涨潮	退潮	涨潮	退潮	涨潮	退潮	涨潮	退潮	涨潮	退潮
多甲藻目 Peridiniales																										
裸甲藻科 Gymnodiniaceae																										
裸甲藻属 Gymnodinium																										
裸甲藻 Gymnodinium aerucyinosum					+											+					+			+		+
多甲藻科 Peridiniaceae																										
多甲藻属 Peridinium																										
多甲藻 Peridinium perardiforme	+	+			+	+					+		+	+		+	+				+		+			+
裸藻门 Euglenophyta																										
裸藻纲 Euglenophyceae																										
裸藻目 Euglenales																										
裸藻科 Euglenaceae																										
裸藻属 Euglena																										
鱼形裸藻 Euglena pisciformis	+	+																				+				
尾裸藻 Euglena caudata	+													+				+						+		
近轴裸藻 Euglena proxima		+																								
鳞孔藻属 Lepocinclis																										
纺锤鳞孔藻 Lepocinclis fusiformis			+	+								+														

续表

浮游藻类	红坎村 涨潮	红坎村 退潮	西村 涨潮	西村 退潮	东村 涨潮	东村 退潮	凤地村 涨潮	凤地村 退潮	仙来村 涨潮	仙来村 退潮	土角村 涨潮	土角村 退潮	南渡河 涨潮	南渡河 退潮	英典村 涨潮	英典村 退潮	覃典村 涨潮	覃典村 退潮	英良村 涨潮	英良村 退潮	好招楼村 涨潮	好招楼村 退潮	蟹洲村 涨潮	蟹洲村 退潮	白沙村 涨潮	白沙村 退潮
扁裸藻属 Phacus																										
长尾扁裸藻 Phacus longicauda									+								+		+							
梨形扁裸藻 Phacus pyrum											+							+						+		+
囊裸藻属 Trachelomonas																										
尾棘囊裸藻 Trachelomonas armata				+	+		+						+													
细粒囊裸藻 Trachelomonas granulosa																			+							+
棘刺囊裸藻 Trachelomonas hispida													+													
湖生囊裸藻 Trachelomonas lacustris																			+		+					+
囊裸藻 Trachelomonas sp.						+								+							+				+	
绿藻门 Chlorophyta																										
绿藻纲 Chlorophyceae																										
团藻目 Volvocales																										
团藻科 Volvocaceae																										
空球藻属 Eudorina																										
空球藻 Eudorina elegans																			+		+					
衣藻科 Chlamydomonadaceae																										
衣藻属 Chlamydomonas																										

续表

浮游藻类	红坎村		西村		东村		凤地村		仙来村		土角村		南渡河		英典村		覃典村		英良村		好招楼村		蟹洲村		白沙村	
	涨潮	退潮	涨潮	退潮	涨潮	退潮	涨潮	退潮	涨潮	退潮	涨潮	退潮	涨潮	退潮	涨潮	退潮	涨潮	退潮	涨潮	退潮	涨潮	退潮	涨潮	退潮	涨潮	退潮
突变衣藻 Chlamydomonas mutabilis						+								+							+	+				
简单衣藻 Chlamydomonas simplex						+							+	+	+	+				+		+				+
绿球藻目 Chorococcales																										
绿球藻科 Chlorococcacea																										
多芒藻属 Golenkinia																										
多芒藻 Golenkinia sp.							+		+	+									+		+					
小桩藻科 Characiaceae																										
弓形藻属 Schroederia																										
弓形藻 Schroederia setigera	+			+		+		+	+				+	+	+		+			+	+	+	+	+	+	+
螺旋弓形藻 Schroederia spiralis												+											+			
小球藻科 Chlorellaceae																										
纤维藻属 Ankistrodesmus			+																				+			
螺旋纤维藻 Ankistrodesmus spiralis																										
小球藻属 Chlorella																										
小球藻 Chlorella vulgaris									+										+							
月牙藻属 Selenastrum																										
月牙藻 Selenastrum bibraianum										+												+				

续表

浮游藻类	红坎村 涨潮	红坎村 退潮	西村 涨潮	西村 退潮	东村 涨潮	东村 退潮	凤地村 涨潮	凤地村 退潮	仙来村 涨潮	仙来村 退潮	土角村 涨潮	土角村 退潮	南渡河 涨潮	南渡河 退潮	英典村 涨潮	英典村 退潮	覃典村 涨潮	覃典村 退潮	英良村 涨潮	英良村 退潮	好招楼村 涨潮	好招楼村 退潮	蟹洲村 涨潮	蟹洲村 退潮	白沙村 涨潮	白沙村 退潮
端尖月牙藻 Selenastrum westii					+				+				+								+					
小型月牙藻 Selenastrum minutum		+																								
四角藻属 Tetraedron																										
三角四角藻 Tetraedron trigonum		+		+											+						+				+	+
栅藻科 Scenedesmaceae																										
集星藻属 Actinastrum																										
河生集星藻 Actinastrum fluviatile				+	+				+												+					
十字藻属 Crucigenia																										
四角十字藻 Crucigenia quadrata						+								+												
栅藻属 Scenedesmus																										
被甲栅藻 Scenedesmus armatus							+						+								+		+			
龙骨栅藻 Scenedesmus carinatus												+									+					
二尾栅藻 Scenedesmus bicaudatus											+												+	+		
二形栅藻 Scenedesmus dimorphus																	+									
齿牙栅藻 Scenedesmus denticulatus														+												
裂孔栅藻 Scenedesmus perforatus																							+	+		
栅藻 Scenedesmus sp.														+								+	+			

续表

浮游藻类	红坎村 涨潮	红坎村 退潮	西村 涨潮	西村 退潮	东村 涨潮	东村 退潮	凤地村 涨潮	凤地村 退潮	仙来村 涨潮	仙来村 退潮	土角村 涨潮	土角村 退潮	南渡河 涨潮	南渡河 退潮	英典村 涨潮	英典村 退潮	覃典村 涨潮	覃典村 退潮	英良村 涨潮	英良村 退潮	好招楼村 涨潮	好招楼村 退潮	蟹洲村 涨潮	蟹洲村 退潮	白沙村 涨潮	白沙村 退潮
双星藻纲 Zygnematophyceae																										
双星藻目 Zygnematales																										
双星藻科 Zygnemataceae																										
水绵属 Spirogyra																										
水绵 Spirogyra sp.		+													+					+						
鼓藻目 Desmidiales																										
鼓藻科 Desmidiaceae																										
鼓藻属 Cosmarium																			+							
光滑鼓藻 Cosmarium laeve																			+							
项圈鼓藻 Cosmarium moniliforme																					+					
双钝顶鼓藻 Cosmarium biretum																						+	+	+		
肾形鼓藻 Cosmarium reniforme																						+	+			
鼓藻 Cosmarium sp.																			+			+		+		
凹顶鼓藻属 Euastrum																	+									
凹顶鼓藻 Euastrum ansatum			+														+							+		
辐射鼓藻属 Actinotaenium																										
辐射鼓藻 Actinotaenium sp.				+							+												+			

续表

浮游藻类	红坎村		西村		东村		凤地村		仙来村		土角村		南渡河		英典村		覃典村		英良村		好招楼村		蟹洲村		白沙村	
	涨潮	退潮	涨潮	退潮	涨潮	退潮	涨潮	退潮	涨潮	退潮	涨潮	退潮	涨潮	退潮	涨潮	退潮	涨潮	退潮	涨潮	退潮	涨潮	退潮	涨潮	退潮	涨潮	退潮
新月藻属 *Closterium*																										
新月藻 *Closterium* sp.																						+				
拟新月藻属 *Closteriopsis*																										
拟新月藻 *Closteriopsis* sp.					+						+				+						+	+				
叉星鼓藻属 *Staurodesmus*																										
叉星鼓藻 *Staurodesmus teiling*													+								+	+	+	+	+	
角星鼓藻属 *Staurastrum*																										
纤细角星鼓藻 *Staurastrum gracile*			+														+									

注："+" 表示被检测到

表 2-2　春季各采样点浮游藻类种类数

浮游藻类	红坎村 涨潮	红坎村 退潮	西村 涨潮	西村 退潮	东村 涨潮	东村 退潮	凤地村 涨潮	凤地村 退潮	仙来村 涨潮	仙来村 退潮	土角村 涨潮	土角村 退潮	南渡河 涨潮	南渡河 退潮	英典村 涨潮	英典村 退潮	覃典村 涨潮	覃典村 退潮	英良村 涨潮	英良村 退潮	好招楼村 涨潮	好招楼村 退潮	蟹洲村 涨潮	蟹洲村 退潮	白沙村 涨潮	白沙村 退潮
蓝藻门 Cyanophyta	3	2	3	2	1	1	2	2	4	3	2	2	4	3	3	1	2	1	3	2	5	4	5	4	2	1
金藻门 Chrysophyta	0	1	0	0	0	0	0	0	0	0	0	0	0	0	0	0	0	0	0	0	0	0	0	0	0	0
硅藻门 Bacillariophyta	8	7	8	8	14	10	11	8	10	6	14	9	10	4	11	8	7	6	5	6	17	12	7	4	12	9
隐藻门 Cryptophyta	0	0	0	0	0	0	1	0	0	0	0	0	0	0	0	0	0	0	1	1	1	0	0	0	0	0
甲藻门 Crytophyta	1	1	0	0	2	1	0	0	0	0	1	0	1	1	0	0	1	2	0	0	2	1	1	1	2	1
裸藻门 Euglenophyta	2	2	1	1	1	1	1	0	1	0	1	1	3	2	0	0	3	1	1	0	5	3	2	0	3	1
绿藻门 Chlorophyta	4	4	6	3	7	2	2	1	5	3	5	3	7	4	5	2	3	1	6	5	14	12	11	9	3	3
合计	18	17	18	14	25	15	17	11	20	12	23	15	25	14	19	11	16	11	16	14	44	32	26	18	22	15

表 2-3　春季各采样点浮游藻类密度（×10⁴）

（单位：个/升）

浮游藻类	红坎村 涨潮	红坎村 退潮	西村 涨潮	西村 退潮	东村 涨潮	东村 退潮	凤地村 涨潮	凤地村 退潮	仙来村 涨潮	仙来村 退潮	土角村 涨潮	土角村 退潮	南渡河 涨潮	南渡河 退潮	英典村 涨潮	英典村 退潮	覃典村 涨潮	覃典村 退潮	英良村 涨潮	英良村 退潮	好招楼村 涨潮	好招楼村 退潮	蟹洲村 涨潮	蟹洲村 退潮	白沙村 涨潮	白沙村 退潮
蓝藻门 Cyanophyta	0.917	1.121	1.732	1.936	0.815	1.019	0.713	0.917	1.631	0.408	0.917	0.306	1.427	1.019	0.815	0.408	0.408	0.102	1.427	0.306	1.427	0.917	2.038	1.223	0.510	0.102
金藻门 Chrysophyta	0	0.102	0	0	0	0	0	0	0	0	0	0	0	0	0	0	0	0	0	0	0	0	0	0	0	0
硅藻门 Bacillariophyta	1.121	1.121	4.280	5.299	3.363	4.076	3.363	3.465	3.363	2.038	3.567	3.159	2.242	0.510	3.465	4.382	2.752	3.363	1.631	1.631	5.197	4.994	2.344	1.631	2.854	2.548
隐藻门 Cryptophyta	0	0	0	0	0	0.102	0	0	0	0	0	0	0	0	0	0	0	0	0.204	0.102	0.102	0	0	0	0	0
甲藻门 Crytophyta	0.204	0.102	0	0.408	0.102	0	0	0.102	0	0.204	0.510	0.204	0.306	0.204	0	0	0.306	0.204	0	0	0.306	0.204	0.306	0.102	0.204	0
裸藻门 Euglenophyta	0.611	0.408	0.306	0.102	0.204	0.204	0.000	0.102	0.204	0.102	0.611	0.306	0.408	0.102	0	0	0.408	0.102	1.121	0	1.121	0.408	0.204	0.000	0.510	0.102
绿藻门 Chlorophyta	0.815	0.713	0.815	0.713	1.121	1.121	0.306	0.306	0.102	1.427	1.223	0.815	1.223	0.306	1.019	0.102	0.408	0.102	1.019	0.713	2.650	2.548	2.140	2.140	0.611	0.611
合计	3.669	3.567	7.134	8.051	5.911	5.707	4.688	4.484	6.522	3.057	6.013	3.873	5.707	3.159	5.401	5.809	4.280	3.873	4.586	2.752	10.803	9.070	7.032	5.096	4.790	3.567

2.2.2.3 浮游藻类优势种

如表 2-4 所示,春季各采样点优势种主要由蓝藻种类(如颤藻、铜绿微囊藻等)和硅藻种类(如舟形藻、双菱藻、小环藻和直链藻等)组成。

表 2-4 春季各采样点浮游藻类优势种及其优势度

采样点	潮汐	优势种	优势度
红坎村	涨潮	颤藻 *Oscillatoria* sp.	0.194
		弓形藻 *Schroederia setigera*	0.139
		鱼形裸藻 *Euglena pisciformis*	0.139
	退潮	颤藻 *Oscillatoria* sp.	0.257
		双菱藻 *Surirella* sp.	0.114
		弓形藻 *Schroederia setigera*	0.086
西村	涨潮	简单舟形藻 *Navicula simplex*	0.214
		肘状针杆藻 *Synedra ulna*	0.171
		铜绿微囊藻 *Microcystis aeruginosa*	0.143
		小颤藻 *Oscillatoria minima*	0.071
	退潮	铜绿微囊藻 *Microcystis aeruginosa*	0.177
		舟形藻 *Navicula* sp.	0.177
		针杆藻 *Synedra* sp.	0.139
		尖布纹藻 *Gyrosigma acuminatum*	0.101
		羽纹藻 *Pinnularia* sp.	0.086
		桥弯藻 *Cymbella* sp.	0.076
东村	涨潮	铜绿微囊藻 *Microcystis aeruginosa*	0.138
		桥弯藻 *Cymbella* sp.	0.121
		直链藻 *Melosira* sp.	0.086
	退潮	直链藻 *Melosira* sp.	0.196
		铜绿微囊藻 *Microcystis aeruginosa*	0.179
		桥弯藻 *Cymbella* sp.	0.107
		脆杆藻 *Frailaria* sp.	0.071

采样点	潮汐	优势种	优势度
凤地村	涨潮	双菱藻 *Surirella* sp.	0.174
		铜绿微囊藻 *Microcystis aeruginosa*	0.130
		舟形藻 *Navicula* sp.	0.109
		脆杆藻 *Frailaria* sp.	0.087
		肘状针杆藻 *Synedra ulna*	0.087
	退潮	双菱藻 *Surirella* sp.	0.227
		铜绿微囊藻 *Microcystis aeruginosa*	0.182
		桥弯藻 *Cymbella* sp.	0.091
		羽纹藻 *Pinnularia* sp.	0.091
		脆杆藻 *Frailaria* sp.	0.068
		异极藻 *Gomphonema* sp.	0.068
仙来村	涨潮	简单舟形藻 *Navicula simplex*	0.125
		铜绿微囊藻 *Microcystis aeruginosa*	0.109
		羽纹藻 *Pinnularia* sp.	0.094
		端尖月牙藻 *Selenastrum westii*	0.063
		微小小环藻 *Cyclotella caspia*	0.063
		小颤藻 *Oscillatoria minima*	0.063
	退潮	简单舟形藻 *Navicula simplex*	0.3
		桥弯藻 *Cymbella* sp.	0.133
		羽纹藻 *Pinnularia* sp.	0.1
		弓形藻 *Schroederia setigera*	0.1
土角村	涨潮	简单舟形藻 *Navicula simplex*	0.136
		双菱藻 *Surirella* sp.	0.119
		铜绿微囊藻 *Microcystis aeruginosa*	0.085
		尖针杆藻 *Synedra acus*	0.085

续表

采样点	潮汐	优势种	优势度
土角村	涨潮	小颤藻 *Oscillatoria minima*	0.068
	退潮	简单舟形藻 *Navicula simplex*	0.184
		脆杆藻 *Frailaria* sp.	0.105
		尖针杆藻 *Synedra acus*	0.105
		双菱藻 *Surirella* sp.	0.079
		尖布纹藻 *Gyrosigma acuminatum*	0.079
		短小曲壳藻 *Achnanthes exigua*	0.079
南渡河	涨潮	铜绿微囊藻 *Microcystis aeruginosa*	0.125
		梅尼小环藻 *Cyclotella meneghiniana*	0.107
		简单衣藻 *Chlamydomonas simplex*	0.071
	退潮	铜绿微囊藻 *Microcystis aeruginosa*	0.258
		多甲藻 *Peridinium perardiforme*	0.161
		弓形藻 *Schroederia setigera*	0.097
英典村	涨潮	微小小环藻 *Cyclotella caspia*	0.189
		针杆藻 *Synedra* sp.	0.151
		铜绿微囊藻 *Microcystis aeruginosa*	0.113
		弓形藻 *Schroederia setigera*	0.094
	退潮	桥弯藻 *Cymbella* sp.	0.158
		针杆藻 *Synedra* sp.	0.158
		弓形藻 *Schroederia setigera*	0.158
		双菱藻 *Surirella* sp.	0.105
		异极藻 *Gomphonema* sp.	0.105
		铜绿微囊藻 *Microcystis aeruginosa*	0.070

采样点	潮汐	优势种	优势度
覃典村	涨潮	针杆藻 *Synedra* sp.	0.286
		微小小环藻 *Cyclotella caspia*	0.167
		铜绿微囊藻 *Microcystis aeruginosa*	0.071
		多甲藻 *Peridinium perardiforme*	0.071
		偏肿桥弯藻 *Cymbella naviculiformis*	0.071
	退潮	针杆藻 *Synedra* sp.	0.395
		微小小环藻 *Cyclotella caspia*	0.158
		双菱藻 *Surirella* sp.	0.105
		桥弯藻 *Cymbella* sp.	0.105
英良村	涨潮	小颤藻 *Oscillatoria minima*	0.178
		微小小环藻 *Cyclotella caspia*	0.133
		舟形藻 *Navicula* sp.	0.133
	退潮	铜绿微囊藻 *Microcystis aeruginosa*	0.111
		舟形藻 *Navicula* sp.	0.259
		双菱藻 *Surirella* sp.	0.111
蟹洲村	涨潮	铜绿微囊藻 *Microcystis aeruginosa*	0.145
		舟形藻 *Navicula* sp.	0.087
		微小小环藻 *Cyclotella caspia*	0.087
		小颤藻 *Oscillatoria minima*	0.073
		二尾栅藻 *Scenedesmus bicaudatus*	0.072
	退潮	舟形藻 *Navicula* sp.	0.16
		铜绿微囊藻 *Microcystis aeruginosa*	0.14
		二尾栅藻 *Scenedesmus bicaudatus*	0.14
		微小小环藻 *Cyclotella caspia*	0.087
		针杆藻 *Synedra* sp.	0.1

采样点	潮汐	优势种	优势度
好招楼村	涨潮	针杆藻 *Synedra* sp.	0.142
		微小小环藻 *Cyclotella caspia*	0.085
		铜绿微囊藻 *Microcystis aeruginosa*	0.075
	退潮	针杆藻 *Synedra* sp.	0.247
		舟形藻 *Navicula* sp.	0.056
白沙村	涨潮	微小小环藻 *Cyclotella caspia*	0.170
		铜绿微囊藻 *Microcystis aeruginosa*	0.085
		美丽双壁藻 *Diploneis purlla*	0.085
		弓形藻 *Schroederia setigera*	0.063
		细粒囊裸藻 *Trachelomonas granulosa*	0.064
	退潮	舟形藻 *Navicula* sp.	0.2
		桥弯藻 *Cymbella* sp.	0.114
		美丽双壁藻 *Diploneis purlla*	0.085
		双菱藻 *Surirella* sp.	0.085
		针杆藻 *Synedra* sp.	0.086
		简单衣藻 *Chlamydomonas simplex*	0.086

2.2.2.4　浮游藻类生物量

如表 2-5 所示，春季各采样点浮游藻类的生物量为 7.564～30.918 mg/L，平均为 16.531 mg/L。以好招楼村涨潮时生物量最高，英良村退潮时最低。总体而言，各采样点都是以蓝藻、硅藻和绿藻的生物量最多，裸藻次之，金藻、甲藻和隐藻则较少。

2.2.2.5　生物多样性指数

如表 2-6 所示，春季各个采样点浮游藻类丰富度指数为 2.473～9.221，Shannon-Wiener 多样性指数为 1.907～3.456，均匀度指数为 0.795～0.946。

2.2.3　秋季红树林浮游藻类群落结构

2.2.3.1　浮游藻类的种类组成

如表 2-7 所示，通过对各个采样点的水样进行定性分析，共观察到浮游藻类 8 门 9 纲 21 目

38 科 61 属 109 种。其中,蓝藻门 1 纲 3 目 8 科 8 属 11 种,硅藻门 2 纲 8 目 11 科 19 属 37 种,绿藻门 2 纲 5 目 12 科 26 属 47 种,裸藻门 1 纲 1 目 1 科 4 属 8 种,甲藻门和黄藻门都是 1 纲 1 目 2 科 2 属 2 种,隐藻门和金藻门都是 1 纲 1 目 1 科 1 属 1 种。

如表 2-8 所示,各采样点种类数在 20～40 种,以土角村退潮时种类数最多,西村涨潮时种类数最少。各个采样点种类数最多的是硅藻和绿藻,蓝藻和裸藻次之,甲藻、隐藻和黄藻种类数较少。

表2-5 春季各采样点浮游藻类生物量

（单位：mg/L）

浮游藻类	红坎村 涨潮	红坎村 退潮	西村 涨潮	西村 退潮	东村 涨潮	东村 退潮	凤地村 涨潮	凤地村 退潮	仙来村 涨潮	仙来村 退潮	土角村 涨潮	土角村 退潮	南渡河 涨潮	南渡河 退潮	英典村 涨潮	英典村 退潮	覃典村 涨潮	覃典村 退潮	英良村 涨潮	英良村 退潮	好招楼村 涨潮	好招楼村 退潮	蟹洲村 涨潮	蟹洲村 退潮	白沙村 涨潮	白沙村 退潮
蓝藻门 Cyanophyta	4.293	5.738	6.549	7.320	3.082	3.853	3.339	4.695	6.164	1.908	4.695	1.156	6.678	5.216	3.082	1.541	1.541	0.385	6.678	1.565	5.394	4.293	10.432	4.623	1.9263	0.4771
金藻门 Chrysophyta	0	0.048	0	0	0	0	0	0	0	0	0	0	0	0	0	0	0	0	0	0	0	0	0	0	0	0
硅藻门 Bacillariophyta	3.427	3.595	16.064	19.888	10.784	15.299	10.282	11.111	12.621	6.231	11.437	11.856	8.414	1.634	13.004	13.397	8.823	12.621	4.985	5.229	19.506	18.741	7.516	6.119	8.724	8.170
隐藻门 Cryptophyta	0	0	0	0	0	0	0.048	0	0	0	0	0	0	0	0	0	0	0	0.095	0.048	0.048	0	0	0	0	0
甲藻门 Crytophyta	0.095	0.048	0	0	0.191	0.048	0	0	0	0	0.048	0	0.095	0.238	0	0	0.143	0.095	0	0	0.143	0.095	0.143	0.048	0.143	0.095
裸藻门 Euglenophyta	0.730	0.483	0	0	0.241	0	0.243	0	0	0	0.176	0.160	0	0.362	0	0	0.483	0	0.705	0	1.758	0	0.241	0	0.608	0.121
绿藻门 Chlorophyta	0.671	0.723	0.790	0.691	1.136	0.296	0.252	0.103	1.382	1.869	3.921	1.147	1.006	0.826	1.086	0.987	0.413	0.099	0.923	0.723	2.567	7.789	6.862	8.033	0.503	0.620
合计	9.216	10.633	23.403	27.899	15.434	19.495	14.163	15.909	20.168	10.009	20.277	14.319	16.194	8.277	17.172	15.925	11.403	13.201	13.386	7.564	29.415	30.918	25.195	18.822	11.905	9.482

表 2-6　春季各采样点浮游藻类群落生物多样性指数

采样点	潮汐	D	H'	J'
红坎村	涨潮	4.744	2.604	0.901
	退潮	4.219	2.50	0.902
西村	涨潮	4.001	2.463	0.852
	退潮	2.975	2.332	0.884
东村	涨潮	5.911	2.982	0.926
	退潮	3.478	2.442	0.902
凤地村	涨潮	4.179	2.606	0.920
	退潮	2.643	2.14	0.892
仙来村	涨潮	4.569	2.833	0.946
	退潮	3.234	2.199	0.885
土角村	涨潮	5.395	2.889	0.922
	退潮	3.849	2.531	0.935
南渡河	涨潮	5.962	3.033	0.942
	退潮	3.786	2.353	0.891
英典村	涨潮	4.534	2.612	0.887
	退潮	2.473	2.231	0.931
覃典村	涨潮	4.013	2.369	0.854
	退潮	2.749	1.907	0.795
英良村	涨潮	3.94	2.534	0.914
	退潮	3.944	2.413	0.914
蟹洲村	涨潮	9.221	3.456	0.913
	退潮	6.906	3.048	0.879
好招楼村	涨潮	5.904	2.999	0.920
	退潮	4.346	2.603	0.901
白沙村	涨潮	5.454	2.884	0.933
	退潮	3.938	2.512	0.928

表 2-7 秋季各采样点浮游藻类种类组成

浮游藻类	红坎村 退潮	西村 涨潮	西村 退潮	东村 涨潮	东村 退潮	凤地村 涨潮	凤地村 退潮	仙来村 涨潮	仙来村 退潮	土角村 涨潮	土角村 退潮	南渡河 涨潮	南渡河 退潮	英典村 涨潮	英典村 退潮	覃典村 涨潮	覃典村 退潮	英良村 涨潮	英良村 退潮	蟹洲村 涨潮	蟹洲村 退潮	好招楼村 涨潮	好招楼村 退潮	白沙村 涨潮	白沙村 退潮
蓝藻门 Cyanophyta																									
蓝藻纲 Cyanophyceae																									
色球藻目 Chroococcales																									
聚球藻科 Synechococcaceae																									
蓝杆藻属 Cyanothece																									
蓝杆藻 Cyanothece sp.	+			+	+	+	+		+			+	+	+	+			+						+	+
平列藻科 Merismopediaceae																									
平裂藻属 Merismopedia																									
点形平裂藻 Merismopedia punctata													+			+						+			
平裂藻 Merismopedia sp.	+		+	+				+			+	+	+									+	+		
微囊藻科 Microcystaceae																									
铜绿微囊藻 Microcystis aeruginosa		+				+								+	+			+	+	+	+	+	+	+	+
微囊藻 Microcystis sp.			+																				+		
色球藻科 Chroococcaceae																									

浮游藻类	红坎村		西村		东村		凤地村		仙来村		土角村		南渡河		英典村		覃典村		英良村		蟹洲村		好招楼村		白沙村	
	涨潮	退潮	涨潮	退潮	涨潮	退潮	涨潮	退潮	涨潮	退潮	涨潮	退潮	涨潮	退潮	涨潮	退潮	涨潮	退潮	涨潮	退潮	涨潮	退潮	涨潮	退潮	涨潮	退潮
隐球藻属 *Aphanocapsa*																										
隐球藻 *Aphanocapsa* sp.	+	+	+	+	+	+	+	+	+		+		+		+	+	+		+	+	+				+	
颤藻目 Osillatoriales																										
颤藻科 Oscillatiaceae																										
节旋藻属 *Arthrospira*																										
节旋藻 *Arthrospira* sp.	+			+								+	+				+				+					
颤藻科 Oscillatoriaceae																										
颤藻属 *Oscillatoria*																										
颤藻 *Oscillatoria* sp.	+		+		+		+			+	+		+	+	+			+	+					+		
念珠藻目 Nostocales																										
胶须藻科 Rivulaiaceae																										
尖头藻属 *Raphidiopsis*																										
弯形尖头藻 *Raphidiopsis curvata*		+												+		+		+		+		+				
念珠藻科 Nostocoideae																										

续表

浮游藻类	红坎村		西村		东村		凤地村		仙来村		土角村		南渡河		英典村		覃典村		英良村		蟹洲村		好招楼村		白沙村	
	涨潮	退潮	涨潮	退潮	涨潮	退潮	涨潮	退潮	涨潮	退潮	涨潮	退潮	涨潮	退潮	涨潮	退潮	涨潮	退潮	涨潮	退潮	涨潮	退潮	涨潮	退潮	涨潮	退潮
束丝藻属 *Aphanizomenon*																										
束丝藻 *Aphanizomenon* sp.				+				+	+	+	+		+						+					+		+
金藻门 Chrysophyta																										
金藻纲 Chrysophyceae																										
色金藻目 Chromulinales																										
锥囊藻科 Dinobryonaceae																										
锥囊藻 *Dinobryon* sp.		+	+		+		+		+						+		+	+	+			+			+	
黄藻门 Xanthophyta																										
黄藻纲 Xanthophyceae																										
柄球藻目 Mischococcales																										
拟气球藻科 Botrydiopsidaceae																										
拟气球藻属 *Botrydiopsis*																										
拟气球藻 *Botrydiopsis arhiza*							+				+	+		+		+		+								
黄管藻科 Ophiocytiaceae																										

续表

浮游藻类	红坎村		西村		东村		凤地村		仙来村		土角村		南渡河		英典村		覃典村		英良村		蟹洲村		好招楼村		白沙村	
	涨潮	退潮	涨潮	退潮	涨潮	退潮	涨潮	退潮	涨潮	退潮	涨潮	退潮	涨潮	退潮	涨潮	退潮	涨潮	退潮	涨潮	退潮	涨潮	退潮	涨潮	退潮	涨潮	退潮
黄管藻属 Ophiocytium																										
小型黄管藻 Ophiocytium parvulum		+																								
硅藻门 Bacillariophyta																										
中心纲 Centricae																										
圆筛藻目 Coscinodiscales																										
圆筛藻科 Coscinodiscaceae																										
小环藻属 Cyclotella																										
梅尼小环藻 Cyclotella meneghiniana												+	+		+				+						+	
小环藻 Cyclotella operculata																			+					+		
直链藻属 Melosira																										
颗粒直链藻 Melosira granulata						+								+												
直链藻 Melosira sp.			+									+					+	+				+	+	+		+
根管藻目 Rhizosoleniales																										
管型藻科 Solenicaceae																										

续表

浮游藻类	红坎村 涨潮	红坎村 退潮	西村 涨潮	西村 退潮	东村 涨潮	东村 退潮	凤地村 涨潮	凤地村 退潮	仙来村 涨潮	仙来村 退潮	土角村 涨潮	土角村 退潮	南渡河 涨潮	南渡河 退潮	英典村 涨潮	英典村 退潮	覃典村 涨潮	覃典村 退潮	英良村 涨潮	英良村 退潮	蟹洲村 涨潮	蟹洲村 退潮	好招楼村 涨潮	好招楼村 退潮	白沙村 涨潮	白沙村 退潮
根管藻属 Rhizosolenia																										
长刺根管藻 Rhizosolenia longiseta								+												+						
盒形藻目 Biddulphiales																										
盒形藻科 Biddulphiales																										
四棘藻属 Attheya																										
扎卡四棘藻 Attheya zachariasi		+				+																				
羽纹纲 Pennatae																										
无壳缝目 Araphidiales																										
脆杆藻科 Fragilariaceae																										
脆杆藻属 Fragilaria																										
克罗脆杆藻 Fragilaria crotonensis										+																
中型脆杆藻 Fragilaria intermedia																		+								
脆杆藻 Fragilaria sp.																+				+				+		
针杆藻属 Synedra																										

续表

浮游藻类	红坎村		西村		东村		凤地村		仙来村		土角村		南渡河		英典村		覃典村		英良村		蟹洲村		好招楼村		白沙村	
	涨潮	退潮	涨潮	退潮	涨潮	退潮	涨潮	退潮	涨潮	退潮	涨潮	退潮	涨潮	退潮	涨潮	退潮	涨潮	退潮	涨潮	退潮	涨潮	退潮	涨潮	退潮	涨潮	退潮
尖针杆藻 *Synedra acus*		+	+		+	+	+	+	+		+	+	+	+	+	+	+			+	+	+	+	+		+
针杆藻 *Synedra* sp.		+		+		+	+	+	+		+			+		+			+		+		+	+	+	+
拟壳藻目 Raphidionales																										
短缝藻科 Eunotiaceae																										
短缝藻属 *Eunotia*																										
篦形短缝藻 *Eunotia pectinalis*								+																		
短缝藻 *Eunotia* sp.								+	+							+		+		+					+	
双壳缝目 Biraphidinales																										
舟形藻科 Naviculaceae																										
肋缝藻属 *Frustulia*																										
普通肋缝藻 *Frustulia vulgaris*																+				+		+				
双壁藻属 *Diploneis*																										
美丽双壁藻 *Diploneis purlla*				+																					+	
布纹藻属 *Gyrosigma*																										

续表

浮游藻类	红坎村 涨潮	红坎村 退潮	西村 涨潮	西村 退潮	东村 涨潮	东村 退潮	凤地村 涨潮	凤地村 退潮	仙来村 涨潮	仙来村 退潮	土角村 涨潮	土角村 退潮	南渡河 涨潮	南渡河 退潮	英典村 涨潮	英典村 退潮	覃典村 涨潮	覃典村 退潮	英良村 涨潮	英良村 退潮	蟹洲村 涨潮	蟹洲村 退潮	好招楼村 涨潮	好招楼村 退潮	白沙村 涨潮	白沙村 退潮
尖布纹藻 *Gyrosigma acuminatum*	+				+																				+	
布纹藻 *Gyrosigma* sp.			+	+				+		+	+	+	+		+					+					+	+
舟形藻属 *Navicula*																										
放射舟形藻 *Navicula radiosa*						+																			+	+
隐头舟形藻 *Navicula cryptocephala*				+					+		+		+	+	+					+	+				+	
舟形藻 *Navicula* sp.		+		+				+	+	+	+	+	+		+				+	+	+	+	+	+	+	+
桥弯藻科 Cymbellaceae																										
双眉藻属 *Amphora*																										
双眉藻 *Amphora* sp.	+												+	+			+					+		+		
桥弯藻属 *Cymbella*																										
近缘桥弯藻 *Cymbella affinis*												+														
埃伦桥弯藻 *Cymbella lanceolata*							+									+										
细小桥弯藻 *Cymbella pusilla*						+									+											
膨胀桥弯藻 *Cymbella tumida*	+	+	+	+		+			+	+	+		+						+							

续表

浮游藻类	红坎村		西村		东村		凤地村		仙来村		土角村		南渡河		英典村		覃典村		英良村		蟹洲村		好招楼村		白沙村	
	涨潮	退潮	涨潮	退潮	涨潮	退潮	涨潮	退潮	涨潮	退潮	涨潮	退潮	涨潮	退潮	涨潮	退潮	涨潮	退潮	涨潮	退潮	涨潮	退潮	涨潮	退潮	涨潮	退潮
桥弯藻 Cymbella sp.		+	+	+	+		+	+	+	+	+	+	+		+	+	+		+	+	+		+		+	+
异极藻科 Gomphonemaceae																										
异极藻属 Gomphonema																										
尖异极藻 Gomphonema acuminatum																			+							
缢缩异极藻 Gomphonema constrictum					+			+																		
纤细异极藻 Gomphonema gracile	+		+		+	+			+		+							+		+	+					
异极藻 Gomphonema sp.	+	+	+	+	+		+		+	+		+	+	+	+	+		+	+	+	+	+			+	+
羽纹藻属 Pinnularia								+	+																	
羽纹藻 Pinnularia sp.											+	+							+							
单壳缝目 Monoraphidinales																										
曲壳藻科 Achnanthaceae																										
曲壳藻属 Achnanthes																										
短小曲壳藻 Achnanthes exigua				+					+												+				+	
卵形藻属 Cocconeis																										

115

浮游藻类	红坎村		西村		东村		凤地村		仙来村		土角村		南渡河		英典村		覃典村		英良村		蟹洲村		好招楼村		白沙村	
	涨潮	退潮	涨潮	退潮	涨潮	退潮	涨潮	退潮	涨潮	退潮	涨潮	退潮	涨潮	退潮	涨潮	退潮	涨潮	退潮	涨潮	退潮	涨潮	退潮	涨潮	退潮	涨潮	退潮
卵形藻 Cocconeis sp.												+										+			+	
管壳缝目 Aulonoraphidinales																										
菱形藻科 Nitzschiaceae																										
菱形藻属 Nitzschia																										
双头菱形藻 Nitzschia amphibia																				+						
菱形藻 Nitzschia sp.									+				+	+						+	+	+				+
双菱藻科 Surirellaceae																										
双菱藻属 Surirella	+																									
美丽双菱藻 Surirella elegans												+			+											
双菱藻 Surirella sp.			+									+				+			+					+	+	+
隐藻门 Cryptophyta																										
隐藻纲 Cryotophyceae																										
隐藻目 Cryptonemiales																										
隐鞭藻科 Cryptomonadaceae																										

续表

浮游藻类	红坎村		西村		东村		凤地村		仙来村		土角村		南渡河		英典村		覃典村		英良村		蟹洲村		好招楼村		白沙村	
	涨潮	退潮	涨潮	退潮	涨潮	退潮	涨潮	退潮	涨潮	退潮	涨潮	退潮	涨潮	退潮	涨潮	退潮	涨潮	退潮	涨潮	退潮	涨潮	退潮	涨潮	退潮	涨潮	退潮
隐藻属 *Chroomonas*																										
啮蚀隐藻 *Cryptomonas erosa*									+																	
甲藻门 Crytophyta																										
甲藻纲 Dinophyceae																										
多甲藻目 Peridiniales																										
裸甲藻科 Gymnodiniaceae																										
裸甲藻属 *Gymnodinium*																										
裸甲藻 *Gymnodinium aerucyinosum*							+																			+
多甲藻科 Peridiniaceae																										
多甲藻属 *Peridinium*		+				+			+					+		+				+	+			+	+	
多甲藻 *Peridinium perardiforme*																										
裸藻门 Euglenophyta																										
裸藻纲 Euglenophyceae																										
裸藻目 Euglenales																										

浮游藻类	红坎村 涨潮	红坎村 退潮	西村 涨潮	西村 退潮	东村 涨潮	东村 退潮	凤地村 涨潮	凤地村 退潮	仙来村 涨潮	仙来村 退潮	土角村 涨潮	土角村 退潮	南渡河 涨潮	南渡河 退潮	英典村 涨潮	英典村 退潮	覃典村 涨潮	覃典村 退潮	英良村 涨潮	英良村 退潮	蟹洲村 涨潮	蟹洲村 退潮	好招楼村 涨潮	好招楼村 退潮	白沙村 涨潮	白沙村 退潮
裸藻科 Euglenaceae																										
裸藻属 Euglena																										
梭形裸藻 Euglena acus		+																								
鱼形裸藻 Euglena pisciformis			+		+			+	+			+												+		+
血红裸藻 Euglena sanguinea																								+		
裸藻 Euglena sp.	+				+	+			+				+			+	+		+	+	+		+	+	+	+
鳞孔藻属 Lepocinclis																										
纺锤鳞孔藻 Lepocinclis fusiformis						+																				
椭圆鳞孔藻 Lepocinclis steinii							+							+					+							
扁裸藻属 Phacus																										
长尾扁裸藻 Phacus longicauda													+									+	+		+	
囊裸藻属 Trachelomonas																										
囊裸藻 Trachelomonas sp.		+			+		+				+					+	+					+		+		
绿藻门 Chlorophyta																										

浮游藻类	红坎村		西村		东村		凤地村		仙来村		土角村		南渡河		英典村		覃典村		英良村		蟹洲村		好招楼村		白沙村	
	涨潮	退潮	涨潮	退潮	涨潮	退潮	涨潮	退潮	涨潮	退潮	涨潮	退潮	涨潮	退潮	涨潮	退潮	涨潮	退潮	涨潮	退潮	涨潮	退潮	涨潮	退潮	涨潮	退潮
绿藻纲 Chlorophyceae																										
团藻目 Volvocales																										
团藻科 Volvocaceae																										
团藻属 Volvox																										
美丽团藻 Volvox aureus		+										+		+			+					+		+		
实球藻属 Pandorina																										
实球藻 Pandorina morum							+										+	+		+				+		
空球藻属 Eudorina																										
空球藻 Eudorina elegans	+	+	+	+		+					+	+	+	+	+		+					+	+		+	
杂球藻属 Pleodorina																										
杂球藻 Pleodorina californica						+	+	+			+				+					+						+
衣藻科 Chlamydomonadaceae																										
衣藻属 Chlamydomonas																										
球衣藻 Chlamydomonas globosa		+							+					+		+			+					+	+	+

续表

浮游藻类	红坎村 涨潮	红坎村 退潮	西村 涨潮	西村 退潮	东村 涨潮	东村 退潮	凤地村 涨潮	凤地村 退潮	仙来村 涨潮	仙来村 退潮	土角村 涨潮	土角村 退潮	南渡河 涨潮	南渡河 退潮	英典村 涨潮	英典村 退潮	覃典村 涨潮	覃典村 退潮	英良村 涨潮	英良村 退潮	蟹洲村 涨潮	蟹洲村 退潮	好招楼村 涨潮	好招楼村 退潮	白沙村 涨潮	白沙村 退潮
突变衣藻 Chlamydomonas mutabilis							+		+																+	+
简单衣藻 Chlamydomonas simplex				+								+				+					+	+	+	+	+	+
绿球藻目 Chorococcales																										
绿球藻科 Chlorococcacea																										
多芒藻属 Golenkinia																										
多芒藻 Golenkinia sp.																									+	
小桩藻科 Characiaceae																										
弓形藻属 Schroederia																										
拟菱形弓形藻 Schroederia nitzschioides	+			+																						
硬弓形藻 Schroederia robusta				+																						
弓形藻 Schroederia setigera	+	+	+		+	+	+		+		+			+			+	+	+	+	+	+	+	+		+
小球藻科 Chlorellaceae																										
纤维藻属 Ankistrodesmus																	+									
针形纤维藻 Ankistrodesmus acicularis																	+									

续表

浮游藻类	红坎村 涨潮	红坎村 退潮	西村 涨潮	西村 退潮	东村 涨潮	东村 退潮	凤地村 涨潮	凤地村 退潮	仙来村 涨潮	仙来村 退潮	土角村 涨潮	土角村 退潮	南渡河 涨潮	南渡河 退潮	英典村 涨潮	英典村 退潮	覃典村 涨潮	覃典村 退潮	英良村 涨潮	英良村 退潮	蟹洲村 涨潮	蟹洲村 退潮	好招楼村 涨潮	好招楼村 退潮	白沙村 涨潮	白沙村 退潮
纤细纤维藻 *Ankistrodesmus gracilis*		+																+		+						
月牙藻属 *Selenastrum*																										
月牙藻 *Selenastrum bibraianum*	+				+	+	+	+	+	+		+	+	+		+	+		+		+	+		+	+	+
四角藻属 *Tetraedron*																										
细小四角藻 *Tetraedron minimum*		+																					+			
三角四角藻 *Tetraedron trigonum*				+		+					+								+							
卵囊藻科 Oocystaeeae																										
卵囊藻属 *Oocystis*																										
湖生卵囊藻 *Oocystis naegelii*													+				+					+			+	+
并联藻属 *Quadrigula*												+														
并联藻 *Quadrigula printz*																										
空星藻科 Coelastraceae																										
空星藻属 *Coelastrum*																										
空星藻 *Coelastrum sphaericum*																+	+									

续表

浮游藻类	红坎村 涨潮	红坎村 退潮	西村 涨潮	西村 退潮	东村 涨潮	东村 退潮	凤地村 涨潮	凤地村 退潮	仙来村 涨潮	仙来村 退潮	土角村 涨潮	土角村 退潮	南渡河 涨潮	南渡河 退潮	英典村 涨潮	英典村 退潮	覃典村 涨潮	覃典村 退潮	英良村 涨潮	英良村 退潮	蟹洲村 涨潮	蟹洲村 退潮	好招楼村 涨潮	好招楼村 退潮	白沙村 涨潮	白沙村 退潮
栅藻科 Scenedesmaceae																										
十字藻属 Crucigenia																										
十字藻 Crucigenia apiculata		+			+																	+	+			
四角十字藻 Crucigenia quadrata				+													+						+			
四足十字藻 Crucigenia tetrapedia		+												+												
栅藻属 Scenedesmus																										
二尾栅藻 Scenedesmus bicaudatus		+										+														
二形栅藻 Scenedesmus dimorphus		+																								
盘状栅藻 Scenedesmus platydiscus											+															
栅藻 Scenedesmus sp.		+							+	+		+		+			+					+	+			+
四星藻属 Tetrastrum																										
四星藻 Tetrastrum sp.		+																								
网球藻科 Dictyosphaeriaceae																										
网球藻属 Dictyosphaerium																										

续表

浮游藻类	红坎村		西村		东村		凤地村		仙来村		土角村		南渡河		英典村		覃典村		英良村		蟹洲村		好招楼村		白沙村	
	涨潮	退潮	涨潮	退潮	涨潮	退潮	涨潮	退潮	涨潮	退潮	涨潮	退潮	涨潮	退潮	涨潮	退潮	涨潮	退潮	涨潮	退潮	涨潮	退潮	涨潮	退潮	涨潮	退潮
网球藻 Dictyosphaerium ehrenbergianum	+		+		+		+							+		+				+		+			+	
丝藻目 Ulotrichales																										
丝藻科 Ulotrichaceae																										
针丝藻属 Raphidonema																										
针丝藻 Raphidonema nivale								+		+		+							+							
双星藻纲 Zygnematophyceae																										
双星藻目 Zygnematales																										
中带鼓藻科 Mesotaeniaceae																										
梭形鼓藻属 Netrium																										
梭形鼓藻 Netrium sp.							+					+	+	+									+	+		
双星藻科 Zygnemataceae																										
水绵属 Spirogyra																										
水绵 Spirogyra sp.							+													+						+
鼓藻目 Desmidiales																										

浮游藻类	红牧村 涨潮	红牧村 退潮	西村 涨潮	西村 退潮	东村 涨潮	东村 退潮	凤地村 涨潮	凤地村 退潮	仙来村 涨潮	仙来村 退潮	土角村 涨潮	土角村 退潮	南渡河 涨潮	南渡河 退潮	英典村 涨潮	英典村 退潮	覃典村 涨潮	覃典村 退潮	英良村 涨潮	英良村 退潮	蟹洲村 涨潮	蟹洲村 退潮	好招楼村 涨潮	好招楼村 退潮	白沙村 涨潮	白沙村 退潮
鼓藻科 Desmidiaceae																										
顶接鼓藻属 Spondylosium																										
顶接鼓藻 Spondylosium sp.				+										+		+							+			
鼓藻属 Cosmarium																										
双钝顶鼓藻 Cosmarium biretum		+									+			+	+				+				+	+	+	+
布莱鼓藻 Cosmarium blyttii						+																				
球鼓藻 Cosmarium globosum												+									+					
光滑鼓藻 Cosmarium laeve	+	+									+			+			+			+			+	+	+	+
梅尼鼓藻 Cosmarium meneghinii										+					+											
项圈鼓藻 Cosmarium moniliforme				+	+			+			+	+			+		+							+		
近膨胀鼓藻 Cosmarium subtumidum	+			+		+						+			+							+				
肾形鼓藻 Cosmarium reniforme	+		+	+					+				+		+						+					
鼓藻 Cosmarium sp.	+		+										+													
凹顶鼓藻属 Euastrum																										

续表

浮游藻类	红坎村 涨潮	红坎村 退潮	西村 涨潮	西村 退潮	东村 涨潮	东村 退潮	凤地村 涨潮	凤地村 退潮	仙来村 涨潮	仙来村 退潮	土角村 涨潮	土角村 退潮	南渡河 涨潮	南渡河 退潮	英典村 涨潮	英典村 退潮	覃典村 涨潮	覃典村 退潮	英良村 涨潮	英良村 退潮	蟹洲村 涨潮	蟹洲村 退潮	好招楼村 涨潮	好招楼村 退潮	白沙村 涨潮	白沙村 退潮
凹顶鼓藻 Euastrum ansatum																							+			+
新月藻属 Closterium																										
纤细新月藻 Closterium gracile			+		+		+				+		+			+		+	+							
库氏新月藻 Closterium kuetzingii				+									+			+										
新月藻 Closterium sp.	+	+	+		+	+	+	+	+	+	+	+	+	+	+	+	+		+	+	+	+	+	+		
叉星鼓藻属 Staurodesmus																										
叉星鼓藻 Staurodesmus teiling	+	+								+							+			+		+		+		
多棘鼓藻属 Xanthidium																										
对称多棘鼓藻 anthidium antilopaeum										+																

注："+"表示被检测到

表2-8 秋季各采样点浮游藻类种类数

浮游藻类	红坎村 涨潮	红坎村 退潮	西村 涨潮	西村 退潮	东村 涨潮	东村 退潮	凤地村 涨潮	凤地村 退潮	仙来村 涨潮	仙来村 退潮	土角村 涨潮	土角村 退潮	南渡河 涨潮	南渡河 退潮	英奥村 涨潮	英奥村 退潮	覃典村 涨潮	覃典村 退潮	英良村 涨潮	英良村 退潮	蟹洲村 涨潮	蟹洲村 退潮	好招楼村 涨潮	好招楼村 退潮	白沙村 涨潮	白沙村 退潮
蓝藻门 Cyanophyta	3	6	4	5	3	5	4	4	3	4	3	4	6	5	4	3	5	7	4	4	2	4	4	4	4	4
金藻门 Chrysophyta	0	1	1	0	0	0	1	1	1	0	0	1	0	0	1	1	1	1	1	0	0	1	0	0	1	1
黄藻门 Xanthophyta	1	0	0	0	0	0	1	1	0	0	1	1	1	1	0	1	1	0	0	0	0	0	0	0	0	0
硅藻门 Bacillariophyta	9	7	8	11	8	7	5	11	10	9	9	13	10	5	12	12	5	5	10	15	10	10	7	9	14	13
隐藻门 Cryptophyta	0	0	0	0	0	0	0	0	1	0	0	0	0	0	0	0	0	0	0	0	0	0	0	0	0	0
甲藻门 Crytophyta	0	1	0	0	0	1	1	0	0	0	0	0	0	1	0	1	0	0	0	1	1	0	0	1	1	2
裸藻门 Euglenophyta	1	3	1	0	3	2	2	2	2	0	2	1	2	1	0	2	2	0	2	1	2	3	1	5	1	3
绿藻门 Chlorophyta	9	19	6	12	6	7	11	9	7	9	11	20	8	13	6	13	16	9	8	10	7	13	16	15	11	11
合计	23	37	20	28	21	22	25	28	25	22	26	40	26	26	23	33	30	22	25	31	22	31	28	34	32	34

2.2.3.2 浮游藻类密度

如表 2-9 所示,秋季各个采样点浮游藻类密度为 $5.91 \times 10^4 \sim 15.39 \times 10^4$ 个/升,平均为 8.517×10^4 个/升,密度最高的为土角村退潮,密度最低的为凤地村涨潮。在各个采样点,蓝藻、硅藻和绿藻密度较高,裸藻次之,黄藻、甲藻和隐藻密度较低。

2.2.3.3 浮游藻类优势种

如表 2-10 所示,在湛江和惠州红树林各采样点,秋季优势种主要由蓝藻种类(如隐球藻和颤藻等)、硅藻种类(如针杆藻和新月藻等)和绿藻种类(如月牙藻)组成。

2.2.3.4 浮游藻类生物量

如表 2-11 所示,秋季各采样点浮游藻类的生物量为 $13.29 \sim 32.10$ mg/L,平均为 21.62 mg/L。以凤地村涨潮时生物量最高,土角村涨潮时最低。总体而言,各采样点都是以硅藻、蓝藻和绿藻的生物量最高,裸藻次之,甲藻、黄藻和隐藻则较低。

2.2.3.5 生物多样性指数

如表 2-12 所示,秋季各个采样点浮游藻类丰富度指数为 $4.564 \sim 7.832$,Shannon-Wiener 多样性指数为 $2.312 \sim 3.556$,均匀度指数为 $0.738 \sim 0.958$。

表 2-9 秋季各采样点浮游藻类细胞密度（×10⁴）

（单位：个/升）

浮游藻类	红坎村		西村		东村		凤地村		仙来村		土角村		南渡河		英典村		覃典村		英良村		蟹洲村		好招楼村		白沙村	
	涨潮	退潮	涨潮	退潮	涨潮	退潮	涨潮	退潮	涨潮	退潮	涨潮	退潮	涨潮	退潮	涨潮	退潮	涨潮	退潮	涨潮	退潮	涨潮	退潮	涨潮	退潮	涨潮	退潮
蓝藻门 Cyanophyta	1.43	2.96	2.75	3.67	1.73	2.96	1.32	1.02	2.04	1.94	1.02	1.43	1.73	2.04	3.36	1.43	4.28	2.24	1.73	1.22	0.41	1.22	0.82	1.83	0.61	0.82
金藻门 Chrysophyta	0.00	0.10	0.51	0.00	0.10	0.00	0.41	0.31	0.20	0.00	0.00	0.20	0.00	0.00	0.51	0.31	0.10	0.31	0.20	0.00	0.00	0.00	0.00	0.00	0.20	0.10
黄藻门 Xanthophyta	0.10	0.00	0.00	0.00	0.00	0.00	0.10	0.10	0.00	0.00	0.10	0.20	0.00	0.10	0.00	0.10	0.10	0.00	0.00	0.00	0.00	0.00	0.00	0.00	0.00	0.00
硅藻门 Bacillariophyta	2.04	2.45	2.65	2.24	1.73	1.53	1.12	2.14	4.59	2.85	2.14	4.59	1.94	1.73	1.73	5.30	2.45	2.14	2.45	4.08	3.57	4.48	3.57	4.79	3.26	4.89
隐藻门 Cryptophyta	0.00	0.00	0.00	0.00	0.00	0.00	0.00	0.00	0.20	0.00	0.00	0.00	0.00	0.00	0.00	0.00	0.00	0.00	0.00	0.00	0.00	0.00	0.00	0.00	0.00	0.10
甲藻门 Crytophyta	0.00	0.31	0.00	0.00	0.00	0.00	0.10	0.20	0.20	0.00	0.00	0.00	0.20	0.10	0.00	0.10	0.00	0.10	0.00	0.10	0.10	0.00	0.00	0.20	0.10	0.31
裸藻门 Euglenophyta	0.10	0.51	0.10	0.00	0.31	0.00	0.20	0.20	0.61	0.00	0.20	0.31	0.20	0.82	0.00	0.00	0.20	0.00	0.41	0.41	0.41	0.41	0.10	0.61	0.10	0.41
绿藻门 Chlorophyta	2.75	6.73	2.14	2.24	2.85	2.65	2.65	2.45	1.94	1.83	2.65	8.66	3.36	5.20	1.32	2.14	5.91	2.14	1.63	1.32	2.14	4.48	6.83	2.75	1.83	2.65
合计	6.42	13.04	8.15	8.15	6.73	7.54	5.91	6.22	9.78	6.62	6.11	15.39	7.24	9.27	6.93	10.19	13.04	6.83	6.42	7.13	6.62	10.80	11.31	10.19	6.11	9.27

表 2-10　秋季各采样点浮游藻类优势种及其优势度

采样点	潮汐	优势种	优势度
红坎村	涨潮	颤藻 *Oscillatoria* sp.	0.190
		颗粒直链藻 *Melosira granulata*	0.190
		新月藻 *Closterium* sp.	0.127
	退潮	颤藻 *Oscillatoria* sp.	0.133
		新月藻 *Closterium* sp.	0.078
		实球藻 *Pandorina morum*	0.078
西村	涨潮	隐球藻 *Aphanocapsa* sp.	0.188
		针杆藻 *Synedra* sp.	0.138
		颤藻 *Oscillatoria* sp.	0.100
	退潮	颤藻 *Oscillatoria* sp.	0.263
		隐球藻 *Aphanocapsa* sp.	0.138
		弓形藻 *Schroederia setigera*	0.063
东村	涨潮	隐球藻 *Aphanocapsa* sp.	0.182
		纤细新月藻 *Closterium gracile*	0.152
		新月藻 *Closterium* sp.	0.136
	退潮	颤藻 *Oscillatoria* sp.	0.189
		新月藻 *Closterium* sp.	0.162
		铜绿微囊藻 *Microcystis aeruginosa*	0.149
凤地村	涨潮	隐球藻 *Aphanocapsa* sp.	0.190
		新月藻 *Closterium* sp.	0.121
		胶网藻 *Dictyosphaerium ehrenbergianum*	0.103
	退潮	纤细新月藻 *Closterium gracile*	0.115
		针杆藻 *Synedra* sp.	0.115
		隐球藻 *Aphanocapsa* sp.	0.098

采样点	潮汐	优势种	优势度
仙来村	涨潮	舟形藻 *Navicula* sp.	0.156
		隐球藻 *Aphanocapsa* sp.	0.146
	退潮	隐球藻 *Aphanocapsa* sp.	0.138
		颤藻 *Oscillatoria* sp.	0.138
		尖针杆藻 *Synedra acus*	0.138
		针杆藻 *Synedra* sp.	0.138
土角村	涨潮	针杆藻 *Synedra* sp.	0.133
		针丝藻 *Raphidonema nivale*	0.117
		隐球藻 *Aphanocapsa* sp.	0.100
		新月藻 *Closterium* sp.	0.100
	退潮	月牙藻 *Selenastrum bibraianum*	0.093
		新月藻 *Closterium* sp.	0.053
		双钝顶鼓藻 *Cosmarium biretum*	0.046
英典村	涨潮	隐球藻 *Aphanocapsa* sp.	0.441
		蓝杆藻 *Cyanothece* sp.	0.059
		锥囊藻 *Dinobryon* sp.	0.074
	退潮	针杆藻 *Synedra* sp.	0.260
		隐球藻 *Aphanocapsa* sp.	0.100
		尖针杆藻 *Synedra acus*	0.070
覃典村	涨潮	平裂藻 *Merismopedia* sp.	0.211
		弯形小尖头藻 *Raphidiopsis curvata*	0.098
		针杆藻 *Synedra* sp.	0.073
	退潮	针杆藻 *Synedra* sp.	0.209
		隐球藻 *Aphanocapsa* sp.	0.179
		束丝藻 *Aphanizomenon* sp.	0.075

采样点	潮汐	优势种	优势度
南渡河	涨潮	新月藻 *Closterium* sp.	0.183
		针杆藻 *Synedra* sp.	0.099
		颤藻 *Oscillatoria* sp.	0.085
	退潮	新月藻 *Closterium* sp.	0.154
		月牙藻 *Selenastrum bibraianum*	0.154
		平裂藻 *Merismopedia* sp.	0.132
英良村	涨潮	针杆藻 *Synedra* sp.	0.206
		铜绿微囊藻 *Microcystis aeruginosa*	0.159
		隐球藻 *Aphanocapsa* sp.	0.095
	退潮	针杆藻 *Synedra* sp.	0.271
		隐球藻 *Aphanocapsa* sp.	0.086
		弓形藻 *Schroederia setigera*	0.057
		裸藻 *Euglena* sp.	0.057
蟹洲村	涨潮	针杆藻 *Synedra* sp.	0.123
		新月藻 *Closterium* sp.	0.075
		简单衣藻 *Chlamydomonas simplex*	0.075
		月牙藻 *Selenastrum bibraianum*	0.075
	退潮	针杆藻 *Synedra* sp.	0.169
		隐头舟形藻 *Navicula cryptocephala*	0.092
		月牙藻 *Selenastrum bibraianum*	0.092
		弓形藻 *Schroederia setigera*	0.092

采样点	潮汐	优势种	优势度
好招楼村	涨潮	直链藻 *Melosira* sp.	0.189
		实球藻 *Pandorina morum*	0.126
		双钝顶鼓藻 *Cosmarium biretum*	0.117
	退潮	直链藻 *Melosira* sp.	0.200
		针杆藻 *Synedra* sp.	0.140
		铜绿微囊藻 *Microcystis aeruginosa*	0.130
白沙村	涨潮	直链藻 *Melosira* sp.	0.133
		舟形藻 *Navicula* sp.	0.083
		光滑鼓藻 *Cosmarium laeve*	0.067
	退潮	直链藻 *Melosira* sp.	0.101
		梅尼小环藻 *Cyclotella meneghiniana*	0.081
		针杆藻 *Synedra* sp.	0.081
		铜绿微囊藻 *Microcystis aeruginosa*	0.061

表 2-11　秋季各采样点浮游藻类生物量

（单位：mg/L）

浮游藻类	红坎村 涨潮	红坎村 退潮	西村 涨潮	西村 退潮	东村 涨潮	东村 退潮	凤地村 涨潮	凤地村 退潮	仙来村 涨潮	仙来村 退潮	土角村 涨潮	土角村 退潮	南渡河 涨潮	南渡河 退潮	英典村 涨潮	英典村 退潮	覃典村 涨潮	覃典村 退潮	英良村 涨潮	英良村 退潮	蟹洲村 涨潮	蟹洲村 退潮	好招楼村 涨潮	好招楼村 退潮	白沙村 涨潮	白沙村 退潮
蓝藻门 Cyanophyta	6.68	15.13	10.40	13.87	6.55	11.17	6.20	5.22	7.70	9.06	5.22	5.39	8.11	10.43	12.72	5.39	16.17	8.46	8.11	6.25	1.54	5.73	4.17	6.93	2.31	3.81
金藻门 Chrysophyta	0.00	0.33	1.91	0.00	0.33	0.00	1.25	0.98	0.76	0.00	0.00	0.77	0.00	0.00	1.91	1.15	0.33	1.15	0.62	0.00	0.00	0.62	0.00	0.00	0.76	0.31
黄藻门 Xanthophyta	0.08	0.00	0.00	0.00	0.00	0.00	0.08	0.10	0.00	0.00	0.10	0.20	0.00	0.10	0.00	0.10	0.10	0.00	0.00	0.00	0.00	0.00	0.00	0.00	0.00	0.00
硅藻门 Bacillariophyta	6.23	7.84	9.94	8.41	5.55	5.74	3.43	6.86	17.21	8.73	6.86	17.21	5.92	5.55	6.50	19.89	7.84	8.03	7.48	13.07	13.39	13.71	11.44	17.97	12.24	14.96
隐藻门 Cryptophyta	0.00	0.00	0.00	0.00	0.00	0.00	0.00	0.00	0.00	0.00	0.00	0.00	0.00	0.00	0.00	0.00	0.00	0.00	0.00	0.00	0.00	0.00	0.00	0.00	0.00	0.05
甲藻门 Crytophyta	0.00	0.14	0.00	0.00	0.00	0.10	0.05	0.00	0.10	0.00	0.00	0.00	0.00	0.05	0.00	0.05	0.00	0.05	0.00	0.05	0.05	0.00	0.00	0.10	0.05	0.14
裸藻门 Euglenophyta	0.05	0.24	0.05	0.00	0.14	0.09	0.09	0.29	0.29	0.00	0.09	0.14	0.10	0.05	0.05	0.10	0.10	0.00	0.19	0.19	0.19	0.19	0.05	0.05	0.05	0.19
绿藻门 Chlorophyta	2.27	6.82	2.07	2.17	2.89	2.57	2.18	2.47	1.88	1.51	2.69	8.39	2.77	5.27	1.28	2.07	5.99	2.08	1.34	1.34	2.07	3.69	6.92	2.67	1.78	2.18
合计	15.31	30.50	24.38	24.46	15.47	19.67	13.29	15.92	28.03	19.39	14.96	32.10	16.89	21.45	22.46	28.74	30.52	19.72	17.74	20.90	17.24	23.94	22.58	27.71	17.18	21.64

表 2-12　秋季各采样点浮游藻类群落生物多样性指数

采样点	潮汐	D	H'	J'
红坎村	涨潮	5.310	2.589	0.826
	退潮	7.832	3.312	0.904
西村	涨潮	4.564	2.689	0.883
	退潮	6.162	2.797	0.839
东村	涨潮	4.774	2.621	0.861
	退潮	4.879	2.593	0.839
凤地村	涨潮	5.911	2.842	0.883
	退潮	6.568	3.059	0.918
仙来村	涨潮	5.258	2.963	0.921
	退潮	5.031	2.685	0.869
土角村	涨潮	6.106	2.946	0.904
	退潮	7.972	3.556	0.958
南渡河	涨潮	5.865	2.892	0.888
	退潮	5.542	2.804	0.861
英典村	涨潮	5.214	2.313	0.738
	退潮	7.166	2.928	0.830
覃典村	涨潮	6.183	2.969	0.865
	退潮	5.232	2.705	0.863
英良村	涨潮	6.034	2.805	0.861
	退潮	7.061	2.924	0.852
蟹洲村	涨潮	5.031	2.783	0.900
	退潮	6.433	3.123	0.909
好招楼村	涨潮	5.733	2.765	0.830
	退潮	7.166	2.93	0.831

采样点	潮汐	D	H'	J'
白沙村	涨潮	7.571	3.25	0.938
	退潮	7.537	3.261	0.917

2.3　讨论

2.3.1　红树林浮游藻类群落结构特征

浮游藻类包括所有在水中营浮游生活的微小藻类。浮游藻类在大小上差别显著：大型的种类肉眼可见，如团藻和微囊藻的个体直径常常大于 1 mm；小型的种类大小不到 1 μm，甚至比细菌还小。绝大多数浮游藻类是肉眼看不见的，依据个体直径大小可分为网采浮游藻类（20～200 μm）、微型浮游藻类（2～20 μm）及超微型浮游藻类（小于 2 μm）。浮游藻类在食物链中处于初级生产者地位，其种类的多样性和初级生产量直接影响水生态系统的结构和功能，同时也是对水环境质量的直接反映，因此可以利用浮游藻类种群结构特征来估计水域生产力、评价环境质量和水质等。国内有关红树林浮游藻类的研究也有一些报道。王雨等（2007）在福田红树林区共检测到浮游藻类 5 门 28 属 51 种，以硅藻门种类为主，优势种为微小小环藻（Cyclotella caspia）和诺氏海链藻（Thalassiosira nordenskiödii）等，蓝藻、绿藻能成为优势类群，优势种为小颤藻（Oscillatoria minima）和小球藻（Chlorella vulgaris）等。各季度的浮游藻类密度可高达到 10^6 个/升的级别。陆源污水输入对浮游藻类密度时空变化造成显著影响，浮游藻类密度与总氮浓度、盐度相关性较好，与总氮浓度呈显著负相关，与盐度呈显著正相关。陈丹丹等（2016）在海南岛红树林区共鉴定出浮游藻类 46 属 97 种，其中，硅藻门 25 属 59 种，绿藻门 9 属 18 种，蓝藻门 7 属 10 种，裸藻门 2 属 4 种，甲藻门 5 属 5 种，金藻门 1 属 1 种。浮游藻类密度变化范围为 289.9×10^3～1 964.9×10^3 个/升，平均为 885.3×10^3 个/升。水体浮游藻类以硅藻门种类为主，主要优势种为骨条藻（Skeletonema sp.）、微小小环藻（Cyclotella caspia）、新月菱形藻（Nitzschia closterium）、颤藻（Oscillatoria sp.）。陈长平等（2005）在福建省漳江口红树林区共鉴定到浮游藻类 31 属 87 种，其中，硅藻门 23 属 75 种，蓝藻门 3 属 3 种，绿藻门 1 属 4 种，金藻门 1 属 1 种，甲藻门 2 属 2 种，裸藻门 1 属 2 种。浮游藻类密度变化范围为 2.78×10^4～1.14×10^6 个/升，平均为 3.51×10^5 个/升，季节变化为双峰型。浮游藻类以硅藻门种类为主，优势种为长菱形藻（Nitzschia longissima）和菱形藻（Nitzschia sp.）等。

本次调查共采集到浮游藻类 8 门 10 纲 21 目 40 科 76 属 151 种。其中，蓝藻门 1 纲 3 目 9

科 11 属 13 种,硅藻门 2 纲 8 目 13 科 23 属 53 种,绿藻门 2 纲 5 目 12 科 32 属 62 种,甲藻门 1 纲 1 目 1 科 2 属 2 种,裸藻门 1 纲 1 目 1 科 4 属 16 种,隐藻门 1 纲 1 目 1 科 1 属 2 种,黄藻门 1 纲 1 目 2 科 2 属 2 种,金藻门 1 纲 1 目 1 科 1 属 1 种。在春季,各采样点浮游藻类密度为 3.057×10^4 ~10.803×10^4 个/升,平均为 5.331×10^4 个/升;生物量为 30.918 ~77.564 mg/L,平均为 16.531 mg/L。各采样点浮游藻类密度和生物量都是以蓝藻、硅藻和绿藻为多,裸藻次之,金藻、甲藻、隐藻和黄藻较少。优势种主要由蓝藻门和硅藻门种类组成。在秋季,各采样点浮游藻类密度为 5.91×10^4 ~15.39×10^4 个/升,平均为 8.517×10^4 个/升;生物量为 32.10 ~113.29 mg/L,平均为 21.62 mg/L。各采样点皆以硅藻、蓝藻和绿藻密度和生物量为多,裸藻次之,甲藻、黄藻和隐藻较少。优势种主要由蓝藻门、硅藻门和绿藻门的种类组成。

本次调查中,春季和秋季的浮游藻类种类组成中均出现较多的具有典型淡水性质的种类,如一些裸藻(*Euglena*)和栅藻(*Scenedesmus*)种类,表明水质属咸淡水性质,这与红树林区处于河口区关系密切,而大洋性的种类如角毛藻等仅有少量的种类和数量。从广东湛江和惠州红树林浮游藻类检测到大量底栖的羽纹纲硅藻,这与福建漳江口、深圳福田和海南红树林区浮游藻类的组成特点相似。这是由于在红树林阻挡下,林前潮汐和风浪冲刷极易使底栖硅藻悬浮于水体,同时也显示了红树林水体浮游藻类群落在组成和结构上类似于近岸的特殊性。

2.3.2　红树林浮游藻类优势种时空分布特征

受上游来水、潮汐、地质条件和季节变化影响,不同的红树林浮游藻类群落结构组成并不相同。如在海南岛红树林区,浮游藻类的优势种为新月菱形藻、骨条藻、微小小环藻和颤藻等;福建漳州口红树林区浮游藻类的优势种为中肋骨条藻、菱形藻、密盘裸藻、长菱形藻等;深圳福田红树林区优势种为微小小环藻和诺氏海链藻等。优势种种类组成季节变化明显,空间变化显著(王雨等,2007)。本次调查中,浮游藻类优势种同样表现出季节变化。如在春季,浮游藻类优势种主要由蓝藻门(如颤藻 *Oscillatoria* sp. 和铜绿微囊藻 *Microcystis aeruginosa* 等)和硅藻门(如舟形藻 *Navicula* spp.、双菱藻 *Surirella* sp.、小环藻 *Cyclotella* spp. 和直链藻 *Melosira agardh* sp. 等)组成;而在秋季,浮游藻类优势种主要由蓝藻门(如隐球藻 *Aphanocapsa* sp. 和颤藻 *Oscillatoria* sp. 等)、硅藻门(如针杆藻 *Synedra* sp. 和新月藻 *Closterium* sp. 等)和绿藻门(如月牙藻 *Selenastrum bibraianum*)等组成。秋季各个采样点浮游藻类平均密度和平均生物量都要高于春季。浮游藻类优势种在空间上也有所不同。如在湛江红树林保护区,第一优势种常由蓝藻种类组成;而在惠州红树林保护区,特别是秋季,第一优势种常为硅藻种类。

参考文献

陈长平,高亚辉,林鹏.福建省福鼎市后屿湾红树林区水体浮游植物群落动态研究[J].厦门大学学报,2005,44(1):25-31.

陈丹丹,兰建新,张光星,等.2009 年夏季海南岛红树林区浮游植物群落结构特征[J].热带作物学报,2016,37(5):1030-1036.

陈坚,范航清.广西英罗港红树林区水体浮游植物种类组成和数量分布的初步研究[J].广西科学院学报,1993,9(2):31-33.

金德祥,陈金环,黄凯歌.中国海洋浮游硅藻类[M].上海:上海科学技术出版社.1965.

金德祥,程兆第,刘师成,等.中国海洋底栖硅藻类[M].北京:海洋出版社.1991.

刘玉,陈桂珠.深圳福田红树林区藻类群落结构和生态学研究[J].中山大学学报(自然科学版),1997,36(1):101-106.

林鹏,陈贞奋,刘维刚.福建红树林区大型藻类的生态学研究[J].植物学.1997,39(2):176-180.

王雨,卢昌义,谭凤仪,等.深圳红树林区浮游植物时空变化与水质要素的关系[J].生态科学,2007,26(6):505-512.

杨世民,董树刚.中国海域常见浮游硅藻图谱[M].青岛:中国海洋大学出版社.2006.

附录 2　　　　广东红树林浮游藻类调查名录

浮游藻类	湛江		惠州	
	春季	秋季	春季	秋季
蓝藻门 Cyanophyta				
蓝藻纲 Cyanophyceae				
色球藻目 Chroococcales				
聚球藻科 Synechococcaceae				
隐杆藻属 *Aphanothece*				
隐杆藻 *Aphanothece* sp.	+		+	
蓝杆藻属 *Cyanothece*				
蓝杆藻 *Cyanothece* sp.		+		+
棒胶藻属 *Rhabdogloea*				
棒胶藻 *Rhabdogloea* sp.			+	
平列藻科 Merismopediaceae				
平裂藻属 *Merismopedia*				
点形平裂藻 *Merismopedia punctata*	+	+	+	+
平裂藻 *Merismopedia* sp.		+		+
微囊藻科 Microcystaceae				
微囊藻属 *Microcystis*				
铜绿微囊藻 *Microcystis aeruginosa*	+	+	+	+
微囊藻 *Microcystis* sp.		+		
色球藻科 Chroococcaceae				
隐球藻属 *Aphanocapsa*				
隐球藻 *Aphanocapsa* sp.		+		+
颤藻目 Osillatoriales				
颤藻科 Oscillatoriaceae				
节旋藻属 *Arthrospira*				
节旋藻 *Arthrospira* sp.	+	+	+	+

浮游藻类	湛江		惠州	
	春季	秋季	春季	秋季
席藻科 Phormidiaceae				
席藻属 *Phormidium*				
小席藻 *Phormidium tenue*	+			
颤藻科 Oscillatoriaceae				
颤藻属 *Oscillatoria*				
小颤藻 *Oscillatoria minima*	+		+	
颤藻 *Oscillatoria* sp.	+	+	+	+
念珠藻目 Nostocales				
胶须藻科 Rivulaiaceae				
尖头藻属 *Raphidiopsis*				
弯形尖头藻 *Raphidiopsis curvata*	+	+		+
念珠藻科 Nostocoideae				
束丝藻属 *Aphanizomenon*				
束丝藻 *Aphanizomenon* sp.	+	+		+
金藻门 Chrysophyta				
金藻纲 Chrysophyceae				
色金藻目 Chromulinales				
锥囊藻科 Dinobryonaceae				
锥囊藻属 *Dinobryon*				
锥囊藻 *Dinobryon* sp.	+	+		+
黄藻门 Xanthophyta				
黄藻纲 Xanthophyceae				
柄球藻目 Mischococcales				
拟气球藻科 Botrydiopsidaceae				
拟气球藻属 *Botrydiopsis*				

浮游藻类	湛江		惠州	
	春季	秋季	春季	秋季
拟气球藻 *Botrydiopsis arhiza*		+		
黄管藻科 Ophiocytiaceae				
黄管藻属 *Ophiocytium*				
小型黄管藻 *Ophiocytium parvulum*		+		
硅藻门 Bacillariophyta				
中心纲 Centricae				
圆筛藻目 Coscinodiscales				
圆筛藻科 Coscinodiscaceae				
小环藻属 *Cyclotella*				
梅尼小环藻 *Cyclotella meneghiniana*	+	+		+
微小小环藻 *Cyclotella caspia*	+		+	
条纹小环藻 *Cyclotella striata*	+		+	
具星小环藻 *Cyclotella stelligera*	+			
小环藻 *Cyclotella operculata*		+		+
直链藻属 *Melosira*				
颗粒直链藻 *Melosira granulata*	+	+		
直链藻 *Melosira* sp.	+	+	+	+
骨条藻属 *Skeletonema*				
中肋骨条藻 *Skeletonema costatum*	+		+	
海链藻科 Thalassiosoraceae				
海链藻属 *Thalassiossira*				
诺氏海链藻 *Thalassiosira nordenskiödii*	+			
根管藻目 Rhizosoleniales				
管型藻科 Solenicaceae				
根管藻属 *Rhizosolenia*				

浮游藻类	湛江		惠州	
	春季	秋季	春季	秋季
长刺根管藻 *Rhizosolenia longiseta*		+		
笔尖根管藻 *Rhizosolenia styliformis*	+			
盒形藻目 Biddulphiales				
盒形藻科 Biddulphiales				
四棘藻属 *Attheya*				
扎卡四棘藻 *Attheya zachariasi*		+		
角毛藻科 Goniotrichaceae				
角毛藻属 *Chaetoceras*				
牟勒氏角毛藻 *Chaetoceras muelleri*	+			
羽纹纲 Pennatae				
无壳缝目 Araphidiales				
脆杆藻科 Fragilariaceae				
脆杆藻属 *Fragilaria*				
克罗脆杆藻 *Fragilaria crotonensis*		+		
中型脆杆藻 *Fragilaria intermedia*		+		
脆杆藻 *Fragilaria* sp.	+	+	+	+
针杆藻属 *Synedra*				
尖针杆藻 *Synedra acus*	+	+		+
肘状针杆藻 *Synedra ulna*	+	+	+	+
针杆藻 *Synedra* sp.	+		+	
平板藻属 *Tabellaria*				
平板藻 *Tabellaria* sp.				
拟壳藻目 Raphidionales				
短缝藻科 Eunotiaceae				
短缝藻属 *Eunotia*				

续表

浮游藻类	湛江		惠州	
	春季	秋季	春季	秋季
箆形短缝藻 *Eunotia pectinalis*		+		
弧形短缝藻 *Eunotia arcus*	+			
短缝藻 *Eunotia* sp.		+		+
双壳缝目 Biraphidinales				
舟形藻科 Naviculaceae				
肋缝藻属 *Frustulia*				
普通肋缝藻 *Frustulia vulgaris*		+		+
双壁藻属 *Diploneis*				
美丽双壁藻 *Diploneis purlla*		+	+	+
布纹藻属 *Gyrosigma*				
尖布纹藻 *Gyrosigma acuminatum*	+	+	+	
布纹藻 *Gyrosigma* sp.		+		+
舟形藻属 *Navicula*				
简单舟形藻 *Navicula simplex*	+		+	+
放射舟形藻 *Navicula radiosa*		+		+
隐头舟形藻 *Navicula cryptocephala*			+	
舟形藻 *Navicula* sp.	+	+	+	+
桥弯藻科 Cymbellaceae				
双眉藻属 *Amphora*				
双眉藻 *Amphora* sp.	+	+	+	+
桥弯藻属 *Cymbella*				
近缘桥弯藻 *Cymbella affinis*		+		
埃伦桥弯藻 *Cymbella lanceolata*		+		
细小桥弯藻 *Cymbella pusilla*		+		
偏肿桥弯藻 *Cymbella naviculiformis*			+	

浮游藻类	湛江		惠州	
	春季	秋季	春季	秋季
膨胀桥弯藻 *Cymbella tumida*		+		
桥弯藻 *Cymbella* sp.	+	+	+	+
异极藻科 Gomphonemaceae				
异极藻属 *Gomphonema*				
尖异极藻 *Gomphonema acuminatum*		+		
缢缩异极藻 *Gomphonema constrictum*		+		
纤细异极藻 *Gomphonema gracile*		+		+
异极藻 *Gomphonema* sp.	+	+	+	+
羽纹藻属 *Pinnularia*				
羽纹藻 *Pinnularia* sp.	+	+	+	+
单壳缝目 Monoraphidinales				
曲壳藻科 Achnanthaceae				
曲壳藻属 *Achnanthes*				
短小曲壳藻 *Achnanthes exigua*	+	+	+	+
卵形藻属 *Cocconeis*				
卵形藻 *Cocconeis* sp.		+		+
管壳缝目 Aulonoraphidinales				
菱形藻科 Nitzschiaceae				
菱形藻属 *Nitzschia*				
颗粒菱形藻 *Nitzschia granulata*	+			
长菱形藻 *Nitzschia longissima*			+	
双头菱形藻 *Nitzschia amphibia*		+		
线形菱形藻 *Nitzschia linearis*				
新月菱形藻 *Nitzschia closterium*	+		+	
菱形藻 *Nitzschia* sp.		+		+

浮游藻类	湛江		惠州	
	春季	秋季	春季	秋季
双菱藻科 Surirellaceae				
双菱藻属 *Surirella*				
美丽双菱藻 *Surirella elegans*		+		
双菱藻 *Surirella* sp.	+	+	+	+
隐藻门 Cryptophyta				
隐藻纲 Cryotophyceae				
隐藻目 Cryptonemiales				
隐鞭藻科 Cryptomonadaceae				
隐藻属 *Chroomonas*				
尖尾蓝隐藻 *Chroomonas acuta*	+			
啮蚀隐藻 *Cryptomonas erosa*	+	+	+	
甲藻门 Crytophyta				
甲藻纲 Dinophyceae				
多甲藻目 Peridiniales				
裸甲藻科 Gymnodiniaceae				
裸甲藻属 *Gymnodinium*				
裸甲藻 *Gymnodinium aerucyinosum*	+	+	+	+
多甲藻科 Peridiniaceae				
多甲藻属 *Peridinium*				
多甲藻 *Peridinium perardiforme*	+	+	+	+
裸藻门 Euglenophyta				
裸藻纲 Euglenophyceae				
裸藻目 Euglenales				
裸藻科 Euglenaceae				
裸藻属 *Euglena*				

浮游藻类	湛江		惠州	
	春季	秋季	春季	秋季
梭形裸藻 *Euglena acus*		+		
鱼形裸藻 *Euglena pisciformis*	+	+	+	+
尾裸藻 *Euglena caudata*	+		+	
近轴裸藻 *Euglena proxima*	+			
血红裸藻 *Euglena sanguinea*				+
裸藻 *Euglena* sp.		+		+
鳞孔藻属 *Lepocinclis*				
纺锤鳞孔藻 *Lepocinclis fusiformis*	+	+		
椭圆鳞孔藻 *Lepocinclis steinii*		+		
扁裸藻属 *Phacus*				
长尾扁裸藻 *Phacus longicauda*	+	+	+	+
梨形扁裸藻 *Phacus pyrum*	+		+	
扁裸藻 *Phacus* sp.	+			
囊裸藻属 *Trachelomonas*				
尾棘囊裸藻 *Trachelomonas armata*	+			
细粒囊裸藻 *Trachelomonas granulosa*			+	
棘刺囊裸藻 *Trachelomonas hispida*	+			
湖生囊裸藻 *Trachelomonas lacustris*			+	
囊裸藻 *Trachelomonas* sp.	+	+	+	+

绿藻门 Chlorophyta

绿藻纲 Chlorophyceae

团藻目 Volvocales

团藻科 Volvocaceae

团藻属 *Volvox*

美丽团藻 *Volvox aureus* + +

浮游藻类	湛江		惠州	
	春季	秋季	春季	秋季
实球藻属 *Pandorina*				
实球藻 *Pandorina morum*		+		+
空球藻属 *Eudorina*				
空球藻 *Eudorina elegans*		+	+	+
杂球藻属 *Pleodorina*				
杂球藻 *Pleodorina californica*		+		
衣藻科 Chlamydomonadaceae				
衣藻属 *Chlamydomonas*				
球衣藻 *Chlamydomonas globosa*		+		+
突变衣藻 *Chlamydomonas mutabilis*	+	+	+	+
简单衣藻 *Chlamydomonas simplex*	+	+	+	+
绿球藻目 Chorococcales				
绿球藻科 Chlorococcacea				
多芒藻属 *Golenkinia*				
多芒藻 *Golenkinia* sp.	+		+	+
小桩藻科 Characiaceae				
弓形藻属 *Schroederia*				
拟菱形弓形藻 *Schroederia nitzschioides*		+		
硬弓形藻 *Schroederia robusta*		+		
弓形藻 *Schroederia setigera*	+	+	+	+
螺旋弓形藻 *Schroederia spiralis*	+		+	
小球藻科 Chlorellaceae				
纤维藻属 *Ankistrodesmus*				
螺旋纤维藻 *Ankistrodesmus spiralis*	+			
针形纤维藻 *Ankistrodesmus acicularis*		+		

续表

浮游藻类	湛江		惠州	
	春季	秋季	春季	秋季
纤细纤维藻 *Ankistrodesmus gracilis*		+		
小球藻属 *Chlorella*				
小球藻 *Chlorella vulgaris*	+			
月牙藻属 *Selenastrum*				
月牙藻 *Selenastrum bibraianum*	+	+	+	+
端尖月牙藻 *Selenastrum westii*	+		+	
小形月牙藻 *Selenastrum minutum*	+			
四角藻属 *Tetraedron*				
细小四角藻 *Tetraedron minimum*		+		+
三角四角藻 *Tetraedron trigonum*	+	+	+	
卵囊藻科 Oocystaeeae				
卵囊藻属 Oocystis				
湖生卵囊藻 *Oocystis naegelii*		+		+
并联藻属 *Quadrigula*				
并联藻 *Quadrigula printz*		+		
空星藻科 Coelastraceae				
空星藻属 *Coelastrum*				
小空星藻 *Coelastrum microporum*				
空星藻 *Coelastrum sphaericum*		+		
栅藻科 Scenedesmaceae				
集星藻属 *Actinastrum*				
河生集星藻 *Actinastrum fluviatile*	+		+	
十字藻属 *Crucigenia*				
十字藻 *Crucigenia apiculata*		+		+
四角十字藻 *Crucigenia quadrata*	+	+		+

浮游藻类	湛江		惠州	
	春季	秋季	春季	秋季
四足十字藻 *Crucigenia tetrapedia*		+		
栅藻属 *Scenedesmus*				
被甲栅藻 *Scenedesmus armatus*	+		+	
龙骨栅藻 *Scenedesmus carinatus*	+		+	
二尾栅藻 *Scenedesmus bicaudatus*		+	+	
二形栅藻 *Scenedesmus dimorphus*	+	+		
齿牙栅藻 *Scenedesmus denticulatus*	+			
盘状栅藻 *Scenedesmus platydiscus*		+		
裂孔栅藻 *Scenedesmus perforatus*			+	
栅藻 *Scenedesmus* sp.	+	+	+	+
四星藻属 *Tetrastrum*				
四星藻 *Tetrastrum* sp.		+		
网球藻科 Dictyosphaeriaceae				
网球藻属 *Dictyosphaerium*				
网球藻 *Dictyosphaerium ehrenbergianum*		+		+
丝藻目 Ulotrichales				
丝藻科 Ulotrichaceae				
针丝藻属 *Raphidonema*				
双星藻目 Zygnematales				
中带鼓藻科 Mesotaniaceae				
梭形鼓藻属 *Netrium*				
梭形鼓藻 *Netrium* sp.		+		+
双星藻科 Zygnemataceae				
水绵属 *Spirogyra*				
水绵 *Spirogyra* sp.	+	+		+

续表

浮游藻类	湛江		惠州	
	春季	秋季	春季	秋季
鼓藻目 Desmidiales				
鼓藻科 Desmidiaceae				
顶接鼓藻属 *Spondylosium*				
顶接鼓藻 *Spondylosium* sp.		+		+
鼓藻属 *Cosmarium*				
双钝顶鼓藻 *Cosmarium biretum*		+		+
布莱鼓藻 *Cosmarium blyttii*		+		
球鼓藻 *Cosmarium globosum*		+		+
光滑鼓藻 *Cosmarium laeve*	+	+	+	+
梅尼鼓藻 *Cosmarium meneghinii*		+		
项圈鼓藻 *Cosmarium moniliforme*		+	+	+
双钝顶鼓藻 *Cosmarium biretum*	+	+	+	+
近膨胀鼓藻 *Cosmarium subtumidum*		+	+	+
鼓藻 *Cosmarium* sp.		+	+	+
凹顶鼓藻属 *Euastrum*				
凹顶鼓藻 *Euastrum ansatum*	+			+
辐射鼓藻属 *Actinotaenium*				
辐射鼓藻 *Actinotaenium* sp.	+		+	
新月藻属 *Closterium*				
纤细新月藻 *Closterium gracile*		+		
库氏新月藻 *Closterium kuetzingii*		+		
针丝藻 *Raphidonema nivale*		+		
双星藻纲 Zygnematophyceae				
新月藻 *Closterium* sp.		+	+	+
拟新月藻属 *Closteriopsis*				

浮游藻类	湛江		惠州	
	春季	秋季	春季	秋季
拟新月藻 *Closteriopsis* sp.	+		+	
叉星鼓藻属 *Staurodesmus*				
叉星鼓藻 *Staurodesmus teiling*	+	+	+	+
角星鼓藻属 *Staurastrum*				
纤细角星鼓藻 *Staurastrum gracile*	+			
多棘鼓藻属 *Xanthidium*				
对称多棘鼓藻 *Xanthidium antilopaeum*		+		

第3章 广东红树林浮游动物多样性调查

摘要 在广东湛江和惠州红树林共采集到浮游动物43种,分属于3门7纲13目29科31属。43种浮游动物中,纤毛虫种类数最多,为18种;桡足类次之,为16种;轮虫8种;枝角类1种。另外还采集到7类浮游幼虫。湛江和惠州红树林浮游动物区系具有明显的热带近岸咸淡水水体区系特征。

在春季共鉴定出浮游动物26种。种类数最多的是桡足类,有12种;纤毛虫次之,为7种;轮虫为6种;枝角类种类最少,只有1种。另外还检测到多毛类幼体、贝类面盘幼虫、桡足类无节幼体等7类浮游幼虫。各个采样点浮游动物种类数为8～18种,平均为12.7种。浮游动物密度为2.75～75.9个/升,平均为24.79个/升。浮游动物优势种主要由桡足类幼体、桡足类和壶状臂尾轮虫(*Brachionus urceus*)组成,桡足类无节幼体密度较高,在多数采样点是第一优势种。各个采样点浮游动物物种多样性指数为1.176～3.559,Shannon-Wiener多样性指数为0.590～2.164,均匀度指数为0.576～1.0。

在秋季共鉴定出浮游动物32种。种类数最多的是纤毛虫,为15种;桡足类次之,为12种;轮虫为5种。另外还检测到多毛类幼体、贝类面盘幼虫、桡足类无节幼体等6类浮游幼虫。秋季调查没有检测到枝角类。各个采样点浮游动物种类数为5～17种,浮游动物密度为3～63.8个/升,平均为10.98个/升。浮游动物优势种主要由桡足类无节幼体、桡足幼体、蔓足类藤壶幼虫和一些哲水蚤种类组成。各个采样点物种多样性指数为0.821～2.919,Shannon-Wiener多样性指数为0.377～2.021,均匀度指数为0.315～1.0。

浮游动物是指悬浮于水体中的水生动物。它们或者完全没有游泳能力,或者游泳能力很弱，不能做远距离的移动，也不足以抵抗水的流动力。它们的身体一般都很微小，要借助显微镜才能观察到。浮游动物是一个生态学名词而不是分类学名词。浮游动物个体较小，但数量极多。作为水生环境食物链中重要的消费者，浮游动物群落结构变化与其他水生生物如藻类、鱼类、虾类等有密切的关系，它们既是水生动物如鱼类、虾类、贝类等直接或间接的天然饵料，也是水生生态系统中能量交换、物质循环不可缺少的环节，对保持水体生态平衡、组成食物链（网）和调节水体的自净能力均起着重要作用。另外，由于浮游动物对环境的适应能力存在明显的种间差异，浮游动物群落结构可作为水质监测的重要指标。因此，研究浮游动物群落结构对于了解水生生物资源状况、监测和评估水体的营养状况具有重要意义。本研究目的是通过调查广东湛江和惠州红树林浮游动物群落结构的种类组成、密度和生态分布，分析浮游动物群落结构多样性特征、时空变化规律，为了解该地区红树林水生生物资源状况提供基础资料。

3.1 红树林浮游动物生态现状调查方法

3.1.1 采样点设置和采样时间

采样点设置和采样时间同第 2 章 2.1.1 和 2.1.2。

3.1.2 样品采集

浮游动物采集方法参照《红树林生态监测技术规程》（HY/T 081—2005）和《海洋监测规范第 7 部分：近海污染生态调查和生物监测》（GB17378.7—2007），在各采样点总共采水 50 L，用 25 号浮游生物网（孔径为 6 μm）现场过滤。所有样品均用福尔马林液固定至最终浓度为 5%。并用浮游生物网尽量收集样品，用于种类的定性研究。

3.1.3 浮游动物计数和种类鉴定

原生动物、轮虫和桡足类幼体用 1 mL 浮游生物计数框计数，并换算成单位体积密度。枝角类、桡足类和其他无脊椎动物幼虫全部计数。

单位体积浮游动物的数量按下式计算：

$$N = (V_s \cdot n)/(V \cdot V_a) \tag{3-1}$$

式中，N 表示 1 L 水样中浮游动物的数量；V 为采样体积，单位为 mL；V_s 为样品浓缩后的体积，单位为 mL；V_a 为计数样品体积，单位为 mL；n 为计数所获得的浮游动物数量。

浮游动物的种类鉴定参照有关文献的描述。

3.1.4 数据统计和分析

按公式（2-1）计算 Berger-Parker 优势度指数。

使用 PRIMER v6.0 软件进行单变量分析,包括物种丰富度指数 D、Shannon-Wiener 多样性指数 H' 和均匀性指数 J'。这 3 个指数的计算按照公式(2-2)、公式(2-3)、公式(2-4)进行。

3.2　红树林浮游动物生态现状调查结果

3.2.1　浮游动物种类组成

如附录 3 所示,本次调查在广东湛江和惠州红树林共采集到浮游动物 3 门 7 纲 13 目 29 科 31 属 43 种。以纤毛虫种类数最多,为 18 种;桡足类次之,为 16 种;轮虫 8 种;枝角类 1 种。另外还采集到 7 类浮游幼虫。

3.2.2　春季浮游动物调查结果

3.2.2.1　浮游动物群落种类组成及种类数

如表 3-1 所示,春季共鉴定出浮游动物 26 种。种类数最多的是桡足类,为 12 种;纤毛虫次之,为 7 种;轮虫为 6 种;枝角类种类最少,只有 1 种,即短尾秀体溞(*Diaphanosoma brachyurum*),且只在红坎采样点采集到。另外还检测到多毛类幼体、贝类面盘幼虫、桡足类无节幼体等 7 类浮游幼虫。

如图 3-1 所示,各个采样点种类数为 8～18 种,以附城的覃典村、英良村采样点涨潮时最多,东村采样点退潮时最低。桡足类和浮游幼虫在各个采样点都被采集到,且是主要种类。

3.2.2.2　浮游动物密度

如表 3-2、表 3-3、图 3-2 所示,各个采样点浮游动物密度相差较大,为 2.75～75.9 个/升,平均为 24.79 个/升。

表 3-1　春季各采样点浮游动物种类组成

浮游动物	红坎村		西村		东村		凤地村		仙来村		土角村		南渡河		英典村		覃典村		英良村		蟹洲村		好招楼村		白沙村	
	涨潮	退潮	涨潮	退潮	涨潮	退潮	涨潮	退潮	涨潮	退潮	涨潮	退潮	涨潮	退潮	涨潮	退潮	涨潮	退潮	涨潮	退潮	涨潮	退潮	涨潮	退潮	涨潮	退潮
纤毛虫																										
双环栉毛虫 Didinium nasutum		+												+	+		+		+							
游仆虫 Euplotes sp.			+						+				+					+					+		+	
钟形网纹虫 Favella campanula	+	+			+	+				+		+	+	+	+	+	+	+	+	+	+	+	+	+	+	+
妥肯丁拟铃虫 Tintinnopsis tocantinensis			+								+				+				+							
管状拟铃虫 Tintinnopsis tubulosa											+		+	+	+	+	+		+							
盾形拟铃虫 Tintinnopsis urnula	+						+		+					+		+			+		+	+	+		+	
穗缘拟铃虫 Tintinnopsis fimbriata											+	+	+													
轮虫																										
前节晶囊轮虫 Asplanchna priodonta									+				+	+			+	+								
壶状臂尾轮虫 Brachionus urceus	+	+	+	+	+				+	+			+		+		+		+		+	+	+		+	
曲腿龟甲轮虫 Keratella valga	+		+						+	+													+			
转轮虫 Rotaria rotatoria			+																+	+						
细长疣毛轮虫 Synchaeta grandis	+												+													

续表

浮游动物	红坎村		西村		东村		凤地村		仙来村		土角村		南渡河		夷典村		覃典村		英良村		蟹洲村		好招楼村		白沙村	
	涨潮	退潮	涨潮	退潮	涨潮	退潮	涨潮	退潮	涨潮	退潮	涨潮	退潮	涨潮	退潮	涨潮	退潮	涨潮	退潮	涨潮	退潮	涨潮	退潮	涨潮	退潮	涨潮	退潮
狭甲轮虫 Colurella sp.			+																							
桡足类																										
克氏纺锤水蚤 Acartia clausii									+	+	+	+														
太平洋纺锤水蚤 Acartia pacifica			+	+		+	+		+	+	+	+		+	+		+						+			
中华异水蚤 Acartiella sinensis			+		+				+		+										+		+			
小长腹拟剑水蚤 Oithona nana	+		+		+		+		+		+		+	+	+		+	+	+		+	+	+		+	+
小拟哲水蚤 Paracalanus parvus			+				+	+	+				+		+		+	+	+		+		+		+	+
广布中剑水蚤 Mesocyclops leuckarti	+	+	+		+	+	+						+	+												+
亚强次真哲水蚤 Subeucalamus subcrassus	+		+		+						+		+		+		+		+		+		+		+	+
瘦长毛猛水蚤 Macrosetella gracilis									+				+				+		+	+	+		+			
分叉小猛水蚤 Tisbe furcata		+	+		+		+		+		+		+		+		+		+		+		+		+	
硬鳞景猛水蚤 Clytemnestra scutellate																		+								
达氏叶水蚤 Sapphirina darwini			+						+																	
猛水蚤 1 种																										

续表

浮游动物	红坎村		西村		东村		凤地村		仙来村		土角村		南渡河		英典村		覃典村		英良村		蟹洲村		好招楼村		白沙村	
	涨潮	退潮	涨潮	退潮	涨潮	退潮	涨潮	退潮	涨潮	退潮	涨潮	退潮	涨潮	退潮	涨潮	退潮	涨潮	退潮	涨潮	退潮	涨潮	退潮	涨潮	退潮	涨潮	退潮
枝角类																										
短尾秀体溞 *Diaphanosoma brachyurum*		+																								
浮游幼虫																										
桡足类无节幼体 Nauplius larva	+	+	+	+	+	+	+	+	+	+	+	+	+	+	+	+	+	+	+	+	+	+	+	+	+	+
桡足幼体 Copepodid larva	+	+	+	+	+		+	+	+	+	+	+	+	+	+	+	+	+	+	+	+	+	+	+	+	+
蔓足类藤壶幼虫 *Balanus* larva	+	+	+	+	+	+	+	+	+	+	+	+	+	+	+	+	+	+	+	+	+	+	+	+	+	+
多毛类幼体 Polychaeta larva	+	+	+	+	+	+	+	+	+		+	+	+	+	+	+	+	+	+	+						
才女虫幼虫 Polydora larva											+															
短尾类幼虫 Brachyura larva	+	+	+	+	+	+			+	+				+		+		+		+				+		+
贝类面盘幼虫 Bivalvia larva	+	+	+						+		+		+		+		+		+		+		+		+	

注："+"表示被检测到

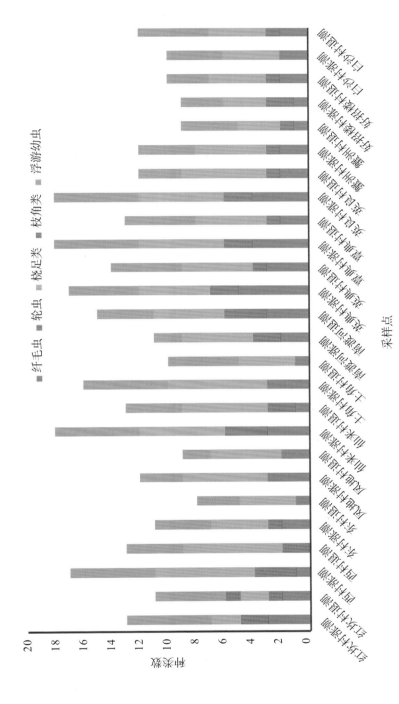

图 3-1　春季各采样点浮游动物种类数

表 3-2　春季湛江红树林各采样点浮游动物密度

（单位：个/升）

浮游动物	红坎村 涨潮	红坎村 退潮	西村 涨潮	西村 退潮	东村 涨潮	东村 退潮	凤地村 涨潮	凤地村 退潮	仙来村 涨潮	仙来村 退潮	土角村 涨潮	土角村 退潮	南渡河 涨潮	南渡河 退潮	英典村 涨潮	英典村 退潮	覃典村 涨潮	覃典村 退潮	英良村 涨潮	英良村 退潮
纤毛虫																				
双环栉毛虫 Didinium nasutum		0.3								0.8				0.4		1.5		0.45		0.9
游仆虫 Euplotes sp.													0.38							
钟形网纹虫 Favella campanula	0.35	0.6				0.9	0.7		5.2	0.55	0.9			0.8	0.5	1.65	0.9	1.6	1.8	0.7
妥肯丁拟铃虫 Tintinnopsis tocantinensis															1	0.55			0.9	
管状拟铃虫 Tintinnopsis tubulosa				0.35							0.45		0.38	0.8	1	0.55	0.45		0.45	
盾形拟铃虫 Tintinnopsis urnula	0.7						1	0.6		0.8					0.5		1.35	0.8		0.7
穗缘拟铃虫 Tintinnopsis fimbriata											0.9	2								
轮虫																				
前节晶囊轮虫 Asplanchna priodonta										0.4				0.4	0.5		0.45	0.4		
壶状臂尾轮虫 Branchionus urceus	1.75	0.3	12.6	16.12		0.9			18	49.5			0.38	3.2	1.5	0.55	1.35		1.35	
曲腿龟甲轮虫 Keratella valga	0.35		0.7						0.8	0.55										
转轮虫 Rotaria rotatoria			0.7																0.9	0.35
细长疣毛轮虫 Synchaeta grandis													0.76	0.4						
狭甲轮虫 Colurella sp.				0.31																

续表

浮游动物	红坎村		西村		东村		凤地村		仙来村		土角村		南渡河		英典村		覃典村		英良村	
	涨潮	退潮	涨潮	退潮	涨潮	退潮	涨潮	退潮	涨潮	退潮	涨潮	退潮	涨潮	退潮	涨潮	退潮	涨潮	退潮	涨潮	退潮
桡足类																				
克氏纺锤水蚤 Acartia clausii									0.4	1.65	0.45	0.5								
太平洋纺锤水蚤 Acartia pacifica			1.05	0.31		0.35	1			0.55	1.35	0.5		0.4						
中华异水蚤 Acartiella sinensis			0.7						0.4		0.45			0.5	0.5					
小长腹剑水蚤 Oithona nana	1.05		1.05	0.31	0.3		0.5		1.2	1.65	1.8	1.5	0.38	0.8	1.5	1.1	0.45		6.75	4.2
小拟哲水蚤 Paracalanus parvus				0.62			0.5	1.8	0.8						1	0.55	0.45	0.8	0.45	
广布中剑水蚤 Mesocyclops leuckarti			1.4	2.48	0.6	0.7	2	4.8					0.38	1.2			1.35	1.2	1.35	0.7
亚强次真哲水蚤 Subeucalanus subcrassus	0.35	0.6	2.45	4.34	0.3			0.6	1.2	0.55	0.45		0.38	0.8	0.5	0.55	5.4	6	11.7	8.05
瘦长毛猛水蚤 Macrosetella gracilis					1.2	0.35	11	10.2			5.4	10.5	0.38	1.6			0.45		1.8	1.4
分叉小猛水蚤 Tisbe furcata	0.3		0.35	1.24		0.35	6	18.6	0.55	0.55	0.45		0.38		1	1.1	1.35	0.4	2.7	2.1
硬鳞暴猛水蚤 Clytemnestra scutellate															0.55			0.4		
达氏叶水蚤 Sapphirina darwini			0.35	0.31					0.8	0.55										
枝角类																				
短尾秀体溞 Diaphanosoma brachyurum	0.3																			

续表

浮游动物	红坎村 涨潮	红坎村 退潮	西村 涨潮	西村 退潮	东村 涨潮	东村 退潮	凤地村 涨潮	凤地村 退潮	仙来村 涨潮	仙来村 退潮	土角村 涨潮	土角村 退潮	南渡河 涨潮	南渡河 退潮	英典村 涨潮	英典村 退潮	覃典村 涨潮	覃典村 退潮	英良村 涨潮	英良村 退潮
浮游幼虫																				
桡足类无节幼体 Nauplius larva	2.8	3.6	5.95	7.13	6	2.45	6	4.8	13.6	11.55	6.3	5	9.12	5.2	7.5	14.85	9.9	12	4.95	11.2
桡足幼体 Copepodid larva	0.35	0.6	2.8	3.72				0.5	1.2	4.4	1.8	6	0.38	1.2	1.5	1.1	2.25	0.4		0.9
蔓足类藤壶幼虫 Balanus larva	0.7	0.3	0.7	0.31	0.6	0.35	1.5	1.2	0.4		0.45				2	1.65	0.9	0.8	0.9	1.4
多毛类幼体 Polychaeta larva	0.7	0.3	0.35		0.3					0.4	0.9	0.5		0.4	0.5	0.55	0.9	0.4	0.45	0.35
才女虫幼虫 Polydora larva												0.5								
短尾类幼虫 Brachyura larva	0.35		0.7	0.93	0.9	0.35			1.2	2.75	0.45			0.8				0.45	0.45	
贝类面盘幼虫 Bivaliva larva	0.7	1.8	0.35						0.8	1.1	1.35	1			6	12.65	1.35	2	0.45	
合计	10.15	9	32.55	38.13	12	5.6	30.5	43.8	48.4	75.9	23.85	28	13.3	18.4	28.5	37.95	30.15	27.2	39.15	31.5

表 3-3　春季惠州红树林各采样点浮游动物密度　　　　　　　　（单位：个/升）

浮游动物	蟹洲村		好招楼村		白沙村	
	涨潮	退潮	涨潮	退潮	涨潮	退潮
纤毛虫						
游仆虫 *Euplotes* sp.			0.25		0.35	
钟形网纹虫 *Favella campanula*	0.45			0.6	0.35	1.05
盾形拟铃虫 *Tintinnopsis urnula*	0.9	0.4		0.3		0.35
轮虫						
壶状臂尾轮虫 *Brachionus urceus*	0.9	0.4	0.25	0.9		0.7
曲腿龟甲轮虫 *Keratella valga*			0.25			
桡足类						
太平洋纺锤水蚤 *Acartia pacifica*				0.3		
中华异水蚤 *Acartiella sinensis*	0.45		0.25	0.6		
小长腹拟剑水蚤 *Oithona nana*	1.8	2		0.6	0.35	1.05
小拟哲水蚤 *Paracalanus parvus*	0.45		0.25		0.35	1.05
广布中剑水蚤 *Mesocyclops leuckarti*						0.35
亚强次真哲水蚤 *Subeucalanus subcrassus*	1.35	2.8			0.7	1.05
瘦长毛猛水蚤 *Macrosetella gracilis*						
分叉小猛水蚤 *Tisbe furcata*	1.35	0.8	0.25	0.3	0.35	
枝角类						
短尾秀体溞 *Diaphanosoma brachyurum*						
浮游幼虫						
桡足类无节幼体 Nauplius larva	5.4	10.4	0.75		2.45	4.2
桡足幼体 Copepodid larva	1.8	1.2				0.35
蔓足类藤壶幼虫 *Balanus* larva	0.9	0.4			0.35	0.7
多毛类幼体 Polychaeta larva		0.4	0.25	0.6	0.35	1.05
贝类面盘幼虫 Bivalvia larva	0.45		0.25		0.35	0.7
合计	16.2	18.8	4.25	4.2	5.95	12.6

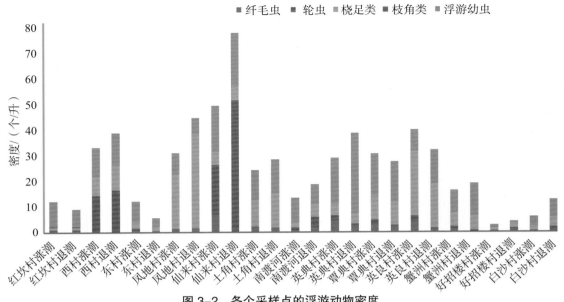

图 3-2　各个采样点的浮游动物密度

3.2.2.3　浮游动物优势种

如表 3-4 所示，本次调查中，春季浮游动物优势种主要由桡足类幼体、桡足类和壶状臂尾轮虫（*Brachionus urceus*）组成，桡足类无节幼体在各个采样点密度都较高，是优势种，在多数采样时段是第一优势种。

表 3-4　春季各采样点浮游动物优势种（类群）及其优势度

采样点	潮汐	优势种（类群）	优势度
红坎村	涨潮	桡足类无节幼体 Nauplius larva	0.4
		贝类面盘幼虫 Bivalvia larva	0.2
	退潮	桡足类无节幼体 Nauplius larva	0.276
		壶状臂尾轮虫 *Brachionus urceus*	0.172
		小长腹拟剑水蚤 *Oithona nana*	0.103

续表

采样点	潮汐	优势种（类群）	优势度
西村	涨潮	壶状臂尾轮虫 *Brachionus urceus*	0.387
		桡足类无节幼体 Nauplius larva	0.183
		桡足幼体 Copepodid larva	0.086
		亚强次真哲水蚤 *Subeucalanus subcrassus*	0.075
	退潮	壶状臂尾轮虫 *Brachionus urceus*	0.423
		桡足类无节幼体 Nauplius larva	0.187
		桡足幼体 Copepodid larva	0.098
		广布中剑水蚤 *Mesocyclops leuckarti*	0.065
东村	涨潮	桡足类无节幼体 Nauplius larva	0.50
		瘦长毛猛水蚤 *Macrosetella gracilis*	0.50
		壶状臂尾轮虫 *Brachionus urceus*	0.075
		钟形网纹虫 *Favella campanula*	0.075
		短尾类幼虫 *Brachyura larva*	0.075
	退潮	桡足类无节幼体 Nauplius larva	0.438
		钟形网纹虫 *Favella campanula*	0.125
		广布中剑水蚤 *Mesocyclops leuckarti*	0.125
凤地村	涨潮	瘦长毛猛水蚤 *Macrosetella gracilis*	0.361
		分叉小猛水蚤 *Tisbe furcata*	0.197
		桡足类无节幼体 Nauplius larva	0.197
	退潮	分叉小猛水蚤 *Tisbe furcata*	0.425
		瘦长毛猛水蚤 *Macrosetella gracilis*	0.233
		桡足类无节幼体 Nauplius larva	0.110
		广布中剑水蚤 *Mesocyclops leuckarti*	0.110

采样点	潮汐	优势种（类群）	优势度
仙来村	涨潮	壶状臂尾轮虫 *Brachionus urceus*	0.372
		桡足类无节幼体 Nauplius larva	0.281
		钟形网纹虫 *Favella campanula*	0.107
	退潮	壶状臂尾轮虫 *Brachionus urceus*	0.652
		桡足类无节幼体 Nauplius larva	0.152
土角村	涨潮	桡足类无节幼体 Nauplius larva	0.264
		瘦长毛猛水蚤 *Macrosetella gracilis*	0.226
		小长腹拟剑水蚤 *Oithona nana*	0.075
		桡足幼体 Copepodid larva	0.075
	退潮	瘦长毛猛水蚤 *Macrosetella gracilis*	0.375
		桡足幼体 Copepodid larva	0.214
		桡足类无节幼体 Nauplius larva	0.179
		穗缘拟铃虫 *Tintinnopsis fimbriata*	0.071
南渡河	涨潮	桡足类无节幼体 Nauplius larva	0.686
	退潮	桡足类无节幼体 Nauplius larva	0.283
		壶状臂尾轮虫 *Brachionus urceus*	0.174
英典村	涨潮	桡足类无节幼体 Nauplius larva	0.263
		贝类面盘幼虫 Bivalvia larva	0.211
	退潮	桡足类无节幼体 Nauplius larva	0.391
		贝类面盘幼虫 Bivalvia larva	0.333
覃典村	涨潮	桡足类无节幼体 Nauplius larva	0.328
		亚强次真哲水蚤 *Subeucalanus subcrassus*	0.179
	退潮	桡足类无节幼体 Nauplius larva	0.441
		亚强次真哲水蚤 *Subeucalanus subcrassus*	0.221

采样点	潮汐	优势种（类群）	优势度
英良村	涨潮	亚强次真哲水蚤 *Subeucalanus subcrassus*	0.299
		小长腹拟剑水蚤 *Oithona nana*	0.172
		桡足类无节幼体 Nauplius larva	0.126
	退潮	桡足类无节幼体 Nauplius larva	0.355
		亚强次真哲水蚤 *Subeucalanus subcrassus*	0.256
		小长腹拟剑水蚤 *Oithona nana*	0.133
蟹洲村	涨潮	桡足类无节幼体 Nauplius larva	0.333
		桡足幼体 Copepodid larva	0.111
		小长腹拟剑水蚤 *Oithona nana*	0.111
	退潮	桡足类无节幼体 Nauplius larva	0.553
		小长腹拟剑水蚤 *Oithona nana*	0.106
好招楼村	退潮	桡足类无节幼体 Nauplius larva	0.167
白沙村	涨潮	桡足类无节幼体 Nauplius larva	0.411
	退潮	桡足类无节幼体 Nauplius larva	0.333

3.2.2.4　浮游动物群落生物多样性

如表 3-5 所示,春季各个采样点的浮游动物物种丰富度指数(D)为 1.176～3.559,Shannon-Wiener 多样性指数(H')为 0.590～2.164,均匀度指数(J')为 0.576～1.0。总体来讲,各个采样点的浮游动物群落生物多样性指数都不高。

表 3-5　春季各采样点浮游动物群落生物多样性指数

采样点	潮汐	D	H'	J'
红坎村	涨潮	1.949	1.586	0.885
	退潮	2.404	1.733	0.967
西村	涨潮	2.423	1.564	0.652
	退潮	1.806	1.264	0.576

采样点	潮汐	D	H'	J'
东村	涨潮	1.895	1.673	0.934
	退潮	2.056	1.55	0.963
凤地村	涨潮	1.839	1.448	0.696
	退潮	1.448	1.351	0.694
仙来村	涨潮	2.532	1.51	0.608
	退潮	1.73	0.59	0.269
土角村	涨潮	2.701	1.852	0.805
	退潮	1.176	0.975	0.606
南渡河	涨潮	3.474	2.164	0.985
	退潮	3.034	2.147	0.895
英典村	涨潮	3.559	2.39	0.962
	退潮	3.119	2.098	0.955
覃典村	涨潮	3.174	2.079	0.837
	退潮	2.079	1.566	0.753
英良村	涨潮	2.598	1.945	0.783
	退潮	2.015	1.661	0.756
蟹洲村	涨潮	2.471	1.956	0.941
	退潮	1.443	1.332	0.827
好招楼村	涨潮	2.791	1.792	1.0
	退潮	2.415	1.864	0.958
白沙村	涨潮	2.569	1.748	0.976
	退潮	2.164	1.862	0.957

3.2.3　秋季浮游动物调查结果

3.2.3.1　浮游动物群落种类组成及种类数

如表 3-6、图 3-3 所示,秋季在广东湛江和惠州红树林各个采样点共鉴定出浮游动物 32 种。种类数最多的是纤毛虫,为 15 种;桡足类次之,为 12 种;轮虫为 5 种。另外还检测到多毛类幼体、贝类面盘幼虫、桡足类无节幼体等 6 类浮游幼虫。

各个采样点种类数为 5～17 种,以惠州好招楼村采样点涨潮时最高,附城覃典村采样点涨潮时最低。桡足类和浮游幼虫在各个采样点都被采集到。

3.2.3.2　浮游动物密度

如表 3-7、表 3-8、图 3-4 所示,秋季各个采样点浮游动物密度相差较大,为 3～63.8 个/升,平均为 10.98 个/升,以蟹洲村涨潮时密度最高,红坎村落潮时密度最低。多数采样点浮游动物主要由桡足类和浮游幼虫组成,轮虫和纤毛虫数量相对较少。

3.2.3.3　浮游动物优势种

本次调查中,秋季浮游动物优势种主要由桡足类无节幼体、桡足幼体、藤壶幼虫和一些哲水蚤种类组成(表 3-9)。桡足类无节幼体在多数采样点密度都较高,是优势种。桡足类中的一些哲水蚤,如克氏纺锤水蚤(*Acartia clausii*)、亚强次真哲水蚤(*Subeucalanus subcrassus*)、太平洋纺锤水蚤(*Acartia pacifica*)和尖额次真哲水蚤(*Subeucalanus mucronatus*)在一些采样点数量较多,是第一优势种。

3.2.3.4　浮游动物群落生物多样性

如表 3-10 所示,秋季各个采样点的物种丰富度指数(D)为 0.821～2.919,Shannon-Wiener 多样性指数(H')为 0.377～2.021,均匀度指数(J')为 0.315～1.0。总体来讲,各个采样点的浮游动物群落生物多样性指数都不高。

表 3-6　秋季各采样点浮游动物种类组成

浮游动物	红坎村		西村		东村		凤地村		仙来村		土角村		南渡河		覃典村		英典村		英良村		蟹洲村		好招楼村		白沙村	
	涨潮	退潮	涨潮	退潮	涨潮	退潮	涨潮	退潮	涨潮	退潮	涨潮	退潮	涨潮	退潮	涨潮	退潮	涨潮	退潮	涨潮	退潮	涨潮	退潮	涨潮	退潮	涨潮	退潮
纤毛虫																										
猎裂口虫 *Apoamphileptus meleagris*										+																
酒瓶类铃虫 *Codonellopsis morchella*																							+		+	+
双环栉毛虫 *Didinium nasutum*		+																								
累枝虫 *Epistylis* sp.																					+		+			
钟形网纹虫 *Favella campanula*															+		+		+				+			
红色中缢虫 *Mesodinium rubrum*									+								+	+	+	+	+	+		+	+	
尾草履虫 *Paramecium caudatum*																+										
锥形急游虫 *Strombidium conicum*						+								+				+			+	+	+			
布氏拟铃虫 *Tintinnopsis butschlii*					+																		+			
穗缘拟铃虫 *Tintinnopsis fimbriata*					+							+										+	+			
触角拟铃虫 *Tintinnopsis tentaculata*										+										+				+		
妥肯丁拟铃虫 *Tintinnopsis tocantinensis*																				+						
管状拟铃虫 *Tintinnopsis tubulosa*	+					+					+	+										+	+		+	

续表

浮游动物	红坎村 涨潮	红坎村 退潮	西村 涨潮	西村 退潮	东村 涨潮	东村 退潮	凤地村 涨潮	凤地村 退潮	仙来村 涨潮	仙来村 退潮	土角村 涨潮	土角村 退潮	南渡河 涨潮	南渡河 退潮	覃典村 涨潮	覃典村 退潮	英典村 涨潮	英典村 退潮	英良村 涨潮	英良村 退潮	蟹洲村 涨潮	蟹洲村 退潮	好招楼村 涨潮	好招楼村 退潮	白沙村 涨潮	白沙村 退潮
透明鞘居虫 *Vaginicola crystallina*										+																
钟虫 *Vorticella* sp.			+					+		+														+		
轮虫																										
壶状臂尾轮虫 *Brachionus urceus*		+	+	+		+		+	+		+	+	+	+												
萼花臂尾轮虫 *Brachionus calyciflorus*				+		+		+	+			+														
曲腿龟甲轮虫 *Keratella valga*														+												
转轮虫 *Rotaria rotatoria*		+												+												
韦氏异尾轮虫 *Trichocerca weberi*									+																	
桡足类																										
克氏纺锤水蚤 *Acartia clausii*			+				+	+				+	+	+				+								
太平洋纺锤水蚤 *Acartia pacifica*					+				+		+							+		+	+					
中华窄腹剑水蚤 *Limnoithona sinensis*												+														
广布中剑水蚤 *Mesocyclops leuckarti*						+		+	+																	
小长腹拟剑水蚤 *Oithona nana*	+				+				+				+	+					+	+			+			+
拟长腹剑水蚤 *Oithona similis*																+									+	

续表

浮游动物	红坎村 涨潮	红坎村 退潮	西村 涨潮	西村 退潮	东村 涨潮	东村 退潮	凤地村 涨潮	凤地村 退潮	仙来村 涨潮	仙来村 退潮	土角村 涨潮	土角村 退潮	南渡河 涨潮	南渡河 退潮	覃典村 涨潮	覃典村 退潮	英典村 涨潮	英典村 退潮	英良村 涨潮	英良村 退潮	蟹洲村 涨潮	蟹洲村 退潮	好招楼村 涨潮	好招楼村 退潮	白沙村 涨潮	白沙村 退潮
小拟哲水蚤 *Paracalanus parvus*	+			+			+		+		+		+		+		+		+		+		+		+	
安氏伪镖水蚤 *Pseudodiaptomus annandalei*			+						+																+	
达氏叶水蚤 *Sapphirina darwini*																		+	+			+				
亚强次真哲水蚤 *Subeucalanus subcrassus*		+			+			+				+	+		+		+			+						
尖额次真哲水蚤 *Subeucalanus mucronatus*				+	+					+	+				+		+	+					+		+	
分叉小猛水蚤 *Tisbe furcata*	+			+	+		+		+		+		+		+		+		+		+		+		+	
浮游幼虫																										
桡足类无节幼体 Nauplius larva	+		+		+		+		+		+		+		+		+		+		+		+		+	
桡足幼体 Copepodid larva		+	+		+		+		+		+		+		+		+		+		+		+		+	
蔓足类藤壶幼虫 *Balanus* larva				+		+		+		+		+		+	+			+	+		+		+		+	
多毛类幼体 Polychaeta larva			+		+		+				+		+		+		+		+				+			
短尾类幼虫 Brachyura larva			+		+				+						+		+		+				+			
贝类面盘幼虫 Bivalvia larva	+		+		+		+		+		+						+		+		+					

注："+" 表示被检测到

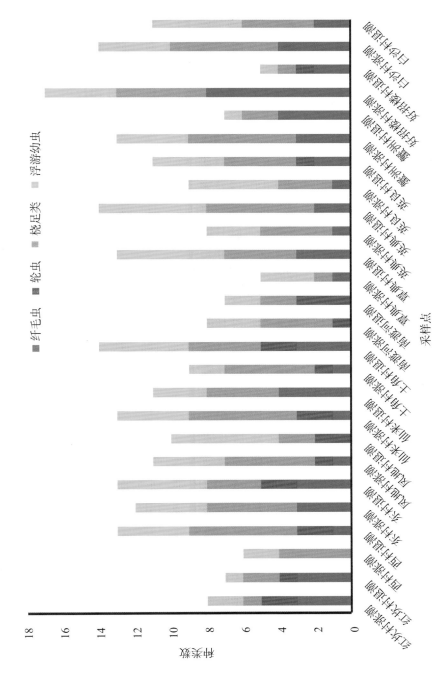

图 3-3　各个采样点浮游动物种类数

表 3-7　秋季湛江各采样点浮游动物密度

单位：（个/升）

浮游动物	红坎村		凤地村		西村		东村		仙来村		土角村		南渡河		覃典村		英典村		英良村	
	涨潮	退潮	涨潮	退潮	涨潮	退潮	涨潮	退潮	涨潮	退潮	涨潮	退潮	涨潮	退潮	涨潮	退潮	涨潮	退潮	涨潮	退潮
纤毛虫																				
猎裂口虫 Apoamphileptus meleagris										0.5										
双环栉毛虫 Didinium nasutum	0.4	0.3																		
钟形网纹虫 Favella campanula									0.7	0.6		0.25			0.5	0.72		0.94	0.7	0.45
尾草履虫 Paramecium caudatum																0.36				
锥形急游虫 Strombidium conicum		0.3					0.4	0.35								0.36		0.47		
穗缘拟铃虫 Tintinnopsis fimbriata	0.8						1.2	0.35				0.25								
触角拟铃虫 Tintinnopsis tentaculata										0.5										
妥肯丁拟铃虫 Tintinnopsis tocantinensis																				0.45
管状拟铃虫 Tintinnopsis tubulosa	0.4	0.3					0.4				1.7	0.5								
透明鞘居虫 Vaginicola crystallina										1.5										
钟虫 Vorticella sp.			0.45	0.32						1										
轮虫																				
壶状臂尾轮虫 Brachionus urceus	0.6		0.9		0.32	0.4		0.7			0.85	3.5	1.48	8.4						

续表

浮游动物	红坎村 涨潮	红坎村 退潮	凤地村 涨潮	凤地村 退潮	西村 涨潮	西村 退潮	东村 涨潮	东村 退潮	仙来村 涨潮	仙来村 退潮	土角村 涨潮	土角村 退潮	南渡河 涨潮	南渡河 退潮	覃典村 涨潮	覃典村 退潮	英典村 涨潮	英典村 退潮	英良村 涨潮	英良村 退潮
萼花臂尾轮虫 Brachionus calyciflorus	0.4			0.45		0.4		0.35	0.3			0.5								
曲腿龟甲轮虫 Keratella valga														0.6						
转轮虫 Rotaria rotatoria	0.8													1.2						0.45
韦氏异尾轮虫 Trichocerca weberi									0.3											
桡足类																				
克氏纺锤水蚤 Acartia clausii			0.6	9.9		0.32							40.7	4.8				0.47		
太平洋纺锤水蚤 Acartia pacifica							0.4		0.3		13.6							0.47		
中华窄腹剑水蚤 Limnoithona sinensis												2								
广布中剑水蚤 Mesocyclops leuckarti				0.45					0.3											
小长腹拟剑水蚤 Oithona nana			0.6	1.8		0.32	0.4	0.35	0.3		1.7		0.37	0.6				0.47		0.45
拟长腹剑水蚤 Oithona similis																0.36				
小拟哲水蚤 Paracalanus parvus	0.8		0.6	1.8		4	0.8	0.7	19.8	1	10.2	1.75	3.7		3.5	6.48	0.35	6.58	1.4	3.6
安氏伪镖水蚤 Pseudodiaptomus annandalei						0.32				0.5										
达氏叶水蚤 Sapphirina darwini																			0.35	

浮游动物	红坎村		凤地村		西村		东村		仙来村		土角村		南渡河		覃典村		英典村		英良村	
	涨潮	退潮	涨潮	退潮	涨潮	退潮	涨潮	退潮	涨潮	退潮	涨潮	退潮	涨潮	退潮	涨潮	退潮	涨潮	退潮	涨潮	退潮
亚强次真哲水蚤 Subeucalanus subcrassus		0.6	0.6	2.25				0.35	0.9	3	10.2		2.22			3.6	4.2	0.47		0.9
尖额次真哲水蚤 Subeucalanus mucronatus						8.8						15					0.35			
分叉小猛水蚤 Tisbe furcata	0.3			0.45	0.32		0.4		0.3	1.5	1.7	0.25				0.36	0.35	0.47	1.75	0.45
浮游幼虫																				
桡足类无节幼体 Nauplius larva	4	0.6	0.6	1.8	2.56	6.4	3.6	2.45	9.6	0.5	0.85	5.5	4.44	9	3	8.64	7	6.58	1.05	3.6
桡足幼体 Copepodid larva				1.35	1.6	4	2	4	4.2			1.75	7.4	1.8	2	10.08	0.35	2.82	0.7	4.5
蔓足类藤壶幼虫 Balanus larva						0.4	0.4	0.7	0.3	0.5		0.25			1.5	12.96	4.2	2.82	6.65	16.2
多毛类幼体 Polychaeta larva			0.6	0.45	0.32	1.2	1.6	0.7	0.3	0.7	0.85	0.25	0.37			0.36				0.35
短尾类幼虫 Brachyura larva								1.75								0.36		0.47		
贝类面盘幼虫 Bivalvia larva	4			0.45	1.2		0.7			1		0.5				1.8		0.47	0.35	1.35
合计	11.6	3	3.6	22.5	7.36	27.2	12.8	10.15	37.5	12.5	41.65	32.25	60.68	26.4	10.5	46.44	16.8	23.97	13.3	32.4

表 3-8　秋季惠州各采样点浮游动物密度　　　　　　　　（单位：个/升）

浮游动物	蟹洲村		好招楼村		白沙村	
	涨潮	退潮	涨潮	退潮	涨潮	退潮
纤毛虫						
酒瓶类铃虫 *Codonellopsis morchella*			0.35		0.9	0.25
累枝虫 *Epistylis* sp.	0.55		0.35			
钟形网纹虫 *Favella campanula*			3.85			
红色中缢虫 *Mesodinium rubrum*		1.05		2.4		
锥形急游虫 *Strombidium conicum*	1.1			0.6		
布氏拟铃虫 *Tintinnopsis butschlii*			0.35			
穗缘拟铃虫 *Tintinnopsis fimbriata*		0.7				
触角拟铃虫 *Tintinnopsis tentaculata*	0.55	2.1				
管状拟铃虫 *Tintinnopsis tubulosa*			0.35		0.6	0.25
透明鞘居虫 *Vaginicola crystallina*						
钟虫 *Vorticella* sp.						
轮虫						
壶状臂尾轮虫 *Brachionus urceus*				0.3		
桡足类						
克氏纺锤水蚤 *Acartia clausii*						
太平洋纺锤水蚤 *Acartia pacifica*	1.1					
小长腹拟剑水蚤 *Oithona nana*			0.35		0.6	0.5
拟长腹剑水蚤 *Oithona similis*					0.3	
小拟哲水蚤 *Paracalanus parvus*	1.1	0.35	0.7		1.2	
安氏伪镖水蚤 *Pseudodiaptomus annandalei*	5.5		3.15		3	1
达氏叶水蚤 *Sapphirina darwini*	0.55					
尖额次真哲水蚤 *Subeucalanus mucronatus*	5.5		11.9		1.8	1
分叉小猛水蚤 *Tisbe furcata*	0.55	0.35	1.05	0.3	1.2	0.25

续表

浮游动物	蟹洲村		好招楼村		白沙村	
	涨潮	退潮	涨潮	退潮	涨潮	退潮
桡足类无节幼体 Nauplius larva	40.7		7.7	0.3	11.1	13.5
桡足幼体 Copepodid larva	5.5		3.85		0.3	2
蔓足类藤壶幼虫 *Balanus* larva						0.25
多毛类幼体 Polychaeta larva			0.35		0.6	0.25
短尾类幼虫 Brachyura larva	0.55		0.7		0.3	0.25
贝类面盘幼虫 Bivalvia larva	0.55	0.7				
合计	63.8	5.25	35	3.9	21.9	19.5

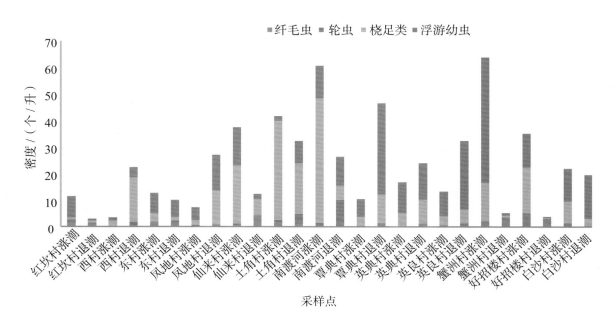

图 3-4　秋季各采样点的浮游动物密度

表 3-9 秋季各采样点浮游动物优势种（类群）及其优势度

采样点	潮汐	优势种（类群）	优势度
红坎村	涨潮	桡足类无节幼体 Nauplius larva	0.345
		贝类面盘幼虫 Bivalvia larva	0.345
	退潮	桡足类无节幼体 Nauplius larva	0.20
		壶状臂尾轮虫 Brachionus urceus	0.20
		亚强次真哲水蚤 Subeucalanus subcrassus	0.20
凤地村	涨潮	桡足类无节幼体 Nauplius larva	0.286
	退潮	克氏纺锤水蚤 Acartia clausii	0.44
		亚强次真哲水蚤 Subeucalanus subcrassus	0.10
		桡足类无节幼体 Nauplius larva	0.08
		安氏伪镖水蚤 Pseudodiaptomus annandalei	0.08
		小长腹拟剑水蚤 Oithona nana	0.08
西村	涨潮	桡足类无节幼体 Nauplius larva	0.348
		桡足幼体 Copepodid larva	0.217
	退潮	尖额次真哲水蚤 Subeucalanus mucronatus	0.324
		桡足类无节幼体 Nauplius larva	0.235
		桡足幼体 Copepodid larva	0.147
		小拟哲水蚤 Paracalanus parvus	0.147
东村	涨潮	桡足类无节幼体 Nauplius larva	0.281
		桡足幼体 Copepodid larva	0.156
		多毛类幼体 Polychaeta larva	0.125
	退潮	桡足类无节幼体 Nauplius larva	0.241
		短尾类幼虫 Brachyura larva	0.172

采样点	潮汐	优势种（类群）	优势度
仙来村	涨潮	小拟哲水蚤 *Paracalanus parvus*	0.528
		桡足类无节幼体 Nauplius larva	0.256
		桡足幼体 Copepodid larva	0.112
	退潮	亚强次真哲水蚤 *Subeucalanus subcrassus*	0.24
		分叉小猛水蚤 *Tisbe furcata*	0.12
		透明鞘居虫 *Vaginicola crystallina*	0.12
土角村	涨潮	太平洋纺锤水蚤 *Acartia pacifica*	0.327
		亚强次真哲水蚤 *Subeucalanus subcrassus*	0.245
		小拟哲水蚤 *Paracalanus parvus*	0.245
	退潮	尖额次真哲水蚤 *Subeucalanus mucronatus*	0.465
		壶状臂尾轮虫 *Brachionus urceus*	0.109
		桡足类无节幼体 Nauplius larva	0.171
南渡河	涨潮	克氏纺锤水蚤 *Acartia clausii*	0.671
		桡足幼体 Copepodid larva	0.121
		桡足类无节幼体 Nauplius larva	0.071
		小拟哲水蚤 *Paracalanus parvus*	0.061
	退潮	桡足类无节幼体 Nauplius larva	0.341
		壶状臂尾轮虫 *Brachionus urceus*	0.318
		克氏纺锤水蚤 *Acartia clausii*	0.182
英典村	涨潮	桡足类无节幼体 Nauplius larva	0.417
		亚强次真哲水蚤 *Subeucalanus subcrassus*	0.25
		蔓足类藤壶幼虫 *Balanus* larva	0.25
	退潮	桡足类无节幼体 Nauplius larva	0.275
		小拟哲水蚤 *Paracalanus parvus*	0.275
		蔓足类藤壶幼虫 *Balanus* larva	0.118
		桡足幼体 Copepodid larva	0.118

续表

采样点	潮汐	优势种（类群）	优势度
覃典村	涨潮	小拟哲水蚤 *Paracalanus parvus*	0.333
		桡足类无节幼体 Nauplius larva	0.285
		桡足幼体 Copepodid larva	0.190
	退潮	蔓足类藤壶幼虫 *Balanus* larva	0.279
		桡足幼体 Copepodid larva	0.217
		桡足类无节幼体 Nauplius larva	0.186
		小拟哲水蚤 *Paracalanus parvus*	0.140
英良村	涨潮	蔓足类藤壶幼虫 *Balanus* larva	0.5
		分叉小猛水蚤 *Tisbe furcata*	0.138
		小拟哲水蚤 *Paracalanus parvus*	0.105
	退潮	蔓足类藤壶幼虫 *Balanus* larva	0.5
		桡足幼体 Copepodid larva	0.139
		桡足类无节幼体 Nauplius larva	0.111
		小拟哲水蚤 *Paracalanus parvus*	0.111
蟹洲村	涨潮	桡足类无节幼体 Nauplius larva	0.638
		桡足幼体 Copepodid larva	0.086
		安氏伪镖水蚤 *Pseudodiaptomus annandalei*	0.086
		尖额次真哲水蚤 *Subeucalanus mucronatus*	0.086
	退潮	触角拟铃虫 *Tintinnopsis tentaculata*	0.4
		红色中缢虫 *Mesodinium rubrum*	0.2
		穗缘拟铃虫 *Tintinnopsis fimbriata*	0.133
		贝类面盘幼虫 Bivalvia larva	0.133

采样点	潮汐	优势种（类群）	优势度
好招楼村	涨潮	尖额次真哲水蚤 *Subeucalanus mucronatus*	0.34
		桡足类无节幼体 *Nauplius larva*	0.22
		桡足幼体 *Copepodid larva*	0.11
		钟形网纹虫 *Favella campanula*	0.11
	退潮	红色中缢虫 *Mesodinium rubrum*	0.615
白沙村	涨潮	桡足类无节幼体 *Nauplius larva*	0.507
		安氏伪镖水蚤 *Pseudodiaptomus annandalei*	0.137
	退潮	桡足类无节幼体 *Nauplius larva*	0.692
		桡足幼体 *Copepodid larva*	0.102

表 3-10　秋季各采样点浮游动物群落生物多样性指数

采样点	潮汐	D	H'	J'
红坎村	涨潮	2.276	1.735	0.968
	退潮	2.404	1.733	0.967
凤地村	涨潮	2.164	1.386	1
	退潮	2.154	1.554	0.707
西村	涨潮	2.885	1.906	0.98
	退潮	0.851	0.849	0.613
东村	涨潮	2.729	1.951	0.938
	退潮	2.919	2.02	0.971
仙来村	涨潮	1.842	0.692	0.315
	退潮	2.628	2.021	0.92
土角村	涨潮	1.558	1.549	0.796
	退潮	1.753	1.276	0.581

续表

采样点	潮汐	D	H'	J'
南渡河	涨潮	0.821	0.628	0.39
	退潮	1.228	1.144	0.711
英典村	涨潮	1.108	0.72	0.52
	退潮	2.265	1.349	0.649
覃典村	涨潮	0.481	0.377	0.544
	退潮	1.701	1.278	0.657
英良村	涨潮	1.207	1.237	0.892
	退潮	2.216	1.507	0.774
蟹洲村	涨潮	2.352	1.728	0.786
	退潮	1.559	1.378	0.856
好招楼村	涨潮	2.164	1.491	0.648
	退潮	1.207	0.983	0.709
白沙村	涨潮	2.02	1.874	0.901
	退潮	1.949	1.605	0.896

3.3　讨论

3.3.1　红树林浮游动物群落区系特征

浮游动物是水域生态系统食物链中的重要环节,其种类和数量的变化直接或间接对初级生产者和营养级更高的消费者产生影响,在水生生态系统中起着承上启下的作用。原生动物多数种类呈世界性分布,而轮虫、枝角类和桡足类等后生浮游动物则有明显的地理分布模式(沈韫芬,1990)。本次对广东湛江和惠州红树林调查中,所采集到的原生动物多为近岸海水常见种,如钟形网纹虫、红色中缢虫、酒瓶类铃虫、妥肯丁拟铃虫和触角拟铃虫等。其中,红色中缢虫为世界性海洋赤潮广布种。全世界有 1 200 多种轮虫,多数轮虫生活于各类淡水水体中,只有少数种类生活于咸淡水和海水中。在热带、亚热带地区水体,腔轮属(*Lecane*)、臂尾轮属(*Bra-chionus*)和异尾轮属(*Trichocerca*)是种类最多的 3 个属,龟甲轮属(*Keratella*)、叶轮属(*Nothol-*

ca)和疣毛轮属（*Synchaeta*）也有所分布。本次调查所采集的 8 种轮虫中,臂尾轮属种类为 2 种,其他轮虫属种类都是 1 种。在热带地区,枝角类种类组成以秀体溞属（*Diaphanosoma*）、裸腹溞属（*Moina*）、尖额溞属（*Alona*）、象鼻溞属（*Bosmina*）和网纹溞属（*Ceriodaphnia*）等相对较小的种类为主。本次调查采集到枝角类只有 1 种,为短尾秀体溞,短尾秀体溞是热带水体中的优势种类。本次调查采集到的桡足类种类相对较多,有 12 种。其中,克氏纺锤水蚤、太平洋纺锤水蚤、中华异水蚤、小拟哲水蚤、亚强次真哲水蚤、小长腹拟剑水蚤、瘦长毛猛水蚤和分叉小猛水蚤都是广温性,是咸淡水体常见种类。因此,广东湛江和惠州红树林的浮游动物区系组成具有明显的热带近岸咸淡水区系特征。

浮游幼虫是多种动物(含底栖动物和游泳动物等)的早期发育阶段,种类多、数量大、分布广,是红树林区水域浮游动物的重要组成部分,也是许多动物的饵料。浮游幼虫种类繁杂,即使同一种类也有不同的发育阶段,使得鉴定分类工作艰巨。本次调查共检测到多毛类幼体、贝类面盘幼虫、短尾类幼虫、蔓足类藤壶幼虫、才女虫幼虫、桡足类无节幼体、桡足幼体等 7 类浮游幼虫。除才女虫幼虫外,其他 6 类幼虫在春、秋季都有分布。桡足类无节幼体在绝大多数采样点密度相对较高,是优势种。

3.3.2 红树林浮游动物群落结构特征

红树林是生长在热带、亚热带海岸的木本植物群落,是海岸和河口湿地生态系统重要的生产者。有关红树林的生态学特征、生物资源及经营管理的研究已有很多。作为红树林生态系统次级生产力的浮游动物,国内研究有少量报道。如吴瑞等（2016）对海南省东寨港、清澜港、彩桥、新英湾、花场湾、三亚河及青梅港 7 个主要红树林区进行浮游动物调查,调查所采获的浮游动物共有 42 种,分属肉足虫类、纤毛虫类、腹足类、樱虾类、桡足类、毛颚类、多毛类、被囊类和浮游幼虫等 9 个类群。其中,桡足类种类数最多,有 19 属 26 种;樱虾类 1 属 1 种;肉足虫类 3 属 3 种;纤毛虫类 2 属 3 种;毛颚类 1 属 4 种;被囊类 3 属 3 种;腹足类和多毛类均有 1 属 1 种。优势种为桡足类的中华哲水蚤、亚强真哲水蚤、精致真刺水蚤、瘦长腹剑水蚤、小哲水蚤、粗大眼剑水蚤等,多毛类的游蚕,原生动物的钟状网纹虫,毛颚类的肥胖箭虫、大头箭虫,樱虾类的中国毛虾,腹足类的塔明螺。浮游动物丰度平均值为 245.14 个/米^3,生物量平均值为 4.28 g/m^3。H' 范围为 3.35～3.95,J' 范围为 0.82～0.97。海南红树林浮游动物种类多样性较高。在珠江口南沙区无瓣海桑红树林,原生动物总丰度可达 10^6 个/升数量级。在春季繁殖季节,桡足类和枝角类分别可达 576 个/升和 46 个/升（刘玉,2013）。在深圳福田红树林,浮游动物有 50 种。种类数最多的是轮虫,有 15 种;桡足类次之,为 14 种;纤毛虫 12 种;肉足虫 5 种;枝角类 4 种;另外还检测到 5 类浮游幼虫。各个采样点浮游动物种类数为 24～38 种。轮虫、桡足类和纤毛虫在各个采样点种类数相对较多。在涨潮时,福田红树林各个采样点浮游动物密度为 70.353 个/升;在退潮时,浮游动物密度为 47.814 个/升。浮游动物优势种主要由一些浮游幼虫、枝角类和少数轮虫种类组成。与其他红树林调查结果稍有不同,本次在湛江和惠州红树林共采集到浮游动物 43 种。以纤毛虫种类数最多,为 18 种;桡足类次之,为 16 种;轮虫 8 种;枝角类 1 种;另外还采集到 7 类浮游幼虫。枝角类只在春季红坎村采样点采集到,且只有短尾秀体溞 1 种。在春季,各个采样点共鉴定出浮游动物 26 种。种类数最多的是桡足类,有 12 种;纤毛虫次之,为 7 种;轮虫为 6 种;枝角类种类最少,只有 1 种。另外还检测到多毛类幼体、贝类面盘幼虫、桡足类无节幼体等 7 类浮游幼虫。各个采样点浮游动物种类数为 8～18 种,平均为 12.7 种。浮游动物密度相差较大,为 2.75～75.9 个/升,平均为 24.79 个/升。浮游动物优势种主要由桡足类幼体、桡足类和壶状臂尾轮虫(*Brachionus urceus*)组成。桡足类无节幼体在各个采样点密度都较高,是优势种,在多数采样时段是第一优势种。在秋季,各个采样点共鉴定出浮游动物 32 种,较春季种类数稍多,主要原因是检测到较多的纤毛虫(15 种),另检测到桡足类 12 种、轮虫 5 种、多毛类幼体、贝类面盘幼虫、桡足类无节幼体等浮游幼虫 6 类。秋季没有检测到枝角类。各个采样点浮游动物种类数为 5～17 种。浮游动物密度为 3～63.8 个/升,平均为 10.98 个/升。浮游动物优势种主要由桡足类无节幼体、桡足幼体、蔓足类藤壶幼虫和一些哲水蚤种类组成。桡足类无节幼体在多数采样点密度较高,是优势种。

参考文献

中国科学院动物研究所甲壳动物研究组.中国动物志　节肢动物门　甲壳纲　淡水桡足类[M].北京:科学出版社.1979.

刘玉.珠江口无瓣海桑(*Sonneratia apetala*)湿地中浮游动物构成及富营养化评价[J].海洋与湖沼,2013,44(2):292-298.

沈韫芬.微型生物监测新技术[M].北京:中国建筑工业出版社.1990.

沈韫芬,蒋燮治.从浮游动物评价水体自然净化的效能[J].海洋与湖泊,1979,10(2):161-173.

中华人民共和国水利部.水环境监测规范:SL 219—2013 [S].北京:中国水利水电出版社.2013.

王家楫.中国淡水轮虫志[M].北京:科学出版社.1961.

吴瑞,兰建新,陈丹丹,等.海南省红树林区浮游动物多样性的初步研究[J].热带农业科学,2016,36(11):43-47.

章宗涉,黄祥飞.淡水浮游生物研究方法[M].北京:科学出版社.1990.

Arcifa M S. Zooplankton composition of ten reservoirs in southen Brazil [J]. Hydrobiologia,1984,113:137-145.

Arndt H. Rotifers as predators on components of the microbial web (bacteria, heterotrophic flagellates,ciliates)—a review [J]. Hydrobiologia,1993,255/256:231-246.

Clarke K R,Gorley R. PRIMER v6:User manual/tutorial. Plymouth:Plymouth Marine Laboratory. 2006,190.

Fernando C H. A guide to tropical freshwater zooplankton [M]. Leiden:Backhuys Publishers. 2002.

Koste W R. Die Radertiere Mitteleuropas [M]. Berlin & Stuttgart:Gebruder Borntraeger. 1978.

Reynolds C S. The ecology of freshwater phytoplankton [M]. Cambridge:Cambridge University Press. 1984.

Gannon J E,Stemberger R S. Zooplankton (especially crustaceans and rotifers) as indicators of water quality [J]. Transactions of the American Microscopical Society，1978，97(1)：16-35.

附录 3　　　　　广东红树林浮游动物调查名录

浮游动物	湛江		惠州	
	春季	秋季	春季	秋季
纤毛门 Ciliophora				
动基片纲 Kinetofragminophorea				
侧口目 Pleurostomatida				
裂口虫科 Amphileptidae				
裂口虫属 *Apoamphileptus*				
猎裂口虫 *Apoamphileptus meleagris*		+		
刺钩目 Haptorida				
栉毛科 Didiniidae				
栉毛虫属 *Didinium*				
双环栉毛虫 *Didinium nasutum*	+	+		
中缢虫科 Mesodiniidae				
中缢虫属 *Mesodinium*				
红色中缢虫 *Mesodinium rubrum*				+
寡膜纲 Oligohymenophorea				
固着目 Sessilida				
钟虫科 Vorticellidae				
钟虫属 *Vorticella*				
钟虫 *Vorticella* sp.		+		
累枝虫科 Epistylidae				
累枝虫属 *Epistylis*				
累枝虫 *Epistylis* sp.				+
膜口目 Hymenostomatida				
草履虫科 Parameciidae				
草履虫属 *Paramecium*				

浮游动物	湛江		惠州	
	春季	秋季	春季	秋季
尾草履虫 *Paramecium caudatum*		+		
鞘居虫科 Vaginicolidae				
鞘居虫属 *Vaginicolacry*				
透明鞘居虫 *Vaginicola crystallina*		+		
多膜纲 Polymenophorea				
寡毛目 Oligotrichida				
急游虫科 Strombidiidae				
急游虫属 *Strombidium*				
锥形急游虫 *Strombidium conicum*		+		+
丁丁目 Tintinnida				
褶皱虫科 Ptychocylididae				
网纹虫属 *Favella*				+
钟形网纹虫 *Favella campanula*	+	+	+	+
类铃虫科 Codonellopsidae				
类铃虫属 *Codonellopsis*				
酒瓶类铃虫 *Codonellopsis morchella*			+	
铃壳虫科 Codonellidae				
拟铃虫属 *Tintinnopsis*				
布氏拟铃虫 *Tintinnopsis butschlii*				+
穗缘拟铃虫 *Tintinnopsis fimbriata*		+		+
触角拟铃虫 *Tintinnopsis tentaculata*		+		+
妥肯丁拟铃虫 *Tintinnopsis tocantinensis*	+	+		
管状拟铃虫 *Tintinnopsis tubulosa*	+	+		+
盾形拟铃虫 *Tintinnopsis urnula*	+		+	

浮游动物	湛江		惠州	
	春季	秋季	春季	秋季
穗缘拟铃虫 *Tintinnopsis fimbriata*	+			
游仆虫目 Euplotida				
游仆虫科 Euplotidae				
游仆虫属 *Euplotes*				
游仆虫 *Euplotes* sp.	+		+	
轮虫动物门 Rotifera				
双巢纲 Digononta				
蛭态轮虫目 Bdelloidea				
旋轮科 Philodinidae				
转轮虫属 *Rotaria*				
转轮虫 *Rotaria rotatoria*	+	+		
单卵巢纲 Monogononta				
游泳目 Ploima				
臂尾轮科 Brachionida				
臂尾轮虫属 *Brachionus*				
壶状臂尾轮虫 *Brachionus urceus*	+	+	+	+
萼花臂尾轮虫 *Brachionus calyciflorus*		+		
龟甲轮虫属 *Keratella*				
曲腿龟甲轮虫 *Keratella valga*	+	+	+	
疣毛轮科 Synchaetidae				
疣毛轮虫属 *Synchaeta*				
细长疣毛轮虫 *Synchaeta grandis*	+			
晶囊轮虫科 Asplanchnidae				
晶囊轮虫属 *Asplachna*				

浮游动物	湛江		惠州	
	春季	秋季	春季	秋季
前节晶囊轮虫 *Asplanchna priodonta*	+			
狭甲轮科 Colurellidae				
狭甲轮虫属 *Colurella*				
狭甲轮虫 *Colurella* sp.	+			
异尾轮科 Trichocercidae				
异尾轮虫属 *Trichocerca*				
韦氏异尾轮虫 *Trichocerca weberi*		+		
节肢动物门 Arthropod				
甲壳动物亚门 Crustacea				
鳃足纲 Branchiopoda				
枝角目 Cladocera				
仙达溞科 Sididae				
秀体溞属 *Diaphanosoma*				
短尾秀体溞 *Diaphanosoma brachyurum*	+			
桡足纲 Copepoda				
哲水蚤目 Calanoida				
纺锤水蚤科 Acrtiidae				
纺锤水蚤属 *Acartia*				
克氏纺锤水蚤 *Acartia clausii*	+	+		
太平洋纺锤水蚤 *Acartia pacifica*	+	+	+	+
异水蚤属 *Acartiella*				
中华异水蚤 *Acartiella sinensis*	+		+	
哲水蚤科 Calanidae				
拟哲水蚤属 *Paracalanus*				

浮游动物	湛江		惠州	
	春季	秋季	春季	秋季
小拟哲水蚤 *Paracalanus parvus*	+	+	+	+
真哲水蚤科 Eucalanidae				
次真哲水蚤属 *Subeucalanus*				
亚强次真哲水蚤 *Subeucalanus subcrassus*	+	+	+	
尖额次真哲水蚤 *Subeucalanus mucronatus*		+		+
伪镖水蚤科 Pseudodiaptomidae				
伪镖水蚤属 *Pseudodiaptomus*				
安氏伪镖水蚤 *Pseudodiaptomus annandalei*		+		+
剑水蚤目 Cyclopoidea				
剑水蚤科 Cyclopidae				
中剑水蚤属 *Mesocyclops*				
广布中剑水蚤 *Mesocyclops leuckarti*	+	+	+	
长腹剑水蚤科 Oithonidae				
长腹拟剑水蚤属 *Oithona*				
小长腹拟剑水蚤 *Oithona nana*	+	+	+	+
拟长腹剑水蚤 *Oithona similis*		+		+
窄腹剑水蚤属 *Limnoithona*				
中华窄腹剑水蚤 *Limnoithona sinensis*		+		
猛水蚤目 Harpacticoida				
日猛水蚤科 Tisbidae				
日猛水蚤属 *Tisbe*				
分叉小猛水蚤 *Tisbe furcata*		+		+
暴猛水蚤科 Clytemnestridae	+		+	
暴猛水蚤属 *Clytemnestra*				

浮游动物	湛江		惠州	
	春季	秋季	春季	秋季
硬鳞暴猛水蚤 *Clytemnestra scutellate*	+			
奇异猛水蚤科 Miraciidae				
长毛猛水蚤属 *Macrosetella*				
瘦长毛猛水蚤 *Macrosetella gracilis*	+			
猛水蚤 1 种	+			
叶水蚤科 Sapphirinidae				
叶水蚤属 *Sapphirina*				
达氏叶水蚤 *Sapphirina darwini*	+	+		+
浮游幼虫				
桡足类无节幼体 Nauplius larva	+	+	+	+
桡足幼体 Copepodid larva	+	+	+	+
蔓足类藤壶幼虫 *Balanus* larva	+	+	+	+
多毛类幼体 Polychaeta larva	+	+	+	+
才女虫幼虫 Polydora larva	+			
短尾类幼虫 Brachyura larva	+	+		+
贝类面盘幼虫 Bivalvia larva	+	+	+	+

第 4 章　广东红树林底栖动物多样性调查

摘要　本次调查在广东湛江和惠州红树林各个采样点共采集到底栖动物 113 种。腹足纲和双壳纲种类数最多,均为 35 种;甲壳纲次之,为 30 种;多毛纲 6 种;硬骨鱼纲 5 种;掘足纲 2 种。底栖动物种类组成以咸水种为主,另有少数属于广盐性种。经济种琴文蛤(*Meretrix lyrata*)在仙来村滩涂资源量较大。

春季在各个采样点共鉴定出底栖动物 83 种。双壳纲种类数最多,为 30 种;腹足纲次之,为 26 种;甲壳纲 20 种;多毛纲 4 种;鱼纲 2 种;掘足纲 1 种。各个采样点种类数为 2～16 种,以白沙村高潮带最多,红坎村中潮带最少。底栖动物密度为 21～912 个/米²,平均为 216 个/米²,以白沙村中潮带的密度最高,蟹洲村中潮带的密度最低;底栖动物生物量为 2.69～1 254.61 g/m²,平均为 195.2 g/m²,以仙来村低潮带的生物量最高,南渡河中潮带的生物量最低。底栖动物优势种主要由甲壳类和双壳类组成。各个采样点的底栖动物物种丰富度指数为 0.294～2.597,Shannon-Wiener 多样性指数为 0.073～0.986,均匀度指数为 0.105～0.473。

秋季共鉴定出底栖动物 91 种。种类数最多的是腹足纲,为 28 种;双壳纲次之,为 27 种;甲壳纲为 24 种;多毛纲 6 种;鱼纲 4 种;掘足纲 2 种。各个采样点种类数为 3～25 种,以白沙村中潮带种类数最高,好招楼村高潮带种类数最少。底栖动物密度为 27～2 315 个/米²,平均为 256 个/米²,以蟹洲村中潮带密度最高,好招楼村低潮带密度最低。底栖动物生物量为 5.493～1 003.099 g/m²,平均为 142.372 g/m²,以蟹洲村中潮带生物量最高,好招楼村低潮带生物量最低。底栖动物优势种主要由甲壳类、腹足类与多毛类组成。底栖动物物种丰富度指数为 0.494～2.517,Shannon-Wiener 多样性指数为 0.043～1.146,均匀度指数为 0.031～0.612。

底栖动物是一个生态学范畴的概念，可界定为生活史的全部或大部分时间生活于水体底部或其他基质上的水生动物。在实际研究中，按个体大小，底栖动物可以划分为大型底栖动物、中型底栖动物和小型底栖动物。一般将不能通过 0.5 mm 孔径（约 40 目）筛网、体长≥1 mm 的个体，称为大型底栖动物，包括扁形动物、部分环节动物、部分线形动物、软体动物和甲壳类；中型底栖动物指体长 0.5～1 mm 的个体，主要由部分个体较小的寡毛类、自由生活的线虫和部分甲壳类等组成；小型底栖动物指体长≤0.5 mm 的动物，如营底栖生活的原生动物、轮虫、枝角类和桡足类等。底栖动物是生态系统的重要组成部分，具有个体大、生活周期相对较长、运动能力弱和对环境条件反应敏感等特点，其生长、繁殖、群落演替和群落结构的变化与水环境因子关系密切，又因其寿命相对较长，且迁移能力有限，便于采集，所以对底栖动物的研究成为评价生态环境的关键内容。底栖动物是红树林生态系统的重要生态类群之一，也是该生态系统能量流动、物质循环中的消费者和转移者，决定着红树林生态系统的许多重要生态过程。深入而持续地开展红树林区大型底栖动物的研究对于保护和开发利用红树林资源具有重要的理论和现实意义。本研究调查广东湛江和惠州红树林底栖动物群落种类组成、密度和生态分布，分析底栖动物群落结构多样性特征、时空变化规律，以期为了解该区域红树林水生生物资源状况、资源利用和生物监测提供基础资料。

4.1 红树林底栖动物生态现状调查方法

4.1.1 采样点设置和采样时间

采样点设置和采样时间同第 2 章 2.1.1 和 2.1.2。

4.1.2 样品采集

参照《红树林生态监测技术规程》（HY/T 081—2005），定量样品采集用 1/16 m² 改良彼得生挖泥器采集底泥，每个点采集 3 次。在现场用孔径为 40 目的分样筛将沉积物样品中的泥沙冲洗掉，所获大型底栖动物标本及残渣全部转移至样品瓶，用 10%（V/V）福尔马林溶液现场固定，贴上标签（写明地点、编号、日期），带回实验室。

4.1.3 底栖动物计数和种类鉴定

在实验室用解剖镜将底栖动物分检出，标本鉴定至尽可能低的分类阶元，然后计数和称重，用 70%（V/V）酒精保存标本。计数时，每个采样点所得的底栖动物按不同种类准确地统计个体数。在标本已有损坏的情况下，一般只统计头部，不统计零散的腹部、附肢。样品在室内称重时,先将样品表面的水分吸干,再用电子秤(精度为 0.001 g)分别称重。最后将所有的样品均换算成密度和生物量。

4.1.4　数据统计和分析

数据统计和分析同第 2 章 2.1.4.2。

4.2　红树林底栖动物生态现状调查结果

4.2.1　底栖动物种类组成

如附录 4 所示,本次调查共采集到底栖动物 4 门 6 纲 23 目 60 科 99 属 113 种。腹足纲与双壳纲最多,均为 35 种;甲壳纲次之,为 30 种;多毛纲 6 种;鱼纲 5 种;掘足纲 2 种。

4.2.2　春季底栖动物调查结果

4.2.2.1　底栖动物群落种类组成及种类数

如表 4-1 所示,春季在各个采样点共鉴定出底栖动物 83 种。双壳纲种类数最多,为 30 种;腹足纲次之,为 26 种;甲壳纲 20 种;多毛纲 4 种;鱼纲 2 种;掘足纲 1 种。

各个采样点种类数为 2～16 种,以白沙村高潮带最多,红坎村中潮带最少(图 4-1)。

4.2.2.2　底栖动物密度

各个采样点底栖动物密度相差较大(表 4-2、表 4-3、图 4-2),为 21～912 个/米^2,平均为 216 个/米^2,以白沙村中潮带的密度最高,蟹洲村中潮带的密度最低。

4.2.2.3　底栖动物生物量

如表 4-4、表 4-5、图 4-3 所示,各个采样点底栖动物生物量相差较大,为 2.69～1 254.61 g/m^2,平均为 195.2 g/m^2,以仙来村低潮带的生物量最高,南渡河中潮带的生物量最低。

表4-1 春季各采样点底栖动物种类组成

底栖动物	红坎村			西村			东村			凤地村			仙来村			土角村			南渡河			英典村			覃典村			英良村			蟹洲村			好招楼村			白沙村		
	高潮带	中潮带	低潮带	高潮带	中潮带	低潮带	高潮带	中潮带	低潮带	高潮带	中潮带	低潮带	高潮带	中潮带	低潮带	高潮带	中潮带	低潮带	高潮带	中潮带	低潮带	高潮带	中潮带	低潮带	高潮带	中潮带	低潮带	高潮带	中潮带	低潮带	高潮带	中潮带	低潮带	高潮带	中潮带	低潮带	高潮带	中潮带	低潮带
多毛类																																							
寡鳃齿吻沙蚕 Nephthys oligobranchia		+								+							+			+				+								+		+					
尖刺缨虫 Potamilla acuminata																			+																				
溪沙蚕 Namalycastis abiuma									+																	+													
羽须鳃沙蚕 Dendronereis pinnaticirris																					+													+					+
腹足类																																							
奥莱彩螺 Clithon oualaniensis																			+						+			+	+						+	+			
斑玉螺 Natica tigrina															+																								
棒锥螺 Turritella bacillum		+																																					
彩拟蟹守螺 Cerithidea ornata																		+		+				+															
粗糙滨螺 Littoraria scabra										+			+																										
短拟沼螺 Assiminea brevicula	+																																	+					

续表

底栖动物	红坎村 高潮带	红坎村 中潮带	红坎村 低潮带	西村 高潮带	西村 中潮带	西村 低潮带	东村 高潮带	东村 中潮带	东村 低潮带	凤地村 高潮带	凤地村 中潮带	凤地村 低潮带	仙来村 高潮带	仙来村 中潮带	仙来村 低潮带	土角村 高潮带	土角村 中潮带	土角村 低潮带	南渡河 高潮带	南渡河 中潮带	南渡河 低潮带	英典村 高潮带	英典村 中潮带	英典村 低潮带	覃典村 高潮带	覃典村 中潮带	覃典村 低潮带	英良村 高潮带	英良村 中潮带	英良村 低潮带	蟹洲村 高潮带	蟹洲村 中潮带	蟹洲村 低潮带	好招楼村 高潮带	好招楼村 中潮带	好招楼村 低潮带	白沙村 高潮带	白沙村 中潮带	白沙村 低潮带
格纹玉螺 Natica gualtieriana																									+													+	
沟纹笋光螺 Terebralia sulcata																						+	+																
黑口滨螺 Littoraria melanostoma				+				+				+																	+								+		
红树拟蟹守螺 Cerithidea rhizophorarum								+																		+												+	
节织纹螺 Nassarius nodifer															+							+			+						+	+	+				+		+
蛎敌荔枝螺 Thais gradata																		+																					
粒花冠小月螺 Lunella coronata granulata																					+																	+	
婆罗囊螺 Retusa boenensis			+																							+													
德氏狭口螺 Stenothyra divalis			+			+					+																+												
乳玉螺 Polynices mammata																																+			+				
石磺 Onchidium verruculatum Cuvier																				+													+						
托氏昌螺 Umbonium thomasi																		+																					+

续表

底栖动物	红坎村			西村			东村			凤地村			仙来村			土角村			南渡河			英典村			覃典村			英良村			蟹洲村			好招楼村			白沙村		
	高潮带	中潮带	低潮带	高潮带	中潮带	低潮带	高潮带	中潮带	低潮带	高潮带	中潮带	低潮带	高潮带	中潮带	低潮带	高潮带	中潮带	低潮带	高潮带	中潮带	低潮带	高潮带	中潮带	低潮带	高潮带	中潮带	低潮带	高潮带	中潮带	低潮带	高潮带	中潮带	低潮带	高潮带	中潮带	低潮带	高潮带	中潮带	低潮带
西格织纹螺 *Nassarius siquinjorensis*																	+																						
斜肋齿蜷 *Sermyla riqueti*		+		+	+	+		+	+			+														+	+												
圆点笔螺 *Mitra scutulata*																															+							+	+
中国耳螺 *Ellobium chinense*																				+																			+
珠带拟蟹守螺 *Cerithidea cingulata*		+	+		+	+		+	+					+			+						+	+		+	+		+	+		+	+		+	+		+	+
珠光月华螺 *Haloa margaitoides*																				+										+									+
紫游螺 *Neritina violacea*									+																														
纵带滩栖螺 *Batillaria zonalis*																										+		+	+	+		+	+		+				
掘足类																																							
助变角贝 *Dentalium octangulatum*																													+										
双壳类																																							
斑纹厚大蛤 *Codakia punctata*																																		+					
变化短齿蛤 *Brachidontes variabilis*																																					+		

续表

底栖动物	红坎村			西村			东村			凤地村			仙来村			土角村			南渡河			英典村			覃典村			英良村			蟹洲村			好招楼村			白沙村		
	高潮带	中潮带	低潮带	高潮带	中潮带	低潮带	高潮带	中潮带	低潮带	高潮带	中潮带	低潮带	高潮带	中潮带	低潮带	高潮带	中潮带	低潮带	高潮带	中潮带	低潮带	高潮带	中潮带	低潮带	高潮带	中潮带	低潮带	高潮带	中潮带	低潮带	高潮带	中潮带	低潮带	高潮带	中潮带	低潮带	高潮带	中潮带	低潮带
波纹巴菲蛤 *Paphia undulata*																															+								
布目蚶纹蛤 *Periglypta clathrata*																						+	+																
短竹蛏 *Solen dunkerianus*																						+	+																
帝汶樱蛤 *Tellinides timorensis*																																			+				
翡翠贻贝 *Perna viridis*																	+																						
河蚬 *Corbicula fluminea*				+														+																					
青蚶 *Barbatia virescens*					+													+																					
红肉河蓝蛤 *Potamocorbula rubromuscula*													+	+								+	+																
红树蚬 *Geloina coaxans*																										+													
加夫蛤 *Gafrarium pectinatum*																														+					+				
江户明樱蛤 *Moerella jedoensis*																								+															
裂纹格特蛤 *Marcia hiantina*																								+									+	+					
鳞杓拿蛤 *Anomalodiscus squamosus*																								+			+		+	+						+	+	+	+

197

续表

底栖动物	红坎村			西村			东村			凤地村			仙来村			土角村			南渡河			茭典村			覃典村			英良村			蟹洲村			好招楼村			白沙村		
	高潮带	中潮带	低潮带	高潮带	中潮带	低潮带	高潮带	中潮带	低潮带	高潮带	中潮带	低潮带	高潮带	中潮带	低潮带	高潮带	中潮带	低潮带	高潮带	中潮带	低潮带	高潮带	中潮带	低潮带	高潮带	中潮带	低潮带	高潮带	中潮带	低潮带	高潮带	中潮带	低潮带	高潮带	中潮带	低潮带	高潮带	中潮带	低潮带
毛蚶 Scapharca kagoshimensis																									+														
美女白樱蛤 Macoma candida																+																						+	+
泥蚶 Tegillarca granosa																												+	+	+	+	+	+	+			+		
拟箱美丽蛤 Merisca capsoides																+												+					+						
琴文蛤 Meretrix lyrata																		+																					
青蛤 Cyclina sinensis				+						+																			+			+							
日本镜蛤 Dosinia japonica		+																								+													
萨氏仿贻贝 Mytilopsis sallei						+																																	
双线紫蛤 Hiatula diphos																								+						+									+
斯氏印澳蛤 Indoaustriella scarlatoi																								+															
文蛤 Meretrix meretrix				+	+								+			+															+								
狭仿缢蛏 Azorinus coarctata																											+	+											
伊萨伯雪蛤 Clausinella isabellina																		+									+							+					

续表

底栖动物	红坎村 高潮带	红坎村 中潮带	红坎村 低潮带	西村 高潮带	西村 中潮带	西村 低潮带	东村 高潮带	东村 中潮带	东村 低潮带	凤地村 高潮带	凤地村 中潮带	凤地村 低潮带	仙来村 高潮带	仙来村 中潮带	仙来村 低潮带	土角村 高潮带	土角村 中潮带	土角村 低潮带	南渡河 高潮带	南渡河 中潮带	南渡河 低潮带	英典村 高潮带	英典村 中潮带	英典村 低潮带	覃典村 高潮带	覃典村 中潮带	覃典村 低潮带	英良村 高潮带	英良村 中潮带	英良村 低潮带	蟹洲村 高潮带	蟹洲村 中潮带	蟹洲村 低潮带	好招楼村 高潮带	好招楼村 中潮带	好招楼村 低潮带	白沙村 高潮带	白沙村 中潮带	白沙村 低潮带
缢蛏 *Sinonovacula constricta*													+																										
中国绿螂 *Glauconome chinensis*																									+						+							+	
甲壳类																																							
扁平拟闭口蟹 *Paracleistostoma depressum*	+	+	+																+																				
秉氏厚蟹 *Helice pingi*	+			+																																			
并齿大眼蟹 *Macrophthalmus simdentatus*															+													+											
橄榄拳蟹 *Philyra olivacea*						+						+			+			+																					
长腕和尚蟹 *Mictyris longicarpus*					+													+																					
弧边招潮蟹 *Uca arcuata*	+	+		+	+								+			+						+			+			+			+						+		+
拟穴青蟹 *Scylla paramamosain*								+			+																	+											+
谭氏泥蟹 *Ilyoplax deschampsi*		+																																					
莱氏异额蟹 *Anomalifrons lightana*									+																														
褶痕拟相手蟹 *Parasesarma plicata*	+			+			+			+									+						+						+								

续表

底栖动物	红坎村			西村			东村			凤地村			仙来村			土角村			南渡河			英典村			覃典村			英良村			蟹洲村			好招楼村			白沙村		
	高潮带	中潮带	低潮带	高潮带	中潮带	低潮带	高潮带	中潮带	低潮带	高潮带	中潮带	低潮带	高潮带	中潮带	低潮带	高潮带	中潮带	低潮带	高潮带	中潮带	低潮带	高潮带	中潮带	低潮带	高潮带	中潮带	低潮带	高潮带	中潮带	低潮带	高潮带	中潮带	低潮带	高潮带	中潮带	低潮带	高潮带	中潮带	低潮带
无齿螳臂相手蟹 *Sesarma dehaani*	+			+			+	+														+												+					
双齿近相手蟹 *Perisesarma bidens*				+																																			
长足长方蟹 *Metaplax longipes*					+			+		+	+	+		+		+					+		+			+												+	+
字纹弓蟹 *Varuna litterata*															+																								
长腕和尚蟹 *Mictyris longicarpus*						+																																	
鹰爪虾 *Trachypenaeus curvirostris*	+																				+																		
近缘新对虾 *Metapenaeus affinis*	+								+									+																+					
脊尾白虾 *Exopalaemon carinicauda*	+																																				+		
刺螯虾 *Alpheus hoplocheles*	+																																						
麦克蝶尾虫 *Discapseudes mackiei*	+							+	+																							+							
鱼类																																							
弹涂鱼 *Periophthalmus cantonensis*	+				+									+			+					+										+			+				
孔虾虎鱼 *Trypauchen vagina*	+					+																																	

注："+"表示被检测到

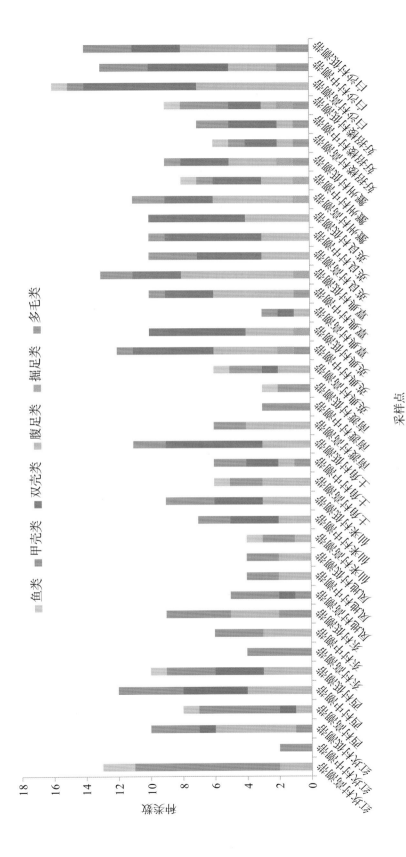

图 4-1　春季各采样点底栖动物种类数

表4-2 春季湛江各采样点底栖动物密度

（单位：个/米²）

底栖动物	红坎村			西村			东村			风地村			仙来村			土角村			南渡河			英典村			覃典村			英良村		
	高潮带	中潮带	低潮带	高潮带	中潮带	低潮带	高潮带	中潮带	低潮带	高潮带	中潮带	低潮带	高潮带	中潮带	低潮带	高潮带	中潮带	低潮带	高潮带	中潮带	低潮带	高潮带	中潮带	低潮带	高潮带	中潮带	低潮带	高潮带	中潮带	低潮带
多毛类																														
寡鳃齿吻沙蚕 *Nepthysolig obranchia*			5.3						16.0	5.3							26.7			53.3			5.3							
溪沙蚕 *Namalycastis abiuma*									85.3																	117.3				
羽须鳃沙蚕 *Dendronereis pinnaticirris*																					16.0									
尖刺樱虫 *Potamilla acuminata*																				5.3										
腹足类																														
紫游螺 *Neritina violacea*																			16.0											
黑口拟滨螺 *Littoraria melanostoma*																												5.3		
短拟沼螺 *Assiminea brevicula*			16.0								170.7																			
节织纹螺 *Nassarius nodifer*															42.7															
斜肋齿蜷 *Sermyla riqueti*																16.0									10.7	16.0				
红树拟蟹守螺 *Cerithidea rhizophorarum*																									16.0		21.3			
彩拟蟹守螺 *Cerithidea ornata*																			10.7											

续表

底栖动物	红坎村			西村			东村			凤地村			仙来村			土角村			南渡河			英典村			覃典村			英良村		
	高潮带	中潮带	低潮带	高潮带	中潮带	低潮带	高潮带	中潮带	低潮带	高潮带	中潮带	低潮带	高潮带	中潮带	低潮带	高潮带	中潮带	低潮带	高潮带	中潮带	低潮带	高潮带	中潮带	低潮带	高潮带	中潮带	低潮带	高潮带	中潮带	低潮带
珠带拟蟹手螺 *Cerithidea cingulata*			5.3		64.0	21.3							32.0	42.7	85.3		42.7						42.7	80.0			16.0	21.3	37.3	10.7
纵带滩栖螺 *Batillaria zonalis*																							21.3	32.0				10.7	426.7	378.7
沟纹笋光螺 *Terebralia sulcata*																						26.7	26.7							
石磺 *Onchidiumverru culatum*																			10.7											
双壳类																														
翡翠贻贝 *Perna viridis*																		5.3												
布目皱纹蛤 *Periglypta clathrata*																							5.3							
红肉河蓝蛤 *Potamocorbula rubromuscula*													53.3	154.7																
加夫蛤 *Gafrarium pectinatum*																														5.3
江户明樱蛤 *Moerella jedoensis*																								16.0						
裂纹格特蛤 *Marcia hiantina*																								16.0						
鳞杓拿蛤 *Anomalodiscus squamosus*																							10.7						1173	261.3
伊萨伯雪蛤 *Clausinella isabellina*																								10.7					10.7	16.0

续表

底栖动物	红坎村			西村			东村			凤地村			仙来村			土角村			南渡河			英典村			覃典村			英良村		
	高潮带	中潮带	低潮带	高潮带	中潮带	低潮带	高潮带	中潮带	低潮带	高潮带	中潮带	低潮带	高潮带	中潮带	低潮带	高潮带	中潮带	低潮带	高潮带	中潮带	低潮带	高潮带	中潮带	低潮带	高潮带	中潮带	低潮带	高潮带	中潮带	低潮带
美女白樱蛤 Macoma candida																		112.0												
拟箱美丽蛤 Meriscacap soides																		69.3												5.3
斯氏印澳蛤 Indoaustriella scarlatoi																						80.0	90.7						181.3	117.3
日本镜蛤 Dosinia japonica			26.7																											
琴文蛤 Meretrix lyrata															144.0			5.3												
文蛤 Meretrix meretrix				5.3											16.0															
青蛤 Cyclina sinensis																													5.3	
河蚬 Corbicula fluminea					5.3																									
红树蚬 Geloina coaxans																										5.3				
泥蚶 Tegillarca granosa																														5.3
短竹蛏 Solen dunkerianus																			5.3	5.3										
甲壳类																														
长腕和尚蟹 Mictyris longicarpus					5.3																									
拟穴青蟹 Scyllapar amamosain									5.3																					

续表

底栖动物	红坎村			西村			东村			凤地村			仙来村			土角村			南渡河			英典村			覃典村			英良村		
	高潮带	中潮带	低潮带	高潮带	中潮带	低潮带	高潮带	中潮带	低潮带	高潮带	中潮带	低潮带	高潮带	中潮带	低潮带	高潮带	中潮带	低潮带	高潮带	中潮带	低潮带	高潮带	中潮带	低潮带	高潮带	中潮带	低潮带	高潮带	中潮带	低潮带
扁平拟闭口蟹 *Paracleistostoma depressum*	26.7	26.7	21.3	16.0								154.7							48.0											
并齿大眼蟹 *Macrophthalmus simdentatus*														37.3															5.3	
橄榄拳蟹 *Philyra olivacea*						5.3												5.3												
弧边招潮蟹 *Uca arcuata*	5.3	10.7		16.0	10.7		5.3			5.3			26.7	16.0		5.3							10.7					16.0		
莱氏异额蟹 *Anomalifrons lightana*						37.3																								
谭氏泥蟹 *Ilyoplax deschampsi*			5.3					128.0										16.0												
无齿螳臂相手蟹 *Sesarma dehaani*	5.3				16.0		26.7	21.3														5.3						10.7		
褶痕拟相手蟹 *Parasesarma plicata*	64.0			5.3	5.3		5.3			21.3	10.7								42.7		10.7				26.7					
双齿近相手蟹 *Perisesarma bidens*				16.0																										
长足长方蟹 *Metaplax longipes*							5.3			5.3	58.7	5.3			5.3	10.7	5.3				5.3	42.7					5.3	16.0		
秉氏厚蟹 *Helice pingi*	21.3			10.7																										
字纹弓蟹 *Varuna litterata*															5.3															

续表

底栖动物	红坎村 高潮带	红坎村 中潮带	红坎村 低潮带	西村 高潮带	西村 中潮带	西村 低潮带	东村 高潮带	东村 中潮带	东村 低潮带	凤地村 高潮带	凤地村 中潮带	凤地村 低潮带	仙来村 高潮带	仙来村 中潮带	仙来村 低潮带	土角村 高潮带	土角村 中潮带	土角村 低潮带	南渡河 高潮带	南渡河 中潮带	南渡河 低潮带	英典村 高潮带	英典村 中潮带	英典村 低潮带	覃典村 高潮带	覃典村 中潮带	覃典村 低潮带	英良村 高潮带	英良村 中潮带	英良村 低潮带
脊尾白虾 *Exopalaemon carinicauda*	37.3								5.3																					
近缘新对虾 *Metapenaeus affinis*	64.0								16.0								5.3													
鹰爪虾 *Trachypenaeus curvirostris*	5.3																													
刺螯鼓虾 *Alpheus hoplocheles*	10.7																													
麦克蝶尾虫 *Discapseudes mackiei*		21.3					400.0		480.0																	21.3				
鱼类																														
弹涂鱼 *Periophthalmus cantonensis*	5.3				5.3								5.3			5.3					5.3	5.3								
孔虾虎鱼 *Trypauchen vagina*	5.3					5.3															5.3									

表 4-3　春季惠州各采样点底栖动物密度　　　　　　　　　（单位：个／米²）

底栖动物	蟹洲村			好招楼村			白沙村		
	高潮带	中潮带	低潮带	高潮带	中潮带	低潮带	高潮带	中潮带	低潮带
多毛类									
寡鳃齿吻沙蚕 *Nepthysolig obranchia*			16.0					277.3	202.7
羽须鳃沙蚕 *Dendronereis pinnaticirris*				16.0	37.3	26.7		16.0	16.0
腹足类									
珠带拟蟹手螺 *Cerithidea cingulata*									53.3
珠光月华螺 *Haloa margaitoides*									5.3
石磺 *Onchidiumverru culatum*	5.3								
双壳类									
美女白樱蛤 *Macoma candida*								5.3	5.3
斯氏印澳蛤 *Indoaustriella scarlatoi*					5.3			96.0	346.7
河蚬 *Corbicula fluminea*			5.3						
甲壳类									
拟穴青蟹 *Scylla paramamosain*									5.3
弧边招潮蟹 *Uca arcuata*	10.7						74.7	5.3	
无齿螳臂相手蟹 *Sesarma dehaani*				21.3					
褶痕拟相手蟹 *Parasesarma plicata*	32.0								
长足长方蟹 *Metaplax longipes*		5.3						32.	16.0
脊尾白虾 *Exopalaemon carinicauda*					26.7				
近缘新对虾 *Metapenaeus affinis*					16.0	5.3			
麦克蝶尾虫 *Discapseudes mackiei*			5.3		26.7	469.3		480	26.7
鱼类									
弹涂鱼 *Periophthalmus cantonensis*		16.0		5.3		5.3	5.3		

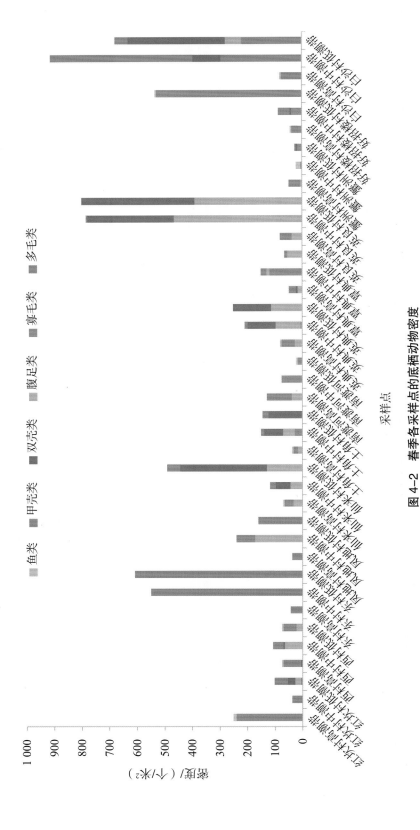

图 4-2 春季各采样点的底栖动物密度

表 4-4　春季湛江各采样点底栖动物生物量

（单位：g/m²）

底栖动物	红坎村			西村			东村			凤地村			仙来村			土角村			南渡河			英典村			覃典村			英良村		
	高潮带	中潮带	低潮带	高潮带	中潮带	低潮带	高潮带	中潮带	低潮带	高潮带	中潮带	低潮带	高潮带	中潮带	低潮带	高潮带	中潮带	低潮带	高潮带	中潮带	低潮带	高潮带	中潮带	低潮带	高潮带	中潮带	低潮带	高潮带	中潮带	低潮带
多毛类																														
寡鳃齿吻沙蚕 *Nepthys oligobranchia*			0.2					1.0			0.3						0.6			1.8			5.3							
溪沙蚕 *Namalycastis abiuma*									1.2																117.3					
羽须鳃沙蚕 *Dendronereis pinnaticirris*																				0.9										
尖刺樱虫 *Potamilla acuminata*																				0.0										
腹足类																														
紫游螺 *Neritina violacea*																			25.6											
黑口滨螺 *Littoraria melanostoma*																													5.3	
短拟沼螺 *Assiminea brevicula*			0.3																											
节织纹螺 *Nassarius nodifer*															54.3															
斜肋齿蜷 *Sermyla riqueti*											5.7																			
红树拟蟹守螺 *Cerithidea rhizophorarum*																21.2									16.0	10.7	16.0			
彩拟蟹守螺 *Cerithidea ornata*																			22.1								21.3			

续表

底栖动物	红坎村			西村			东村			凤地村			仙来村			土角村			南渡河			英典村			覃典村			英良村		
	高潮带	中潮带	低潮带	高潮带	中潮带	低潮带	高潮带	中潮带	低潮带	高潮带	中潮带	低潮带	高潮带	中潮带	低潮带	高潮带	中潮带	低潮带	高潮带	中潮带	低潮带	高潮带	中潮带	低潮带	高潮带	中潮带	低潮带	高潮带	中潮带	低潮带
珠带拟蟹手螺 Cerithidea cingulata			1.5	57.1		13.8							44.1	57.8	42.3	47.5						42.7		80.0			16.0	21.3	37.3	10.7
纵带滩栖螺 Batillaria zonalis																						21.3	32.0					10.7	426.7	378.7
沟纹笋光螺 Terebralia sulcata																						26.7	26.7							
珠光月华螺 Haloa margaitoides																														
石磺 Onchidium verruculatum																			29.1											
双壳类																														
翡翠贻贝 Perna viridis																		122.1												
布目皱纹蛤 Periglypta clathrata																							5.3							
红肉河蓝蛤 Potamocorbula rubromuscula														6.7	57.6															
加夫蛤 Gafrarium pectinatum																												5.3		
江户明樱蛤 Moerella jedoensis																								16.0						
裂纹格特蛤 Marcia hiantina																								16.0						
鳞杓拿蛤 Anomalodiscus squamosus																							10.7					117.3	261.3	
伊萨伯雪蛤 Clausinella isabellina																								10.7				10.7	16.0	

续表

底栖动物	红坎村 高潮带	红坎村 中潮带	红坎村 低潮带	西村 高潮带	西村 中潮带	西村 低潮带	东村 高潮带	东村 中潮带	东村 低潮带	凤地村 高潮带	凤地村 中潮带	凤地村 低潮带	仙来村 高潮带	仙来村 中潮带	仙来村 低潮带	土角村 高潮带	土角村 中潮带	土角村 低潮带	南渡河 高潮带	南渡河 中潮带	南渡河 低潮带	英典村 高潮带	英典村 中潮带	英典村 低潮带	覃典村 高潮带	覃典村 中潮带	覃典村 低潮带	英良村 高潮带	英良村 中潮带	英良村 低潮带
美女白樱蛤 *Macoma candida*																		35.0												
拟箱美丽蛤 *Merisca capsoides*																	1.3												5.3	
斯氏印澳蛤 *Indoaustriella scarlatoi*																							80.0	90.7					181.3	117.3
日本镜蛤 *Dosinia japonica*			0.1																											
琴文蛤 *Meretrix lyrata*															762.5			150.6												
文蛤 *Meretrix meretrix*				258.7											164.2															
青蛤 *Cyclina sinensis*																												5.3		
河蚬 *Corbicula fluminea*						3.8																								
红树蚬 *Geloina coaxans*																									5.3					
泥蚶 *Tegillarca granosa*																														5.3
短竹蛏 *Solen dunkerianus*																							5.3	5.3						
甲壳类																														
长腕和尚蟹 *Mictyris longicarpus*					12.9																									
拟穴青蟹 *Scylla paramamosain*									0.5																					

续表

底栖动物	红坎村 高潮带	红坎村 中潮带	红坎村 低潮带	西村 高潮带	西村 中潮带	西村 低潮带	东村 高潮带	东村 中潮带	东村 低潮带	凤地村 高潮带	凤地村 中潮带	凤地村 低潮带	仙来村 高潮带	仙来村 中潮带	仙来村 低潮带	土角村 高潮带	土角村 中潮带	土角村 低潮带	南渡河 高潮带	南渡河 中潮带	南渡河 低潮带	英典村 高潮带	英典村 中潮带	英典村 低潮带	覃典村 高潮带	覃典村 中潮带	覃典村 低潮带	英良村 高潮带	英良村 中潮带	英良村 低潮带
扁平拟闭口蟹 *Paracleistostoma depressum*	3.8	7.4	5.3	1.8								19.4							15.0											
并齿大眼蟹 *Macrophthalmus simdentatus*															152.5															5.3
橄榄拳蟹 *philyra olivacea*						1.5									3.3			3.2												
弧边招潮蟹 *Uca arcuata*	15.0	12.8		97.3	24.2		11.7			7.0	102.9		38.0		11.2							10.7			5.3			16.0		
莱氏异额蟹 *Anomalifrons lightana*						28.2																								
谭氏泥潮蟹 *Ilyoplax deschampsi*			2.1					14.7										2.6												
无齿螳臂相手蟹 *sesarma dehaani*	29.4				10.6		24.8	20.6															5.3						10.7	
褶痕拟相手蟹 *Parasesarma plicata*	104.0			4.2	4.9		8.0			51.8	7.3								56.1		19.5									
双齿近相手蟹 *Perisesarma bidens*				10.3																						26.7				
长足长方蟹 *Metaplax longipes*					5.5		5.2			5.2	21.7	10.9	19.5	6.8			53.4	1.3			4.2			42.7						16.0
秉氏厚蟹 *Helice pingi*	418.5			163.4																										
宁纹弓蟹 *Varuna litterata*															7.8															

续表

底栖动物	红坎村 高潮带	红坎村 中潮带	红坎村 低潮带	西村 高潮带	西村 中潮带	西村 低潮带	东村 高潮带	东村 中潮带	东村 低潮带	凤地村 高潮带	凤地村 中潮带	凤地村 低潮带	仙来村 高潮带	仙来村 中潮带	仙来村 低潮带	土角村 高潮带	土角村 中潮带	土角村 低潮带	南渡河 高潮带	南渡河 中潮带	南渡河 低潮带	英典村 高潮带	英典村 中潮带	英典村 低潮带	覃典村 高潮带	覃典村 中潮带	覃典村 低潮带	英良村 高潮带	英良村 中潮带	英良村 低潮带
脊尾白虾 Exopalaemon carinicauda	38.5								0.5																					
近缘新对虾 Metapenaeus affinis	91.9								8.8								0.5													
鹰爪虾 Trachypenaeus curvirostris	15.0																													
刺螯鼓虾 Alpheus hoplocheles	35.7																													
麦克蝶尾虫 Discapseudes mackiei			21.3					5.2	4.5																	21.3				
鱼类																														
弹涂鱼 Periophthalmus cantonensis	17.3			0.4									8.6			10.9					12.4	5.3								
孔虾虎鱼 Trypauchen vagina	6.1					35.0																								

表 4-5　春季惠州各采样点底栖动物生物量　　　　　　　　　　（单位：g/m²）

底栖动物	蟹洲村 高潮带	蟹洲村 中潮带	蟹洲村 低潮带	好招楼村 高潮带	好招楼村 中潮带	好招楼村 低潮带	白沙村 高潮带	白沙村 中潮带	白沙村 低潮带
多毛类									
寡鳃齿吻沙蚕 *Nephtys oligobranchia*		0.9					23.5	13.4	
羽须鳃沙蚕 *Dendronereis pinnaticirris*				0.9	3.3	1.2	1.5	1.3	
腹足类									
珠带拟蟹手螺 *Cerithidea cingulata*								62.2	
珠光月华螺 *Haloa margaitoides*								3.3	
石磺 *Onchidium verruculatum*	6.3								
美女白樱蛤 *Macoma candida*							1.2	1.7	
斯氏印澳蛤 *Indoaustriella scarlatoi*					1.5		11.0	36.1	
河蚬 *Corbicula fluminea*			546.8						
甲壳类									
拟穴青蟹 *Scylla paramamosain*									20.8
弧边招潮蟹 *Uca arcuata*	13.2						180.8	30.0	
无齿螳臂相手蟹 *Sesarma dehaani*				21.9					
褶痕拟相手蟹 *Parasesarma plicata*	27.0								
长足长方蟹 *Metaplax longipes*		10.1					31.0	12.2	
脊尾白虾 *Exopalaemon carinicauda*						3.7			
近缘新对虾 *Metapenaeus affinis*					1.0	12.7			
麦克蝶尾虫 *Discapseudes mackiei*		0.1			0.4	7.1	7.4	0.6	
鱼类									
弹涂鱼 *Periophthalmus cantonensis*		39.9		30.2		1.1	6.9		

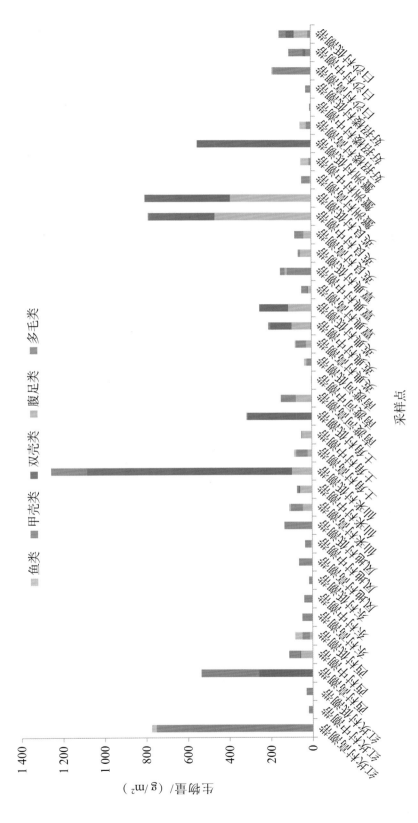

图 4-3　春季各个采样点的底栖动物生物量

4.2.2.4 底栖动物优势种

如表 4-6 所示，本次调查中，春季高潮带底栖动物密度优势种和生物量优势种主要为蟹类与螺类；中潮带与低潮带密度优势种和生物量优势种种类比较多，主要为双壳类、腹足类、多毛类和甲壳类。

表 4-6　春季各采样点底栖动物优势种及其优势度

采样点		密度优势种	密度优势度	生物量优势种	生物量优势度
红坎村	高潮带	近缘新对虾 *Metapenaeus affinis*	0.255	秉氏厚蟹 *Helice pingi*	0.54
		褶痕拟相手蟹 *Parasesarma plicata*	0.255		
	中潮带	扁平拟闭口蟹 *Paracleistostoma depressum*	0.714	弧边招潮蟹 *Uca arcuata*	0.635
				扁平拟闭口蟹 *Paracleistostoma depressum*	0.365
	低潮带	日本镜蛤 *Dosinia japonica*	0.263	麦克蝶尾虫 *Discapseudes mackiei*	0.690
		弧边招潮蟹 *Uca arcuata*	0.211		
西村	高潮带	扁平拟闭口蟹 *Paracleistostoma depressum*	0.214	文蛤 *Meretrix meretrix*	0.482
		弧边招潮蟹 *Uca arcuata*	0.214	秉氏厚蟹 *Helice pingi*	0.305
	中潮带	珠带拟蟹手螺 *Cerithidea cingulata*	0.600	拟箱美丽蛤 *Merisca capsoides*	0.503
				弧边招潮蟹 *Uca arcuata*	0.213
	低潮带	莱氏异额蟹 *Anomalifrons lightana*	0.500	莱氏异额蟹 *Anomalifrons lightana*	0.335
东村	高潮带	无齿螳臂相手蟹 *Sesarma dehaani*	0.625	无齿螳臂相手蟹 *Sesarma dehaani*	0.498
				弧边招潮蟹 *Uca arcuata*	0.236
	中潮带	麦克蝶尾虫 *Discapseudes mackiei*	0.728	无齿螳臂相手蟹 *Sesarma dehaani*	0.509
				谭氏泥蟹 *Ilyoplax deschampsi*	0.363

续表

采样点		密度优势种	密度优势度	生物量优势种	生物量优势度
东村	低潮带	麦克蝶尾虫 *Discapseudes mackiei*	0.789	近缘新对虾 *Metapenaeus affinis*	0.537
				麦克蝶尾虫 *Discapseudes mackiei*	0.274
凤地村	高潮带	褶痕拟相手蟹 *Parasesarma plicata*	0.571	褶痕拟相手蟹 *Parasesarma plicata*	0.805
	中潮带	短拟沼螺 *Assiminea brevicula*	0.711	长足长方蟹 *Metaplax longipes*	0.627
				褶痕拟相手蟹 *Parasesarma plicata*	0.210
	低潮带	扁平拟闭口蟹 *Paracleistostoma depressum*	0.967	弧边招潮蟹 *Uca arcuata*	0.773
仙来村	高潮带	珠带拟蟹手螺 *Cerithidea cingulata*	0.372	拟箱美丽蛤 *Merisca capsoides*	0.400
		弧边招潮蟹 *Uca arcuata*	0.281	弧边招潮蟹 *Uca arcuata*	0.345
	中潮带	红肉河蓝蛤 *Potamocorbula rubromuscula*	0.455	拟箱美丽蛤 *Merisca capsoides*	0.799
		珠带拟蟹手螺 *Cerithidea cingulata*	0.364		
	低潮带	红肉河蓝蛤 *Potamocorbularub romuscula*	0.315	琴文蛤 *Meretrix lyrata*	0.608
		琴文蛤 *Meretrix lyrata*	0.293		
土角村	高潮带	红树拟蟹守螺 *Cerithidea rhizophorarum*	0.429	长足长方蟹 *Metaplax longipes*	0.624
		长足长方蟹 *Metaplax longipes*	0.286		
	中潮带	拟箱美丽蛤 *Merisca capsoides*	0.464	拟箱美丽蛤 *Merisca capsoides*	0.928
		拟箱美丽蛤 *Merisca capsoides*	0.286		

采样点		密度优势种	密度优势度	生物量优势种	生物量优势度
土角村	低潮带	美女白樱蛤 *Macoma candida*	0.778	琴文蛤 *Meretrix lyrata*	0.480
				褶痕拟相手蟹 *Parasesarma plicata*	0.379
南渡河	高潮带	扁平拟闭口蟹 *Paracleistostoma depressum*	0.375	褶痕拟相手蟹 *Parasesarma plicata*	0.379
		褶痕拟相手蟹 *Parasesarma plicata*	0.333		
	中潮带	寡鳃齿吻沙蚕 *Nephthys oligobranchia*	0.714	寡鳃齿吻沙蚕 *Nephthys oligobranchia*	0.653
				羽须鳃沙蚕 *Dendronereis pinnaticirris*	0.337
	低潮带	褶痕拟相手蟹 *Parasesarma plicata*	0.500	褶痕拟相手蟹 *Parasesarma plicata*	0.540
				弹涂鱼 *Periophthalmus cantonensis*	0.344
英典村	高潮带	长足长方蟹 *Metaplax longipes*	0.533	长足长方蟹 *Metaplax longipes*	0.533
				沟纹笋光螺 *Terebralia sulcata*	0.333
	中潮带	斯氏印澳蛤 *Indoaustriella scarlatoi*	0.385	斯氏印澳蛤 *Indoaustriella scarlatoi*	0.385
		拟箱美丽蛤 *Merisca capsoides*	0.205	拟箱美丽蛤 *Merisca capsoides*	0.205
	低潮带	斯氏印澳蛤 *Indoaustriella scarlatoi*	0.362	斯氏印澳蛤 *Indoaustriella scarlatoi*	0.362
		拟箱美丽蛤 *Merisca capsoides*	0.319	拟箱美丽蛤 *Merisca capsoides*	0.319

采样点		密度优势种	密度 优势度	生物量优势种	生物量 优势度
覃典村	高潮带	褶痕拟相手蟹 *Parasesarma plicata*	0.556	褶痕拟相手蟹 *Parasesarma plicata*	0.556
		红树拟蟹守螺 *Cerithidea rhizophorarum*	0.333	红树拟蟹守螺 *Cerithidea rhizophorarum*	0.333
	中潮带	溪沙蚕 *Namaly castis*	0.786	溪沙蚕 *Namaly castis*	0.786
	低潮带	红树拟蟹守螺 *Cerithidea rhizophorarum*	0.333	红树拟蟹守螺 *Cerithidea rhizophorarum*	0.333
		斜肋齿蜷 *Sermyla riqueti*	0.250	斜肋齿蜷 *Sermyla riqueti*	0.250
		拟箱美丽蛤 *Merisca capsoides*	0.250	拟箱美丽蛤 *Merisca capsoides*	0.250
英良村	高潮带	拟箱美丽蛤 *Merisca capsoides*	0.267	拟箱美丽蛤 *Merisca capsoides*	0.267
		弧边招潮蟹 *Uca arcuata*	0.200	弧边招潮蟹 *Uca arcuata*	
		长足长方蟹 *Metaplax longipes*	0.200	长足长方蟹 *Metaplax longipes*	0.200
	中潮带	纵带滩栖螺 *Batillaria zonalis*	0.544	纵带滩栖螺 *Batillaria zonalis*	0.200
	低潮带	纵带滩栖螺 *Batillaria zonalis*	0.473	纵带滩栖螺 *Batillaria zonalis*	0.544
		鳞杓拿蛤 *Anomalodiscus squamosus*	0.327	鳞杓拿蛤 *Anomalodiscus squamosus*	0.473
蟹洲村	高潮带	褶痕拟相手蟹 *Parasesarma plicata*	0.667	褶痕拟相手蟹 *Parasesarma plicata*	0.580
				弧边招潮蟹 *Uca arcuata*	0.284
	中潮带	弹涂鱼 *Periophthalmus cantonensis*	0.750	弹涂鱼 *Periophthalmus cantonensis*	0.797
	低潮带	寡鳃齿吻沙蚕 *Nepthys oligobranchia*	0.600	河蚬 *Corbicula fluminea*	0.998

采样点		密度优势种	密度优势度	生物量优势种	生物量优势度
好招楼村	高潮带	无齿螳臂相手蟹 *Sesarma dehaani*	0.500	弹涂鱼 *Periophthalmus cantonensis*	0.570
		羽须鳃沙蚕 *Dendronereis pinnaticirris*	0.375	无齿螳臂相手蟹 *Sesarma dehaani*	0.412
	中潮带	羽须鳃沙蚕 *Dendronereis pinnaticirris*	0.438	羽须鳃沙蚕 *Dendronereis pinnaticirris*	0.530
		麦克蝶尾虫 *Discapseudes mackiei*	0.313	斯氏印澳蛤 *Indoaustriella scarlatoi*	0.243
	低潮带	麦克蝶尾虫 *Discapseudes mackiei*	0.880	近缘新对虾 *Metapenaeus affinis*	0.492
				麦克蝶尾虫 *Discapseudes mackiei*	0.277
白沙村	高潮带	弧边招潮蟹 *Uca arcuata*	0.933	弧边招潮蟹 *Uca arcuata*	0.963
	中潮带	麦克蝶尾虫 *Discapseudes mackiei*	0.526	长足长方蟹 *Metaplax longipes*	0.294
				弧边招潮蟹 *Uca arcuata*	0.284
		寡鳃齿吻沙蚕 *Nepthys oligobranchia*	0.304	寡鳃齿吻沙蚕 *Nepthys oligobranchia*	0.222
	低潮带	斯氏印澳蛤 *Indoaustriella scarlatoi*	0.512	拟箱美丽蛤 *Merisca capsoides*	0.410
		寡鳃齿吻沙蚕 *Nepthys oligobranchia*	0.299	斯氏印澳蛤 *Indoaustriella scarlatoi*	0.238

4.2.2.5　底栖动物群落生物多样性

经统计分析可知,春季各个采样点的物种丰富度指数(D)为0.294~2.597,Shannon-Wiener多样性指数(H')为0.073~0.986,均匀度指数(J')为0.105~0.473(表4-7)。总体来讲,各个采样点的底栖动物群落生物多样性指数都不高。

表 4-7　春季各采样点底栖动物群落生物多样性指数

采样点		D	H'	J'
红坎村	高潮带	2.597	0.986	0.411
	中潮带	0.514	0.299	0.432
	低潮带	2.038	0.882	0.453
西村	高潮带	2.274	0.917	0.471
	中潮带	1.669	0.635	0.355
	低潮带	1.516	0.635	0.395
东村	高潮带	1.443	0.537	0.387
	中潮带	0.432	0.348	0.317
	低潮带	1.056	0.368	0.206
凤地村	高潮带	1.542	0.577	0.416
	中潮带	0.525	0.363	0.33
	低潮带	0.294	0.073	0.105
仙来村	高潮带	1.17	0.559	0.404
	中潮带	0.971	0.569	0.411
	低潮带	1.548	0.823	0.396
土角村	高潮带	1.542	0.639	0.461
	中潮带	1.2	0.63	0.391
	低潮带	1.214	0.403	0.25
南渡河	高潮带	1.259	0.704	0.437
	中潮带	0.758	0.379	0.345
	低潮带	1.443	0.52	0.473
英典村	高潮带	1.108	0.531	0.383
	中潮带	2.184	0.888	0.404
	低潮带	1.558	0.781	0.402

采样点		D	H'	J'
覃典村	高潮带	0.91	0.468	0.426
	中潮带	0.6	0.328	0.299
	低潮带	1.61	0.737	0.458
英良村	高潮带	1.846	0.857	0.478
	中潮带	1.202	0.613	0.315
	低潮带	1.397	0.619	0.297
蟹洲村	高潮带	0.91	0.424	0.386
	中潮带	0.721	0.281	0.406
	低潮带	1.243	0.475	0.432
好招楼村	高潮带	0.962	0.487	0.443
	中潮带	1.082	0.606	0.437
	低潮带	0.869	0.252	0.157
白沙村	高潮带	0.369	0.122	0.177
	中潮带	1.167	0.593	0.305
	低潮带	1.651	0.661	0.301

4.2.3　秋季底栖动物调查结果

4.2.3.1　底栖动物群落种类组成及种类数

如表 4-8 所示，各个采样点共鉴定出底栖动物 91 种。种类数最多的是腹足纲，为 28 种；双壳纲次之，为 27 种；甲壳纲为 24 种；多毛纲 6 种；鱼纲 4 种；掘足纲 2 种。

如图 4-4 所示，各个采样点种类数为 3～25 种，平均为 11 种，以白沙村中潮带种类数最多，好招楼村高潮带种类数最少。

4.2.3.2　底栖动物密度

如表 4-9、表 4-10、图 4-5 所示，各个采样点底栖动物密度相差较大，为 27～2 315 个/米²，平均为 256 个/米²，以蟹洲村中潮带密度最高，好招楼村低潮带密度最低。凤地村低潮带等部分采样点采集到大量的个体相对比较小的麦克蝶尾虫（*Discapseudes mackiei*），所以密度明显高于其他采样点。

表 4-8　秋季各采样点底栖动物种类组成

底栖动物	红坎村 高潮带	红坎村 中潮带	红坎村 低潮带	西村 高潮带	西村 中潮带	西村 低潮带	东村 高潮带	东村 中潮带	东村 低潮带	凤地村 高潮带	凤地村 中潮带	凤地村 低潮带	仙来村 高潮带	仙来村 中潮带	仙来村 低潮带	土角村 高潮带	土角村 中潮带	土角村 低潮带	南渡河 高潮带	南渡河 中潮带	南渡河 低潮带	英典村 高潮带	英典村 中潮带	英典村 低潮带	覃典村 高潮带	覃典村 中潮带	覃典村 低潮带	英良村 高潮带	英良村 中潮带	英良村 低潮带	蟹洲村 高潮带	蟹洲村 中潮带	蟹洲村 低潮带	好招楼村 高潮带	好招楼村 中潮带	好招楼村 低潮带	白沙村 高潮带	白沙村 中潮带	白沙村 低潮带
多毛类																																							
羽须鳃沙蚕 *Dendronereis pinnaticirris*					+																														+	+		+	+
寡鳃吻沙蚕 *Nepthys oligobranchia*																										+							+		+	+		+	+
溪沙蚕 *Namalycastis abiuma*			+								+	+		+										+									+		+	+			+
腺带刺沙蚕 *Neanthes glandicincta*								+	+						+		+			+	+								+	+		+			+	+		+	
尖刺樱虫 *Potamilla acuminata*			+											+	+					+	+						+					+			+	+			+
背蚓虫 *Notomastus latericeus*																																		+	+	+		+	+
掘足类																																							
肋变角贝 *Dentalium octangulatum*																							+			+				+		+		+	+	+			
中国沟角贝 *Striodentalium chinensis*																																	+						
腹足类																	+	+												+								+	
托氏昌螺 *Umbonium thomasi*																													+										

续表

底栖动物	红坎村 高潮带	红坎村 中潮带	红坎村 低潮带	西村 高潮带	西村 中潮带	西村 低潮带	东村 高潮带	东村 中潮带	东村 低潮带	凤地村 高潮带	凤地村 中潮带	凤地村 低潮带	仙来村 高潮带	仙来村 中潮带	仙来村 低潮带	土角村 高潮带	土角村 中潮带	土角村 低潮带	南渡河 高潮带	南渡河 中潮带	南渡河 低潮带	英典村 高潮带	英典村 中潮带	英典村 低潮带	覃典村 高潮带	覃典村 中潮带	覃典村 低潮带	英良村 高潮带	英良村 中潮带	英良村 低潮带	蟹洲村 高潮带	蟹洲村 中潮带	蟹洲村 低潮带	好招楼村 高潮带	好招楼村 中潮带	好招楼村 低潮带	白沙村 高潮带	白沙村 中潮带	白沙村 低潮带
紫游螺 Neritina violacea				+						+									+																				
奥莱彩螺 Clithon oualaniensis						+																+		+	+		+	+		+						+	+		+
斑玉螺 Natica tigrina																		+				+		+				+									+		
线纹玉螺 Natica lineata																						+															+		
样锥螺 Turritella bacillum																		+																			+		
黑口滨螺 Littoraria melanostoma								+			+										+		+						+									+	
短拟沼螺 Assiminea brevicula		+			+			+						+			+				+		+						+			+							
沟纹笋光螺 Terebralia sulcata															+								+			+			+								+		
红树拟蟹守螺 Cerithidea rhizophorarum	+																						+			+			+								+		
珠带拟蟹手螺 Cerithidea cingulata						+												+			+		+	+		+	+		+	+		+	+		+	+		+	+
纵带滩栖螺 Batillaria zonalis								+						+			+						+			+			+			+			+	+			+
古氏滩栖螺 Batillaria cumingi																		+					+																
节织纹螺 Nassarius nodifer																						+		+	+		+	+		+	+		+	+		+	+		+
西格织纹螺 Nassarius siquinjorensis																					+		+							+							+		

续表

底栖动物	红坎村			西村			东村			凤地村			仙来村			土角村			南渡河			英典村			覃典村			英良村			蟹洲村			好招楼村			白沙村		
	高潮带	中潮带	低潮带	高潮带	中潮带	低潮带	高潮带	中潮带	低潮带	高潮带	中潮带	低潮带	高潮带	中潮带	低潮带	高潮带	中潮带	低潮带	高潮带	中潮带	低潮带	高潮带	中潮带	低潮带	高潮带	中潮带	低潮带	高潮带	中潮带	低潮带	高潮带	中潮带	低潮带	高潮带	中潮带	低潮带	高潮带	中潮带	低潮带
半褶织纹螺 Nassarius semiplicata																																+							
胆形织纹螺 Nassariust hersites																																+							
德氏狭口螺 Stenothyra divalis					+									+									+						+			+			+			+	
蛎敌荔枝螺 Thais gradata																																						+	
圆点笔螺 Mitra scutulata																	+																						+
斜粒粒蜷 Tarebia granifera			+																																				
斜肋齿蜷 Sermyla riqueti			+		+	+		+	+												+												+		+	+			+
中国耳螺 Ellobium chinense																											+									+	+		+
泥螺 Bullacta exarata																		+						+															
婆罗囊螺 Retusa boenensis												+						+						+					+										
塞氏女教士螺 Pychia cecillei						+																					+												
石磺 Onchidium verruculatum															+									+					+	+									
双壳类																																							
淡水壳菜 Limnoperna lacustris																								+		+	+			+									
萨氏仿贻贝 Mytilopsis sallei																																			+				

续表

底栖动物	红坎村			西村			东村			凤地村			仙来村			土角村			南渡河			英典村			覃典村			英良村			蟹洲村			好招楼村			白沙村		
	高潮带	中潮带	低潮带	高潮带	中潮带	低潮带	高潮带	中潮带	低潮带	高潮带	中潮带	低潮带	高潮带	中潮带	低潮带	高潮带	中潮带	低潮带	高潮带	中潮带	低潮带	高潮带	中潮带	低潮带	高潮带	中潮带	低潮带	高潮带	中潮带	低潮带	高潮带	中潮带	低潮带	高潮带	中潮带	低潮带	高潮带	中潮带	低潮带
近江牡蛎 Ostrea rivularis							+																											+					
青蚶 Barbatia virescens					+						+																								+				
毛蚶 Scapharca kagoshimensis								+										+					+			+						+	+	+	+	+		+	
泥蚶 Tegillarca granosa																							+			+							+	+		+		+	+
红树蚬 Geloina coaxans																			+			+						+			+			+			+		
红肉河蓝蛤 Potamocorbula rubromuscula																					+		+	+		+	+		+	+									
帝汶樱蛤 Tellinides timorensis																+																							
美女白樱蛤 Macoma candida																				+																			
江户明樱蛤 Moerella jedoensis													+								+		+			+				+									
鳞杓拿蛤 Anomalodiscus squamosus																							+																
丽文蛤 Meretrix cusoria														+			+												+	+									
琴文蛤 Meretrix lyrata														+	+	+	+	+																					
青蛤 Cyclina sinensis							+										+																						
裂纹格特蛤 Marcia hiantina																							+																
变化短齿蛤 Brachidontes variabilis																						+	+	+													+		

续表

底栖动物	红坎村			西村			东村			凤地村			仙来村			土角村			南渡河			英典村			覃典村			英良村			蟹洲村			好招楼村			白沙村		
	高潮带	中潮带	低潮带	高潮带	中潮带	低潮带	高潮带	中潮带	低潮带	高潮带	中潮带	低潮带	高潮带	中潮带	低潮带	高潮带	中潮带	低潮带	高潮带	中潮带	低潮带	高潮带	中潮带	低潮带	高潮带	中潮带	低潮带	高潮带	中潮带	低潮带	高潮带	中潮带	低潮带	高潮带	中潮带	低潮带	高潮带	中潮带	低潮带
加夫蛤 Gafrarium pectinatum																							+																
伊萨伯雪蛤 Clausinella isabellina																								+															
波纹巴菲蛤 Paphia undulata														+									+																
布目皱纹蛤 Periglypta clathrata																								+															
截形鸭嘴蛤 Laternula truncata																							+	+															
薄云母蛤 Yoldia similis														+									+	+															+
脊鸟蛤 Fragum sp.																														+									+
日本镜蛤 Dosinia japonica									+														+	+					+	+									
中国绿螂 Glauconome chinensis																	+									+													
缢蛏 Sinonovacula constricta															+											+													
甲壳类																																							
束腹蟹 Somanniathelphusa sp.														+			+				+														+				
弧边招潮蟹 Uca arcuata	+	+			+			+						+			+				+																		+
宽身大眼蟹 Macrophthalmus dilatatum															+		+																						
浓毛拟闭口蟹 Paracleistostoma crassipilum						+													+													+							

续表

底栖动物	红坎村 高潮带	红坎村 中潮带	红坎村 低潮带	西村 高潮带	西村 中潮带	西村 低潮带	东村 高潮带	东村 中潮带	东村 低潮带	凤地村 高潮带	凤地村 中潮带	凤地村 低潮带	仙来村 高潮带	仙来村 中潮带	仙来村 低潮带	土角村 高潮带	土角村 中潮带	土角村 低潮带	南渡河 高潮带	南渡河 中潮带	南渡河 低潮带	英典村 高潮带	英典村 中潮带	英典村 低潮带	覃典村 高潮带	覃典村 中潮带	覃典村 低潮带	英良村 高潮带	英良村 中潮带	英良村 低潮带	蟹洲村 高潮带	蟹洲村 中潮带	蟹洲村 低潮带	好招楼村 高潮带	好招楼村 中潮带	好招楼村 低潮带	白沙村 高潮带	白沙村 中潮带	白沙村 低潮带
扁平拟闭口蟹 *Paracleistostoma depressum*		+			+			+			+						+									+			+			+							+
长足长方蟹 *Metaplax longipes*														+															+						+			+	
短齿大眼蟹 *Macrophthalmus brevis*																	+			+																			
阿氏强蟹 *Eucrate alcoki*																			+																				
四齿大额蟹 *Metopograpsus quadridentatus*																				+																			
双齿近相手蟹 *Perisesarma bidens*	+		+	+				+				+			+					+			+					+				+				+		+	
褶痕拟相手蟹 *Parasesarma plicata*	+			+	+			+									+			+			+			+			+			+				+			+
无齿螳臂相手蟹 *Chiromantes dehaani*					+																									+									
谭氏泥蟹 *Ilyoplax deschampsi*						+			+																														
迈纳新胀蟹 *Neosarmatium meinerti*								+				+																											
吉氏胀蟹 *Sarmatium germaini*		+			+												+																						
字纹弓蟹 *Varuna litterata*												+		+																									
莱氏异额蟹 *Anomalifrons lightana*																		+																					

续表

底栖动物	红坎村			西村			东村			凤地村			仙来村			土角村			南渡河			英典村			覃典村			英良村			蟹洲村			好招楼村			白沙村		
	高潮带	中潮带	低潮带	高潮带	中潮带	低潮带	高潮带	中潮带	低潮带	高潮带	中潮带	低潮带	高潮带	中潮带	低潮带	高潮带	中潮带	低潮带	高潮带	中潮带	低潮带	高潮带	中潮带	低潮带	高潮带	中潮带	低潮带	高潮带	中潮带	低潮带	高潮带	中潮带	低潮带	高潮带	中潮带	低潮带	高潮带	中潮带	低潮带
近缘新对虾 Metapenaeus affinis												+									+								+										
脊尾白虾 Exopalaemon carinicauda																											+			+		+			+				
刺螯虾 Alpheus hoplocheles														+			+												+			+							
口虾蛄 Oratosquilla oratoria																				+												+							+
钩虾 Gammarus sp.						+																																+	
麦克蝶尾虫 Discapseudes mackiei		+			+	+			+		+	+																		+					+	+		+	+
杯状水虱 Cyathura politula												+																								+			+
鱼类																																							
大弹涂鱼 Boleophthalmus pectinirostris																											+			+		+			+				
弹涂鱼 Periophthalmus cantonensis														+						+							+												
虾虎鱼 Glossogobius sp.		+			+										+											+						+				+			
中华乌塘鳢 Bostrychus sinensis																					+																		

注："+" 表示被检测到

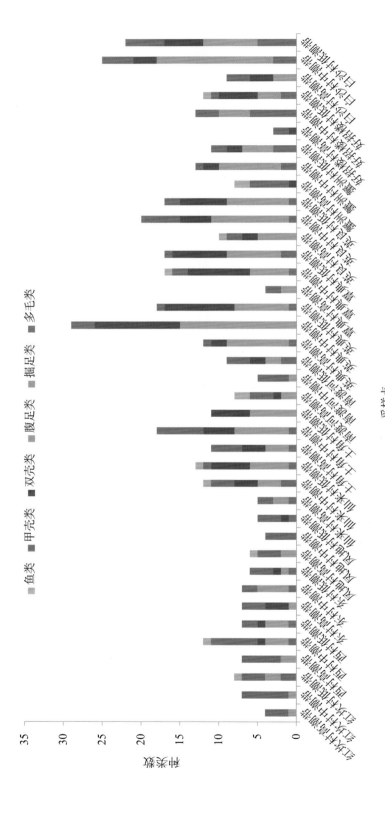

图 4-4　秋季各采样点底栖动物种类数

表 4-9　秋季湛江各采样点底栖动物密度

（单位：个/米²）

底栖动物	红坎村			西村			东村			凤地村			仙来村			土角村			南渡河			英典村			覃典村			英良村		
	高潮带	中潮带	低潮带	高潮带	中潮带	低潮带	高潮带	中潮带	低潮带	高潮带	中潮带	低潮带	高潮带	中潮带	低潮带	高潮带	中潮带	低潮带	高潮带	中潮带	低潮带	高潮带	中潮带	低潮带	高潮带	中潮带	低潮带	高潮带	中潮带	低潮带
多毛类																														
羽须鳃沙蚕 *Dendronereis pinnaticirris*					16																									
溪沙蚕 *Namalycastis abiuma*		5								11	16													21						
腺带刺沙蚕 *Neanthes glandicincta*						5		5	16				5			21	5			16		5					11		5	5
尖刺樱虫 *Potamilla acuminata*			5											27	48					21							32			
腹足类																														
托氏昌螺 *Umbonium thomasi*																5	43	11												
紫游螺 *Neritina violacea*				21							16								43											
黑口拟滨螺 *Littoraria melanostoma*							11	5		43													16							5
短拟沼螺 *Assiminea brevicula*		464		5												5				5										
沟纹笋光螺 *Terebralia sulcata*													32												27	11	5			
红树拟蟹守螺 *Cerithidea rhizophorarum*	5																64	11												
珠带拟蟹守螺 *Cerithidea cingulata*				5																		21				37				
纵带滩栖螺 *Batillaria zonalis*								37					69	48		37	27					21			53	16	11			
古氏滩栖螺 *Batillaria cumingi*																						43								

续表

底栖动物	红坎村			西村			东村			凤地村			仙来村			土角村			南渡河			英典村			覃典村			英良村		
	高潮带	中潮带	低潮带	高潮带	中潮带	低潮带	高潮带	中潮带	低潮带	高潮带	中潮带	低潮带	高潮带	中潮带	低潮带	高潮带	中潮带	低潮带	高潮带	中潮带	低潮带	高潮带	中潮带	低潮带	高潮带	中潮带	低潮带	高潮带	中潮带	低潮带
半褶织纹螺 *Nassarius semipliceata*														37																
德氏狭口螺 *Stenothyra divalis*						5																	512						16	
圆点笔螺 *Mitra scutulata*																	5													
斜粒粒蜷 *Tarebia granifera*			43																											
斜肋齿蜷 *Sermyla riqueti*			16			48			59																					
中国耳螺 *Ellobium chinense*																										5				
泥螺 *Bullacta exarata*																	16						11							
塞氏女教士螺 *Pychia cecillei*				5																										
石磺 *Onchidium verruculatum*														5								16						16		5
双壳类																														
淡水壳菜 *Limnoperna lacustris*																							5							
萨氏仿贻贝 *Mytilopsis sallei*																											21			
毛蚶 *Scapharca kagoshimensis*								5									11													
红树蚬 *Geloina coaxans*																			5		16							5		
江户明樱蛤 *Moerella jedoensis*														5			37				11									

续表

底栖动物	红坎村			西村			东村			凤地村			仙来村			土角村			南渡河			英典村			覃典村			英良村		
	高潮带	中潮带	低潮带	高潮带	中潮带	低潮带	高潮带	中潮带	低潮带	高潮带	中潮带	低潮带	高潮带	中潮带	低潮带	高潮带	中潮带	低潮带	高潮带	中潮带	低潮带	高潮带	中潮带	低潮带	高潮带	中潮带	低潮带	高潮带	中潮带	低潮带
鳞杓拿蛤 *Anomalodiscus squamosus*															11															
丽文蛤 *Meretrix cusoria*															80	11	5	5												
截形鸭嘴蛤 *Laternula truncata*																							11	21						
日本镜蛤 *Dosinia japonica*																								21						
缢蛏 *Sinonovacula constricta*						11																								
甲壳类																														
束腹蟹 *Somanniathelphusa* sp.																32	5				5									
弧边招潮蟹 *Uca arcuata*	11	21		21	5		11			21			43			5				5	5				5					
宽身大眼蟹 *Macrophthalmus dilatatum*															5		27													
浓毛拟闭口蟹 *Paracleistostoma crassipilum*						37													5											
扁平拟闭口蟹 *Paracleistostoma depressum*	21	5		5		144	213	123		123	5						11									5	5		5	11
长足长方蟹 *Metaplax longipes*													11								5									
短齿大眼蟹 *Macrophthalmus brevis*																	11													
阿氏强蟹 *Eucrate alcoki*																				37										

续表

底栖动物	红坎村 高潮带	红坎村 中潮带	红坎村 低潮带	西村 高潮带	西村 中潮带	西村 低潮带	东村 高潮带	东村 中潮带	东村 低潮带	凤地村 高潮带	凤地村 中潮带	凤地村 低潮带	仙来村 高潮带	仙来村 中潮带	仙来村 低潮带	土角村 高潮带	土角村 中潮带	土角村 低潮带	南渡河 高潮带	南渡河 中潮带	南渡河 低潮带	英典村 高潮带	英典村 中潮带	英典村 低潮带	覃典村 高潮带	覃典村 中潮带	覃典村 低潮带	英良村 高潮带	英良村 中潮带	英良村 低潮带
四齿大额蟹 Metopograpsus quadridentatus																				11										
双齿近相手蟹 Perisesarma bidens	11	5	5		5					21				11					37									5	21	
褶痕似相手蟹 Parasarma plicata	53	5		37	11		64												85	48	117	27			11	11			16	
无齿螳臂相手蟹 Chiromantes dehaani				16																								91		
谭氏泥蟹 Ilyoplax deschampsi					5		32																							
迈纳新胀蟹 Neosarmatium meinerti	21			11			11			59																				
吉氏胀蟹 Sarmatium germaini	5																													
莱氏异额蟹 Anomalifrons lightana																	5													
近缘新对虾 Metapenaeus affinis																							5	5					16	
脊尾白虾 Exopalaemon carinicauda																													5	
刺螯鼓虾 Alpheus hoplocheles										5				5		5	5													
钩虾 Gammarus sp.																							5							
麦克蝶尾虫 Discapseudes mackiei	5			5	11		5			5		2288																		11
杯状水虱 Cyathura politula																														

续表

底栖动物	红坎村 高潮带	红坎村 中潮带	红坎村 低潮带	西村 高潮带	西村 中潮带	西村 低潮带	东村 高潮带	东村 中潮带	东村 低潮带	凤地村 高潮带	凤地村 中潮带	凤地村 低潮带	仙来村 高潮带	仙来村 中潮带	仙来村 低潮带	土角村 高潮带	土角村 中潮带	土角村 低潮带	南渡河 高潮带	南渡河 中潮带	南渡河 低潮带	英典村 高潮带	英典村 中潮带	英典村 低潮带	覃典村 高潮带	覃典村 中潮带	覃典村 低潮带	英良村 高潮带	英良村 中潮带	英良村 低潮带
鱼类																														
大弹涂鱼 *Boleophthalmus pectinirostris*																												11		
弹涂鱼 *Periophthalmus cantonensis*										5				11						5										
虾虎鱼 *Glossogobius* sp.					5										5			5								5				
中华乌塘鳢 *Bostrychus sinensis*			5																	5										

表 4-10　秋季惠州各采样点底栖动物密度　　　　　　　　　　（单位：个／米²）

底栖动物	蟹洲村			好招楼村			白沙村		
	高潮带	中潮带	低潮带	高潮带	中潮带	低潮带	高潮带	中潮带	低潮带
多毛类									
羽须鳃沙蚕 *Dendronereis pinnaticirris*			117		75	91			11
寡鳃齿吻沙蚕 *Nepthys oligobranchia*			107		69	149		80	11
溪沙蚕 *Namalycastis abiuma*		96			64				27
腺带刺沙蚕 *Neanthes glandicincta*		21			80		16		
尖刺樱虫 *Potamilla acuminata*		5			21				5
背蚓虫 *Notomastus latericeus*					16			21	96
腹足类									
纵带滩栖螺 *Batillaria zonalis*								5	
双壳类									
红树蚬 *Geloina coaxans*	5								
青蛤 *Cyclina sinensis*									5
日本镜蛤 *Dosinia japonica*								11	
甲壳类									
弧边招潮蟹 *Uca arcuata*							32		5
浓毛拟闭口蟹 *Paracleistostoma crassipilum*	16								
扁平拟闭口蟹 *Paracleistostoma depressum*	27								
长足长方蟹 *Metaplax longipes*				16			11		11
双齿近相手蟹 *Perisesarma bidens*	5	5		11			43		
褶痕拟相手蟹 *Parasesarma plicata*	5					5		21	
脊尾白虾 *Exopalaemon carinicauda*			5						
刺螯鼓虾 *Alpheus hoplocheles*	5								
口虾蛄 *Oratosquilla oratoria*								5	5
钩虾 *Gammarus* sp.								11	

底栖动物	蟹洲村			好招楼村			白沙村		
	高潮带	中潮带	低潮带	高潮带	中潮带	低潮带	高潮带	中潮带	低潮带
麦克蝶尾虫 *Discapseudes mackiei*		16			107	112		299	880
杯状水虱 *Cyathura politula*					5				11
鱼类									
大弹涂鱼 *Boleophthalmus pectinirostris*	5								
虾虎鱼 *Glossogobius* sp.	16				5				

4.2.3.3　底栖动物生物量

如表 4-11、表 4-12、图 4-6 所示,各个采样点底栖动物生物量相差较大,为 5.493～1 003.099 g/m²,平均为 142.372 g/m²,以蟹洲村中潮带生物量最高,好招楼村低潮带生物量最低。仙来村低潮带等部分采样点采集到大型的双壳类,所以生物量明显高于其他采样点。

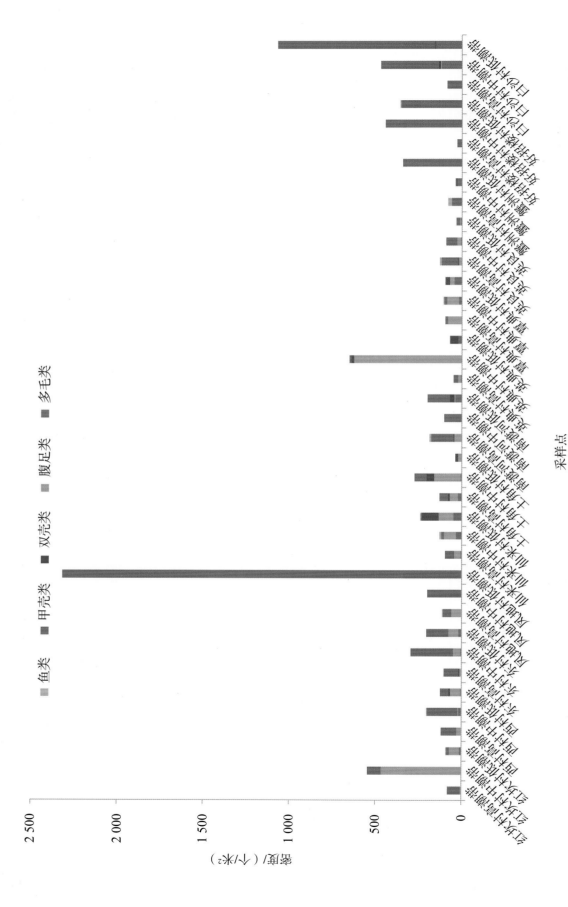

图 4-5　秋季各采样点底栖动物密度

表4-11　秋季湛江各采样点底栖动物生物量

（单位：g/m²）

底栖动物	红坎村 高潮带	红坎村 中潮带	红坎村 低潮带	西村 高潮带	西村 中潮带	西村 低潮带	东村 高潮带	东村 中潮带	东村 低潮带	凤地村 高潮带	凤地村 中潮带	凤地村 低潮带	仙来村 高潮带	仙来村 中潮带	仙来村 低潮带	土角村 高潮带	土角村 中潮带	土角村 低潮带	南渡河 高潮带	南渡河 中潮带	南渡河 低潮带	英典村 高潮带	英典村 中潮带	英典村 低潮带	覃典村 高潮带	覃典村 中潮带	覃典村 低潮带	英良村 高潮带	英良村 中潮带	英良村 低潮带
多毛类																														
羽须鳃沙蚕 *Dendronereis pinnaticirris*					0.3																									
寡鳃齿吻沙蚕 *Nephthys oligobranchia*																									0.1					
溪沙蚕 *Namalycastis abiuma*		0.1																					0.5							
腺带刺沙蚕 *Neanthes glandicincta*					0.1			0.9	0.8					0.4		2.2	0.1			0.3	0.1						0.4		0.1	0.4
尖刺缨虫 *Potamilla acuminata*		0.0					16.0	0.1						0.5	19.1					0.5							1.1			
背蚓虫 *Notomastus latericeus*																								0.3			1.5			
腹足类																														
托氏昌螺 *Umbonium thomasi*																5.7	30.1	6.3												
紫游螺 *Neritina violacea*				32.0						29.8										48.5										
棒锥螺 *Turritella bacillum*																														
黑口拟滨螺 *Littoraria melanostoma*							4.4	1.8		33.4												19.3								5.0
短拟沼螺 *Assiminea brevicula*	13.1				0.2									0.2			0.1			0.2										
沟纹笋光螺 *Terebralia sulcata*													63.6												42.1	18.0	6.1			
红树拟蟹守螺 *Cerithidea rhizophorarum*	1.7															7.3	2.3										6.8			

续表

底栖动物	红坎村			西村			东村			凤地村			仙来村			土角村			南渡河			英典村			覃典村			英良村		
	高潮带	中潮带	低潮带	高潮带	中潮带	低潮带	高潮带	中潮带	低潮带	高潮带	中潮带	低潮带	高潮带	中潮带	低潮带	高潮带	中潮带	低潮带	高潮带	中潮带	低潮带	高潮带	中潮带	低潮带	高潮带	中潮带	低潮带	高潮带	中潮带	低潮带
珠带拟蟹手螺 Cerithidea cingulata					2.9																		0.5			21.5				
纵带滩栖螺 Batillaria zonalis								37.4					88.4	19.1			44.9	23.6					1.0		61.5	22.0	11.5			
古氏滩栖螺 Batillaria cumingi																						31.4								
羊裙织纹螺 Nassarius semiplicata															56.4															
德氏狭口螺 Stenothyra divalis						0.0																	4.8						0.7	
圆点笔螺 Mitra scutulata																2.7														
斜粒粒螺 Tarebia granifera			6.1																											
斜肋齿蜷 Sermyla riqueti	1.9				3.0				9.4																					
中国耳螺 Ellobium chinense																														
泥螺 Bullacta exarata																	11.8						3.5				0.6			
塞氏女教土螺 Pychia cecillei				0.3																										
石磺 Onchidium verruculatum													9.1									0.2						52.0	0.6	
双壳类																														
淡水壳菜 Limnoperna lacustris																														
萨氏仿贻贝 Mytilopsis sallei																							0.4							
毛蚶 Scapharca kagoshimensis								16.4										6.3												

续表

底栖动物	红坎村			西村			东村			凤地村			仙来村			土角村			南渡河			英典村			覃典村			英良村		
	高潮带	中潮带	低潮带	高潮带	中潮带	低潮带	高潮带	中潮带	低潮带	高潮带	中潮带	低潮带	高潮带	中潮带	低潮带	高潮带	中潮带	低潮带	高潮带	中潮带	低潮带	高潮带	中潮带	低潮带	高潮带	中潮带	低潮带	高潮带	中潮带	低潮带
红树蚬 Geloina coaxans																			152.2	66.7								8.9		
江户明樱蛤 Moerella jedoensis														1.0	0.4		3.6			1.4										
鳞杓拿蛤 Anomalodiscus squamosus																							11.3							
丽文蛤 Meretrix cusoria															83.3															
琴文蛤 Meretrix lyrata															586.9	80.9	85.4	83.3												
青蛤 Cyclina sinensis						3.4																								
截形鸭嘴蛤 Laternula truncata																							0.1	7.6						
日本镜蛤 Dosinia japonica																							0.0	3.7						
缢蛏 Sinonovacula constricta																														
甲壳类																														
束腹蟹 Somanniathelphusa sp.																28.2	0.1				5.2									
弧边招潮蟹 Uca arcuata	36.2	10.9		102.5	1.2		28.5			38.2			116			7.8				34.9					31.8					
宽身大眼蟹 Macrophthalmus dilatatum															2.3		50.8													
浓毛拟闭口蟹 Paracleistostoma crassipilum				5.2															2.0										5.3	1.9
扁平拟闭口蟹 Paracleistostoma depressum	5.7	0.6		0.6	17.6		25.4	9.1			15.0	1.1						1.0								0.8	0.4		1.4	2.5

续表

底栖动物	红坎村			西村			东村			凤地村			仙来村			土角村			南渡河			英典村			覃典村			英良村		
	高潮带	中潮带	低潮带	高潮带	中潮带	低潮带	高潮带	中潮带	低潮带	高潮带	中潮带	低潮带	高潮带	中潮带	低潮带	高潮带	中潮带	低潮带	高潮带	中潮带	低潮带	高潮带	中潮带	低潮带	高潮带	中潮带	低潮带	高潮带	中潮带	低潮带
长足长方蟹 *Metaplax longipes*														9.1							4.6									
短齿大眼蟹 *Macrophthalmus brevis*																	6.5													
阿氏强蟹 *Eucrate alcoki*																				54.7										
四齿大额蟹 *Metopograpsus quadridentatus*																				15.9										
双齿近相手蟹 *Perisesarma bidens*	98.5	29.7	22.0		1.8					103.3				32.4					89.3										8.9	63.3
褶痕拟相手蟹 *Parasesarma plicata*	85.9	10.5		94.0	1.4		98.1									9.9	3.1		44.3	22.0	121.3	24.5			9.7	14.0			15.1	
无齿螳臂相手蟹 *Chiromantes dehaani*						4.2																						53.9		
谭氏泥蟹 *Ilyoplax deschampsi*						0.6		2.1																						
迈纳新胀蟹 *Neosarmatium meinerti*	64.7						40.0				11.4																			
吉氏胀蟹 *Sarmatium germaini*	22.1			47.8																										
莱氏异额蟹 *Anomalifrons lightana*																		3.8												
近缘新对虾 *Metapenaeus affinis*											2.8											0.2	6.5						1.1	
脊尾白虾 *Exopalaemon carinicauda*														0.3		0.6														
刺螯鼓虾 *Alpheus hoplocheles*										31.3																				
口虾蛄 *Oratosquilla oratoria*																														0.3

续表

底栖动物	红坎村 高潮带	红坎村 中潮带	红坎村 低潮带	西村 高潮带	西村 中潮带	西村 低潮带	东村 高潮带	东村 中潮带	东村 低潮带	凤地村 高潮带	凤地村 中潮带	凤地村 低潮带	仙来村 高潮带	仙来村 中潮带	仙来村 低潮带	土角村 高潮带	土角村 中潮带	土角村 低潮带	南渡河 高潮带	南渡河 中潮带	南渡河 低潮带	英典村 高潮带	英典村 中潮带	英典村 低潮带	覃典村 高潮带	覃典村 中潮带	覃典村 低潮带	英良村 高潮带	英良村 中潮带	英良村 低潮带
钩虾 Gammarus sp.																														
麦克蝶尾虫 Discapseudes mackiei											0.0	18.2																		0.1
杯状水虱 Cyathura politula																							0.1							
鱼类																														
大弹涂鱼 Boleophthalmus pectinirostris		28.1																	28.5											
弹涂鱼 Periophthalmus cantonensis							0.7									12.9														
虾虎鱼 Glossogobius sp.	1.1				0.2										0.4											0.8				
中华乌塘鳢 Bostrychus sinensis																				1.4										

表 4-12　秋季惠州各采样点底栖动物生物量　　　　　　　　（单位：g/m²）

底栖动物	蟹洲村			好招楼村			白沙村		
	高潮带	中潮带	低潮带	高潮带	中潮带	低潮带	高潮带	中潮带	低潮带
多毛类									
羽须鳃沙蚕 *Dendronereis pinnaticirris*			9.7		1.6	2.7			0.5
寡鳃齿吻沙蚕 *Nepthys oligobranchia*			6.3		1.3	1.8		1.3	0.1
溪沙蚕 *Namalycastis abiuma*			2.3		1.5				1.1
腺带刺沙蚕 *Neanthes glandicincta*		0.5			1.1			0.2	
尖刺樱虫 *Potamilla acuminata*		0.0			0.1			16.0	0.1
腹足类									
纵带滩栖螺 *Batillaria zonalis*								10.6	
双壳类									
红树蚬 *Geloina coaxans*	1 002.1								
青蛤 *Cyclina sinensis*									111.4
日本镜蛤 *Dosinia japonica*								0.5	
甲壳类									
弧边招潮蟹 *Uca arcuata*							48.2		3.4
浓毛拟闭口蟹 *Paracleistostoma crassipilum*	3.9								
扁平拟闭口蟹 *Paracleistostoma depressum*	6.1								
长足长方蟹 *Metaplax longipes*					4.4		4.5		17.3
双齿近相手蟹 *Perisesarma bidens*	10.1	0.5		32.4			35.7		
褶痕拟相手蟹 *Parasesarma plicata*	2.6				1.4		9.7		
脊尾白虾 *Exopalaemon carinicauda*			0.1						
刺螯鼓虾 *Alpheus hoplocheles*	4.3								
口虾蛄 *Oratosquilla oratoria*								18.9	5.2
钩虾 *Gammarus* sp.								0.1	
麦克蝶尾虫 *Discapseudes mackiei*			0.1		0.6	0.9		2.0	4.9
杯状水虱 *Cyathura politula*					0.1				0.1
鱼类									
虾虎鱼 *Glossogobius* sp.	5.7					0.2			

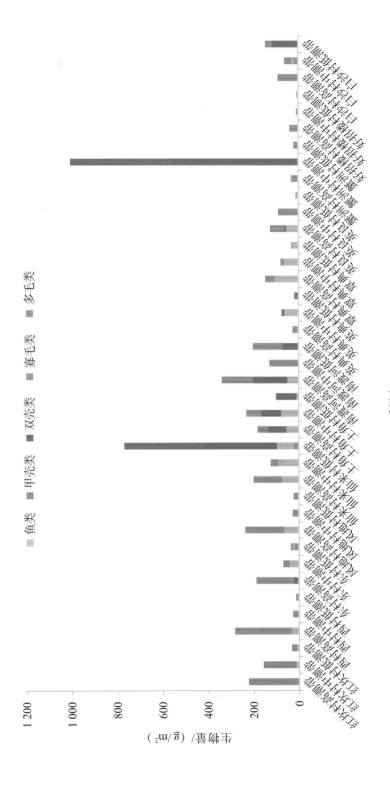

图 4-6　秋季各样点底栖动物生物量

4.2.3.4 底栖动物优势种

如表 4-13 所示，本次调查中，秋季底栖动物优势种主要由各种拟蟹守螺、滩栖螺、文蛤与甲壳类组成。

表 4-13　秋季各采样点底栖动物优势种及其优势度

采样点		密度优势种	密度优势度	生物量优势种	生物量优势度
红坎村	高潮带	褶痕拟相手蟹 *Parasesarma plicata*	0.667	双齿近相手蟹 *Perisesarma bidens*	0.443
				褶痕拟相手蟹 *Parasesarma plicata*	0.387
	中潮带	短拟沼螺 *Assiminea brevicula*	0.853	迈纳新胀蟹 *Neosarmatium meinerti*	0.35
				双齿近相手蟹 *Perisesarma bidens*	0.161
	低潮带	褶痕拟相手蟹 *Parasesarma plicata*	0.318	双齿近相手蟹 *Perisesarma bidens*	0.693
		弧边招潮蟹 *Uca arcuata*	0.182		
		无齿螳臂相手蟹 *Chiromantes dehaani*	0.136		
西村	高潮带	褶痕拟相手蟹 *Parasesarma plicata*	0.318	弧边招潮蟹 *Uca arcuata*	0.364
		弧边招潮蟹 *Uca arcuata*	0.18	褶痕拟相手蟹 *Parasesarma plicata*	0.334
		紫游螺 *Neritina violacea*	0.18		
	中潮带	扁平拟闭口蟹 *Paracleistostoma depressum*	0.711	扁平拟闭口蟹 *Paracleistostoma depressum*	0.677
	低潮带	斜肋齿蜷 *Sermyla riqueti*	0.391	浓毛拟闭口蟹 *Paracleistostoma crassipilum*	0.436
		浓毛拟闭口蟹 *Paracleistostoma crassipilum*	0.304	缢蛏 *Sinonovacula constricta*	0.283

采样点		密度优势种	密度 优势度	生物量优势种	生物量 优势度
东村	高潮带	褶痕拟相手蟹 *Parasesarma plicata*	0.632	褶痕拟相手蟹 *Parasesarma plicata*	0.521
				迈纳新胀蟹 *Neosarmatium einerti*	0.213
	中潮带	扁平拟闭口蟹 *Paracleistostoma depressum*	0.727	纵带滩栖螺 *Batillaria zonalis*	0.553
				扁平拟闭口蟹 *Paracleistostoma depressum*	0.376
	低潮带	扁平拟闭口蟹 *Paracleistostoma depressum*	0.605	尖刺樱虫 *Potamilla acuminata*	0.453
				斜肋齿蜷 *Sermyla riqueti*	0.266
		斜肋齿蜷 *Sermyla riqueti*	0.289	扁平拟闭口蟹 *Paracleistostoma depressum*	0.258
凤地村	高潮带	黑口拟滨螺 *Littoraria elanostoma*	0.381	双齿近相手蟹 *Perisesarma bidens*	0.438
	中潮带	扁平拟闭口蟹 *Paracleistostoma depressum*	0.622	扁平拟闭口蟹 *Paracleistostoma depressum*	0.569
		迈纳新胀蟹 *Neosarmatium meinerti*	0.297	迈纳新胀蟹 *Neosarmatium einerti*	0.431
	低潮带	麦克蝶尾虫 *Discapseudes ackiei*	0.988	麦克蝶尾虫 *Discapseudes mackiei*	0.822
仙来村	高潮带	弧边招潮蟹 *Uca arcuata*	0.444	弧边招潮蟹 *Uca arcuata*	0.585
		沟纹笋光螺 *Terebralia sulcata*	0.333	沟纹笋光螺 *Terebralia sulcata*	0.321
	中潮带	纵带滩栖螺 *Batillaria zonalis*	0.542	纵带滩栖螺 *Batillaria zonalis*	0.718
		尖刺樱虫 *Potamilla acuminata*	0.208	双齿近相手蟹 *Perisesarma bidens*	0.263

采样点		密度优势种	密度优势度	生物量优势种	生物量优势度
仙来村	低潮带	琴文蛤 *Meretrix lyrata*	0.333	琴文蛤 *Meretrix lyrata*	0.764
		纵带滩栖螺 *Batillaria zonalis*	0.200		
		尖刺樱虫 *Potamilla acuminata*	0.200		
土角村	高潮带	纵带滩栖螺 *Batillaria zonalis*	0.292	琴文蛤 *Meretrix lyrata*	0.419
		束腹蟹 *Somanniathelphusa* sp.	0.25	纵带滩栖螺 *Batillaria zonalis*	0.232
	中潮带	托氏昌螺 *Umbonium thomasi*	0.229	琴文蛤 *Meretrix lyrata*	0.371
		江户明樱蛤 *Moerella jedoensis*	0.14	宽身大眼蟹 *Macrophthalmus dilatatum*	0.221
	低潮带	红树拟蟹守螺 *Cerithidea rhizophorarum*	0.286	琴文蛤 *Meretrix lyrata*	0.847
		毛蚶 *Scapharca kagoshimensis*	0.286		
南渡河	高潮带	褐痕拟相手蟹 *Parasesarma plicata*	0.457	红树蚬 *Geloina coaxans*	0.416
		紫游螺 *Neritina violacea*	0.229	双齿近相手蟹 *Perisesarma bidens*	0.244
	中潮带	褐痕拟相手蟹 *Parasesarma plicata*	0.474	阿氏强蟹 *Eucrate alcoki*	0.429
		阿氏强蟹 *Eucrate alcoki*	0.368	弧边招潮蟹 *Uca arcuata*	0.274
	低潮带	褐痕拟相手蟹 *Parasesarma plicata*	0.595	褐痕拟相手蟹 *Parasesarma plicata*	0.606
				红树蚬 *Geloina coaxans*	0.333

续表

采样点		密度优势种	密度优势度	生物量优势种	生物量优势度
英典村	高潮带	褶痕拟相手蟹 Parasesarma plicata	0.556	褶痕拟相手蟹 Parasesarma plicata	0.989
	中潮带	德氏狭口螺 Stenothyra divalis	0.787	古氏滩栖螺 Batillaria cumingi	0.431
				黑口拟滨螺 Littoraria melanostoma	0.265
	低潮带	截形鸭嘴蛤 Laternula truncata	0.308	截形鸭嘴蛤 Laternula truncata	0.417
				近缘新对虾 Metapenaeus affinis	0.356
		日本镜蛤 Dosinia japonica	0.308	日本镜蛤 Dosinia japonica	0.201
覃典村	高潮带	纵带滩栖螺 Batillaria zonalis	0.556	纵带滩栖螺 Batillaria zonalis	0.424
				沟纹笋光螺 Terebralia sulcata	0.29
		沟纹笋光螺 Terebralia sulcata	0.35	弧边招潮蟹 Uca arcuata	0.219
	中潮带	珠带拟蟹手螺 Cerithidea cingulata	0.35	纵带滩栖螺 Batillaria zonalis	0.277
		寡鳃齿吻沙蚕 Nephtys oligobranchia	0.15	珠带拟蟹手螺 Cerithidea cingulata	0.271
		纵带滩栖螺 Batillaria zonalis	0.15	沟纹笋光螺 Terebralia sulcata	0.226
	低潮带	尖刺樱虫 Potamilla acuminata	0.333	纵带滩栖螺 Batillaria zonalis	0.396
				红树拟蟹守螺 Cerithidea rhizophorarum	0.236
		萨氏仿贻贝 Mytilopsis sallei	0.222	沟纹笋光螺 Terebralia sulcata	0.21

采样点		密度优势种	密度优势度	生物量优势种	生物量优势度
英良村	高潮带	无齿螳臂相手蟹 *Chiromantes dehaani*	0.708	无齿螳臂相手蟹 *Chiromantes dehaani*	0.436
				石磺 *Onchidium verruculatum*	0.421
	中潮带	双齿近相手蟹 *Perisesarma bidens*	0.235	双齿近相手蟹 *Perisesarma bidens*	0.72
		德氏狭口螺 *Stenothyra divalis*	0.176		
		褶痕拟相手蟹 *Parasesarma plicata*	0.176		
		近缘新对虾 *Metapenaeus affinis*	0.176		
	低潮带	扁平拟闭口蟹 *Paracleistostoma depressum*	0.333	黑口拟滨螺 *Littoraria melanostoma*	0.511
		麦克蝶尾虫 *Discapseudes mackiei*	0.333	扁平拟闭口蟹 *Paracleistostoma depressum*	0.25
蟹洲村	高潮带	扁平拟闭口蟹 *Paracleistostoma depressum*	0.333	双齿近相手蟹 *Perisesarma bidens*	0.309
		浓毛拟闭口蟹 *Paracleistostoma crassipilum*	0.200		
		虾虎鱼 *Glossogobius* sp.	0.200		
	中潮带	腺带刺沙蚕 *Neanthes glandicincta*	0.571	红树蚬 *Geloina coaxans*	0.999
	低潮带	羽须鳃沙蚕 *Dendronereis pinnaticirris*	0.344	羽须鳃沙蚕 *Dendronereis pinnaticirris*	0.524
		寡鳃齿吻沙蚕 *Nepthys oligobranchia*	0.313	寡鳃齿吻沙蚕 *Nepthys oligobranchia*	0.343
		溪沙蚕 *Namalycastis abiuma*	0.281		

采样点		密度优势种	密度优势度	生物量优势种	生物量优势度
好招楼村	高潮带	长足长方蟹 *Metaplax longipes*	0.600	双齿近相手蟹 *Perisesarma bidens*	0.881
	中潮带	麦克蝶尾虫 *Discapseudes mackiei*	0.241	羽须鳃沙蚕 *Dendronereis pinnaticirris*	0.205
		腺带刺沙蚕 *Neanthes glandicincta*	0.181	溪沙蚕 *Namalycastis abiuma*	0.199
		羽须鳃沙蚕 *Dendronereis pinnaticirris*	0.169	褐痕拟相手蟹 *Parasesarma plicata*	0.185
		寡鳃齿吻沙蚕 *Nephthys oligobranchia*	0.157	寡鳃齿吻沙蚕 *Nephthys oligobranchia*	0.171
		溪沙蚕 *Namalycastis abiuma*	0.145	腺带刺沙蚕 *Neanthes glandicincta*	0.144
	低潮带	寡鳃齿吻沙蚕 *Nephthys oligobranchia*	0.418	羽须鳃沙蚕 *Dendronereis pinnaticirris*	0.485
		羽须鳃沙蚕 *Dendronereis pinnaticirris*	0.254	寡鳃齿吻沙蚕 *Nephthys oligobranchia*	0.32
白沙村	高潮带	双齿近相手蟹 *Perisesarma bidens*	0.5	弧边招潮蟹 *Uca arcuata*	0.545
		弧边招潮蟹 *Uca arcuata*	0.375	双齿近相手蟹 *Perisesarma bidens*	0.404
	中潮带	麦克蝶尾虫 *Discapseudes mackiei*	0.636	口虾蛄 *Oratosquilla oratoria*	0.32
				尖刺樱虫 *Potamilla acuminata*	0.27
	低潮带	麦克蝶尾虫 *Discapseudes mackiei*	0.825	青蛤 *Cyclina sinensis*	0.774

4.2.3.5　底栖动物群落生物多样性

如表 4-14 所示,秋季各个采样点的物种丰富度指数(D)为 0.494～2.517,Shannon-Wiener 多样性指数(H')为 0.043～1.146,均匀度指数(J')为 0.031～0.612。总体来讲,各个采样点的底栖动物群落生物多样性指数都不高。

表 4-14　秋季底栖动物群落生物多样性指数

采样点		D	H'	J'
红坎村	高潮带	1.108	0.494	0.356
	中潮带	1.297	0.326	0.168
	低潮带	2.471	0.997	0.479
西村	高潮带	1.941	0.877	0.451
	中潮带	2.199	0.682	0.310
	低潮带	1.914	0.888	0.456
东村	高潮带	1.358	0.578	0.359
	中潮带	0.998	0.441	0.274
	低潮带	0.825	0.527	0.380
凤地村	高潮带	1.642	0.856	0.478
	中潮带	0.831	0.505	0.364
	低潮带	0.494	0.043	0.031
仙来村	高潮带	1.384	0.646	0.401
	中潮带	1.573	0.772	0.431
	低潮带	1.839	0.888	0.427
土角村	高潮带	2.517	0.937	0.426
	中潮带	3.306	1.146	0.434
	低潮带	1.542	0.676	0.488
南渡河	高潮带	1.688	0.813	0.418
	中潮带	1.019	0.557	0.402
	低潮带	1.939	0.704	0.338
英典村	高潮带	0.910	0.468	0.426
	中潮带	1.873	0.487	0.212
	低潮带	1.170	0.643	0.464

采样点		D	H'	J'
覃典村	高潮带	1.038	0.544	0.392
	中潮带	2.337	0.998	0.480
	低潮带	2.076	0.877	0.451
英良村	高潮带	1.259	0.592	0.368
	中潮带	2.471	0.963	0.463
	低潮带	1.674	0.848	0.612
蟹洲村	高潮带	2.216	1.117	0.574
	中潮带	1.542	0.577	0.416
	低潮带	0.962	0.720	0.447
好招楼村	高潮带	0.621	0.337	0.485
	中潮带	1.810	1.146	0.521
	低潮带	0.713	0.783	0.565
白沙村	高潮带	0.721	0.487	0.443
	中潮带	1.787	0.842	0.383
	低潮带	1.887	0.495	0.206

4.3　讨论

4.3.1　红树林底栖动物群落结构特征

底栖动物是湿地生态系统中的重要生态类群之一,在水底起着加速碎屑分解、促进泥水界面物质交换和水体自净的作用,是湿地生态系统物质循环和能量代谢最为重要的环节,也是关系到湿地生态系统结构、功能及健康状况的关键类群。底栖动物的群落特征受到诸多非生物因素的影响。底质状况、水文条件、理化因子、植被状况以及人类活动等,均能在不同尺度影响底栖动物的分布。对于红树林生态系统的次级生产力的底栖动物,国内有一些研究报道。林俊辉等(2016)在福建洛阳江口红树林湿地共鉴定出大型底栖动物 7 门 78 种,环节动物和节肢动物种类最为丰富,节肢动物对总生物量贡献最大,短拟沼螺(*Assiminea brevicula*)为第一优势种。

林区底栖动物的密度和生物量明显低于光滩,部分优势种仅在林区出现。林区群落与光滩群落有显著差异。在雷州半岛7个主要红树林区,底栖动物共188种。其中,软体动物有110种,节肢动物48种,鱼类18种,星虫3种,多毛类8种,腕足动物1种。总平均生物量和栖息密度分别为106.8 g/m^{2}和320个/米^2。底栖动物的种类、生物量和栖息密度与底质和潮位线有密切的关系,与平均盐度呈正相关(刘劲科等,2006)。本次调查共采集到底栖动物113种。双壳纲和腹足纲种类数最多,均为35种;甲壳纲次之,为30种;多毛纲6种;硬骨鱼纲5种;掘足纲2种。绝大部分为咸水种,有少部分属于广盐性种,能在盐度变化比较大的地区如近河口区域生长繁殖。双壳类与腹足类有一部分为空壳种,表明在调查点附近可能存在或曾经存在这些种类。甲壳类种类数比较多,有33种,以蟹类种类数为最多(23种)。春季各个采样点底栖动物密度和生物量平均为216个/米^{2}和195.2 g/m^2,秋季各个采样点密度和生物量平均为256个/米^{2}和142.372 g/m^2。种类总数和密度较刘劲科等(2006)的调查少,但生物量要高。

4.3.2 红树林底栖动物优势种组成时空特征

本次调查中,春、秋两季各个采样点的底栖动物优势种比较相似。春季底栖动物优势种主要由甲壳类、双壳类组成,如褶痕拟相手蟹、弧边招潮蟹、长足长方蟹、麦克蝶尾虫、琴文蛤、拟箱美丽蛤、斯氏印澳蛤,以及腹足类纵带滩栖螺和多毛类羽须鳃沙蚕。秋季底栖动物优势种主要由甲壳类、腹足类与多毛类组成,如褶痕拟相手蟹、双齿近相手蟹、弧边招潮蟹、扁平拟闭口蟹、麦克蝶尾虫、纵带滩栖螺、红树拟蟹守螺、琴文蛤、羽须鳃沙蚕等。

不同的环境适宜不同类型的底栖动物生长繁殖,优势种组成也不相同。颗粒比较大、疏松的底质比颗粒比较细小、坚硬的底质能给底栖动物提供更多生存空间,所以前者生物种类、生物密度与生物量往往比后者更丰富、更高。不同的底栖动物适应不同的底质:砾石能为蟹类提供很好的庇护场所,故砾石底质的蟹类比较丰富;砂质底质比较疏松,适合双壳类栖息;腐殖质比较丰富的泥质底质适合多毛类生长繁殖。雷州半岛7个主要红树林区中,高潮区以甲壳类为优势种类,中低潮区以软体动物为优势种类(刘劲科等,2006)。本次春、秋两季采样中,琴文蛤是仙来村低潮带的底栖动物密度与生物量优势种,是土角村低潮带的生物量优势种。两次采样中南渡河低潮带的密度与生物量优势种都是褶痕拟相手蟹。两次采样中褶痕拟相手蟹是南渡河高潮带与红坎村高潮带的密度优势种。在两次采样中,羽须鳃沙蚕是好招楼村中潮带的密度与生物量优势种。这些采样点的优势种在两次调查中都比较相似,说明生境对底栖动物优势种的组成有重要的影响。

参考文献

安传光,赵云龙,林凌,等.崇明岛中潮带夏季大型底栖动物多样性[J].生态学报,2008,2:577-586.

陈骞.澳门典型湿地底栖动物群落结构特征[J].南方水产科学,2015,11(4):1-10.

范航清,何斌源,韦受庆.海岸红树林地沙丘移动对林内大型底栖动物的影响[J].生态学报,2000,5:722-727.

何斌源,赖廷和.广西北部湾红树林湿地海洋动物图谱[M].北京:科学出版社.2013.

胡知渊,鲍毅新,程宏毅,等.中国自然湿地底栖动物生态学研究进展[J].生态学杂志,2009,28(5):959-968.

黄宗国,林茂.中国海洋生物图集:第四册[M].北京:海洋出版社.2012.

蒋燮治.中国动物志　节肢动物门　软甲纲　十足目[M].北京:科学出版社.1979.

刘劲科,韩维栋,何秀玲,等.雷州半岛红树林海区底栖动物多样性的研究[J].海洋科学,2006,30:70-74.

刘玉.珠江口无瓣海桑(Sonneratia apetala)湿地间底栖动物构成及富营养化评价[J].海洋与湖沼,2013,44(2):292-298.

林俊辉,何雪宝,王建军,等.福建洛阳江口红树林湿地大型底栖动物多样性及季节变化[J].生物多样性,2016,24(7):791-801.

沈韫芬,蒋燮治.从底栖动物评价水体自然净化的效能[J].海洋与湖泊,1979,10(2):161-173.

吴瑞,兰建新,陈丹丹,等.海南省红树林区底栖动物多样性的初步研究[J].热带农业科学,2016,36(11):43-47.

徐凤山,张素萍.中国海产双壳类图志[M].北京:科学出版社.2018.

杨文,蔡英亚,邝雪梅.中国南海经济贝类原色图谱[M].北京:中国农业出版社.2012.

中华人民共和国水利部.水环境监测规范:SL 219—2013[S].北京:中国水利水电出版社.2013.

Tang Y J,Yu S X,Wu Y Y. A comparison of macrofauna communities in different mangrove assemblage. Zoological Research,2007,28(3):255-264.

附录 4 广东红树林底栖动物调查名录

底栖动物	湛江		惠州	
	春季	秋季	春季	秋季
环节动物门 Annelida				
多毛纲 Phyllodocida				
叶须虫目 Phyllodocida				
沙蚕科 Nereididae				
溪沙蚕属 *Namalycastis*				
溪沙蚕 *Namalycastis abiuma*	+	+		+
鳃沙蚕属 *Dendronereis*				
羽须鳃沙蚕 *Dendronereis pinnaticrris*	+	+	+	+
刺沙蚕属 *Neanthes*				
腺带刺沙蚕 *Neanthes glandicincta*		+		+
齿吻沙蚕科 Nephtyidae				
齿吻沙蚕属 *Nephthys*				
寡鳃齿吻沙蚕 *Nephthys oligobranchia*	+	+	+	+
小头虫目 Capitellida				
小头虫科 Capitellidae				
背蚓虫属 *Notomastus*				
背蚓虫 *Notomastus latericeus*				+
缨鳃虫目 Sabellida				
缨鳃虫科 Sabellidae				
刺樱虫属 *Potamilla*				
尖刺樱虫 *Potamilla acuminata*	+	+		+
软体动物门 Mollusca				
掘足纲 Scaphopoda				
象牙贝目 Dentalioida				
角贝科 Dentaliidae				

底栖动物	湛江		惠州	
	春季	秋季	春季	秋季
角贝属 *Dentalium*				
变肋变角贝 *Dentalium octangulatum*	+	+	+	+
沟角贝属 *Striodentalium*				
中国沟角贝 *Striodentalium chinensis*				+
腹足纲 Gastropoda				
原始腹足目 Archaeogastropoda				
马蹄螺科 Trochidae				
昌螺属 *Umbonium*				
托氏昌螺 *Umbonium thomasi*	+	+	+	
蝾螺科 Turbinidae				
小月螺属 *Lunella*				
粒花冠小月螺 *Lunella coronata granulata*	+		+	+
蜓螺科 Neritidae				
彩螺属 *Clithon*				
奥莱彩螺 *Clithon oualaniensis*	+	+	+	+
游螺属 *Neritina*				
紫游螺 *Neritina violacea*	+	+		
中腹足目 Mesogastropoda				
滨螺科 Littorinidae				
拟滨螺属 *Littoraria*				
黑口拟滨螺 *Littoraria melanostoma*	+	+		+
粗糙拟滨螺 *Littoraria scabra*			+	
狭口螺科 Stenothyridae				
狭口螺属 *Stenothyra*				
德氏狭口螺 *Stenothyra divalis*	+	+		+

底栖动物	湛江		惠州	
	春季	秋季	春季	秋季
沼螺科 Bithyniidae				
拟沼螺属 *Assiminea*				
堇拟沼螺 *Assiminea violacea*				
短拟沼螺 *Assiminea brevicul*	+	+		+
锥螺科 Turritellidae				
锥螺属 *Turritella*				
棒锥螺 *Turritella bacillum*	+	+		+
汇螺科 Potamodidae				
拟蟹手螺属 *Cerithidea*				
红树拟蟹守螺 *Cerithidea rhizophorarum*	+	+	+	+
珠带拟蟹手螺 *Cerithidea cingulata*	+	+	+	+
彩拟蟹守螺 *Cerithidea ornata*	+			
笋光螺属 *Terebralia*				
沟纹笋光螺 *Terebralia sulcata*	+	+		+
滩栖螺科 Batillariidae				
滩栖螺属 *Batillaria*				
古氏滩栖螺 *Batillaria cumingi*		+		
纵带滩栖螺 *Batillaria zonalis*	+	+		+
玉螺科 Naticidae				
玉螺属 *Natica*				
斑玉螺 *Natica maculosa*	+	+		+
格纹玉螺 *Natica gualtieriana*	+			
线纹玉螺 *Natica lineata*				+
乳玉螺属 *Polynices*				
乳玉螺 *Polynices mammata*			+	

底栖动物	湛江		惠州	
	春季	秋季	春季	秋季
跑螺科 Thiaridae				
齿蜷属 Sermyla				
斜肋齿蜷 Sermyla riqueti	＋	＋		＋
粒蜷属 Tarebia				
斜粒粒蜷 Tarebia granifera		＋		
新腹足目 Neogastropod				
骨螺科 Muricidae				
荔枝螺属 Thais				
蛎敌荔枝螺 Thais gradata	＋			＋
织纹螺科 Nassariidae				
织纹螺属 Nassarius				
胆形织纹螺 Nassarius pullus		＋		
半褶织纹螺 Nassarius semiplicatus		＋		＋
节织纹螺 Nassarius hepaticus	＋	＋	＋	＋
西格织纹螺 Nassarius siquijorensis	＋	＋		＋
笔螺科 Mitridae				
笔螺属 Mitra				
圆点笔螺 Mitra scutulata		＋	＋	＋
头楯目 Cephalaspidea				
阿地螺科 Atyidae				
泥螺属 Bullacta				
泥螺 Bullacta exarata		＋		
月华螺属 Haloa				
珠光月华螺 Haloa margaitoides			＋	
囊螺科 Retusidae				

续表

底栖动物	湛江		惠州	
	春季	秋季	春季	秋季
囊螺属 *Retusa*				
婆罗囊螺 *Retusa boenensis*	+	+	+	+
基眼目 Basommatophora				
耳螺科 Ellobiidae				
女教士螺属 *Ptyhia*				
赛士女教士螺 *Ptyhia cecillei*		+		
耳螺属 *Ellobium*				
中国耳螺 *Ellobium chinensis*	+	+	+	+
柄眼目 Stylommatophora				
石磺科 Onchidiidae				
石磺属 *Onchidium*				
石磺 *Onchidium verruculatum*	+	+	+	
双壳纲 Bivalvia				
胡桃蛤目 Nuculoida				
云母蛤科 Yoldiidae				
云母蛤属 *Yoldia*				
薄云母蛤 *Yoldia similis*		+		+
蚶目 Arcoida				
蚶科 Arcidae				
须蚶属 *Barbatia*				
青蚶 *Barbatia virescens*	+	+		+
泥蚶属 *Tegillarca*				
泥蚶 *Tegillarca granosa*	+	+	+	+
毛蚶属 *Scapharca*				
毛蚶 *Scapharca kagoshimensis*	+	+		+

底栖动物	湛江		惠州	
	春季	秋季	春季	秋季
贻贝目 Mytioida				
贻贝科 Mytilidae				
沼蛤属 *Limnoperna*				
淡水壳菜 *Limnoperna lacustris*		+		
短齿蛤属 *Brachidontes*				
变化短齿蛤 *Brachidontes variabilis*		+		
贻贝属 *Perna*				
翡翠贻贝 *Perna viridis*	+			
牡蛎目 Osteroida				
牡蛎科 Ostreidae				
巨蛎属 *Crassostrea*				
近江牡蛎 *Crassostrea rivularis*		+		+
帘蛤目 Veneroida				
满月蛤科 Lucinidae				
厚大蛤属 *Codakia*				
斑纹厚大蛤 *Codakia punctata*	+		+	
鸟尾蛤科 Cardiidae				
脊鸟蛤属 *Fragum*				
脊鸟蛤 *Fragum* sp.		+		+
印澳蛤属 *Indoaustriella*				
斯氏印澳蛤 *Indoaustriella scarlatoi*	+		+	
蚬科 Corbiculidae				
红树蚬属 *Gelonia*				
红树蚬 *Gelonia coaxans*		+		+
蚬属 *Corbicula*				

底栖动物	湛江		惠州	
	春季	秋季	春季	秋季
河蚬 Corbicula fluminea	+		+	
饰贝科 Dreissenidae				
仿贻贝属 Mytilopsis				
萨氏仿贻贝 Mytilopsis sallei	+	+		+
樱蛤科 Tellinidae				
仿樱蛤属 Tellinides				
帝汶仿樱蛤 Tellinides timorensis			+	
明樱蛤属 Moerella				
江户明樱蛤 Moerella jedoensis	+	+		
白樱蛤属 Macoma				
美女白樱蛤 Macoma candida	+		+	
美丽蛤属 Merisca				
拟箱美丽蛤 Merisca capsoides	+			
紫云蛤科 Psammobiidae				
紫蛤属 Hiatula				
双线紫蛤 Hiatula diphos	+			
截蛏科 Solecurtidae				
仿缢蛏属 Azorinus				
狭仿缢蛏 Azorinus coarctata	+			
灯塔蛏科 Pharellidae				
缢蛏属 Sinonovacula				
缢蛏 Sinonovacula constricta	+	+		
竹蛏科 Solenidae				
竹蛏属 Solen				
短竹蛏 Solen dunkerianus	+			

底栖动物	湛江		惠州	
	春季	秋季	春季	秋季
帘蛤科 Anomalocardia				
杓拿蛤属 *Anomalocardia*				
鳞杓拿蛤 *Anomalocardia squamosa*	+	+	+	+
文蛤属 *Meretrix*				
丽文蛤 *Meretrix cusoria*		+		
琴文蛤 *Meretrix lyrata*	+	+		
雪蛤属 *Clausinella*				
伊萨伯雪蛤 *Clausinella isabellina*	+	+	+	
加夫蛤属 *Gafrarium*				
加夫蛤 *Gafrarium pectinatum*	+	+	+	
皱纹蛤属 *Periglypta*				
布目皱纹蛤 *Periglypta clathrata*	+	+		
镜蛤属 *Dosinia*				
日本镜蛤 *Dosinia japonica*	+	+		+
格特蛤属 *Marcia*				
裂纹格特蛤 *Marcia hiantina*	+	+	+	
青蛤属 *Cyclina*				
青蛤 *Cyclina sinensis*	+	+	+	+
巴菲蛤属 *Paphia*				
波纹巴菲蛤 *Paphia undulata*		+	+	
绿螂科 Glauconomidae				
绿螂属 *Glauconome*				
中国绿螂 *Glauconome chinensis*	+	+	+	
海螂目 Corbulidae				
蓝蛤科 Corbulidae				

底栖动物	湛江		惠州	
	春季	秋季	春季	秋季
河篮蛤属 *Potamocorbula*				
红肉河蓝蛤 *Potamocorbula rubromuscula*	+	+		+
笋螂目 Pholadomyoida				
鸭嘴蛤科 Laternulidae				
鸭嘴蛤属 *Laternula*				
截形鸭嘴蛤 *Laternula truncata*		+		
节肢动物门 Arthropoda				
软甲纲 Malacostraca				
原足目 Tanaidacea				
长尾虫科 Apseudidae				
蝶尾虫属 *Discapseudes*				
麦克蝶尾虫 *Discapseudes mackiei*	+	+	+	+
等足目 Isopod				
背尾水虱科 Anthuridae				
杯状水虱属 *Cyathura*				
杯状水虱 *Cyathura politula*				+
端足目 Amphipoda				
钩虾科 Gammaridae				
钩虾属 *Gammarus*				
钩虾 *Gammarus* sp.		+		+
口足目 Stomatopoda				
虾蛄科 Squillidae				
口虾蛄属 *Oratosquilla*				
口虾蛄 *Oratosquilla oratoria*				+
十足目 Decapoda				

底栖动物	湛江		惠州	
	春季	秋季	春季	秋季
鼓虾科 Alpheidae				
鼓虾属 *Alpheus*				
刺螯鼓虾 *Alpheus hoplocheles*	+	+		+
长臂虾科 Palaemonidae				
白虾属 *Exopalamon*				
脊尾白虾 *Exopalamon carincauda*	+	+	+	+
对虾科 Penaeidae				
新对虾属 *Metapenaeus*				
近缘新对虾 *Metapenaeus affinis*	+	+	+	
鹰爪虾属 *Trachypenaeus*				
鹰爪虾 *Trachypenaeus curvirostris*	+			
束腹蟹科 Parathelphusicae				
束腹蟹属 *Somanniathelphusa*				
束腹蟹 *Somanniathelphusa* sp.		+		
长脚蟹科 Goneplacidae				
强蟹属 *Eucrate*				
阿氏强蟹 *Eucrate alcoki*		+		
玉蟹科 Leucosiidae				
拳蟹属 *Philyra*				
橄榄拳蟹 *Philyra olivacea*	+			
梭子蟹科 Porunidae				
青蟹属 *Scylla*				
拟穴青蟹 *Scylla paramamosain*	+		+	
沙蟹科 Ocypodidae				
泥蟹属 *Ilyoplax*				

底栖动物	湛江		惠州	
	春季	秋季	春季	秋季
谭氏泥蟹 *Ilyoplax deschampsi*	+	+		
招潮蟹属 *Uca*				
弧边招潮蟹 *Uca arcuata*	+	+	+	+
拟闭口蟹属 *Paracleistostoma*				
浓毛拟闭口蟹 *Paracleistostoma crassipilum*		+		+
扁平拟闭口蟹 *Paracleistostoma depressum*	+	+		+
方蟹科 Grapsidae				
厚蟹属 *Helice*				
秉氏厚蟹 *Helice pingi*	+			
长方蟹属 *Metaplax*				
长足长方蟹 *Metaplax longipes*	+	+	+	+
大额蟹属 Metopograpsus				
四齿大额蟹 *Metopograpsus quadridentatus*		+		
相手蟹科 Sesarmindae				
螳臂相手蟹属 *Chiromantes*				
无齿螳臂相手蟹 *Chiromantes dehaani*	+	+	+	
近相手蟹属 *Perisesarma*				
双齿近相手蟹 *Perisesarma bidens*		+		+
拟相手蟹属 *Parasesarma*				
褶痕拟相手蟹 *Parasesarma plicata*	+	+	+	+
新胀蟹属 *Neosarmatium*				
迈纳新胀蟹 *Neosarmatium meinerti*		+		
胀蟹属 *Sarmatium*				
吉氏胀蟹 *Sarmatium germaini*		+		
弓蟹科 Varunidae				

底栖动物	湛江		惠州	
	春季	秋季	春季	秋季
弓蟹属 *Varuna*				
字纹弓蟹 *Varuna litterata*	+	+		
大眼蟹科 Macrophthalmidae				
大眼蟹属 *Macrophthalmus*				
并齿大眼蟹 *Macrophthalmus simdentatus*	+			
短齿大眼蟹 *Macrophthalmus brevis*		+		
宽身大眼蟹 *Macrophthalmus dilatatum*		+		
和尚蟹科 Mictyridae				
和尚蟹属 *Mictyris*				
长腕和尚蟹 *Mictyris longicarpus*	+			
豆蟹科 Pinnotheridae				
异额蟹属 *Anomalifrons*				
莱氏异额蟹 *Anomalifrons lightana*	+	+		
鱼纲 Osteichthyes				
鲈形目 Perciformes				
虾虎鱼科 Gobiidae				
弹涂鱼属 *Periophthalmus*				
弹涂鱼 *Periophthalmus modestus*	+	+	+	
大弹涂鱼属 *Boleophthalmus*				
大弹涂鱼 *Boleophthalmus pectinirosris*		+		+
孔虾虎鱼属 *Trypauchen*				
孔虾虎鱼 *Trypauchen vagina*	+			
虾虎鱼属 *Glossogobius*				
虾虎鱼 *Glossogobius* sp.		+		+
塘鳢科 Eleotridae				
乌塘鳢属 *Bostrychus*				
中华乌塘鳢 *Bostrychus sinensis*		+		

广东红树林底栖动物实物图

红树蚬 *Geloina coaxans*

紫游螺 *Neritina violacea*

中国耳螺 *Ellobium chinense*

粗糙拟滨螺 *Littoraria scabra*

石磺 *Onchidium verruculatum*

赛士女教士螺 *Pythia cecillei*

弧边招潮蟹 *Uca arcuata*

双齿近相手蟹 *Perisesarma bidens*

褶痕拟相手蟹 *Parasesarma plicata*

字纹弓蟹 *Varuna litterata*

中国鲎 *Tachypleus tridentatus*

弹涂鱼 *Periophthalmus cantonensis*

第5章　广东红树林昆虫多样性调查

摘要　通过昆虫采集鉴定与影像资料调研,对湛江和惠州红树林昆虫多样性进行了初步调查,并提出了管理措施与保护对策。共记录到 8 目 81 科 127 属 145 种昆虫。鳞翅目种类最多,为 18 科 42 属 49 种;鞘翅目次之,为 21 科 30 属 34 种;半翅目 12 科 15 属 16 种;膜翅目 10 科 14 属 14 种;双翅目 10 科 10 属 12 种;直翅目 6 科 11 属 12 种;蜻蜓目 3 科 4 属 6 种;脉翅目 1 科 1 属 2 种。

湛江红树林共记录到 8 目 75 科 127 种昆虫。其中,直翅目 7 种(5.5%),蜻蜓目 5 种(3.9%),脉翅目 1 种(0.7%),半翅目 15 种(11.8%),鞘翅目 33 种(25.9%),双翅目 11 种(8.6%),鳞翅目 43 种(33.8%),膜翅目 12 种(9.4%)。鞘翅目、鳞翅目、膜翅目和双翅目是湛江红树林中科数较多的优势昆虫类群。

惠州红树林共记录到 8 目 54 科 77 种昆虫。其中,直翅目 11 种(14.29%),蜻蜓目 5 种(6.49%),脉翅目 1 种(1.30%),半翅目 7 种(9.09%),鞘翅目 13 种(16.88%),双翅目 8 种(10.39%),鳞翅目 27 种(35.06%),膜翅目 5 种(6.49%)。鳞翅目、鞘翅目和半翅目是惠州红树林中科数较多的优势昆虫类群。

湛江红树林和惠州红树林昆虫在丰富度与多样性上,都整体呈现出红树林沿边村落＞沿岸海堤＞红树林及周围滩涂的规律;在优势度上,则刚好相反,呈现出红树林及周围滩涂＞沿岸海堤＞红树林沿边村落的规律。

昆虫纲是已知所有生物中的第一大纲,且仍有大量新种待发现。部分昆虫类群,如蝴蝶、蜻蜓等,因其与环境的紧密联系和易于监测的特性,被认定为生态监测指标物种。昆虫群落是组成红树林生态系统的重要成分之一。探讨红树林昆虫群落及其多样性,对了解红树林昆虫群落优势种、多样性和均匀性的时间格局,制定生态保护对策,防治红树林病虫害等有着重要的理论和现实意义。本章对湛江和惠州红树林昆虫群落结构进行了调查,评估了该地区红树林生态环境指数的高低,以期为制定相对应的生态对策、监控与管理红树林生态系统提供基础资料。

5.1　红树林昆虫多样性调查方法

5.1.1　调查时间和调查位点

调查时间同第 2 章 2.1.1,调查位点同第 1 章 1.2.1。

5.1.2　样品采集

参照《红树林生态监测技术规程》(HY/T 081—2005),采用样带法与样方法结合,在 2017 年春季(4～5 月)与秋季(10～11 月)进行了 2 次考察。通过分析不同区域的独有生境类型与特色,有针对性地观察采集。对于草地中的昆虫,采用扫网法进行采集。使用有 3 m 可伸缩杆与 1 mm 网眼的采集网进行扫网采集与捞网采集,另使用 9 m 杆与纱网对访花昆虫进行采集。对于有假死性的昆虫,采用震落法采集,即在灌木丛下垫白色棉布,对灌木丛进行敲击,有假死性的昆虫会受惊假死,自然落下。对于嗜腐果的类群,采用腐烂的菠萝与香蕉诱集,具体方法是将腐烂的菠萝与香蕉置于盆内、悬于树上,第二天即可对里面的昆虫进行采集观察。对于有趋光性的昆虫,采用 500 W 汞灯进行灯诱采集,并在滩涂以 1 m 为间隔设置巴氏诱罐 50 个。对于一些种类,使用 Canon 60D 与 300 mm F4.0 镜头、100 mm F2.8 镜头进行拍摄,对相片分析鉴定。对于微小的标本,使用奥林巴斯 4× 与 10× 平场显微镜与 WeMacro 摄影堆叠导轨进行拍摄,使用 Zerene Stacker 软件进行堆叠。

5.1.3　鉴定手段

对于采集到的昆虫,通过查阅相关文献进行鉴定。对于无法确定的物种,向相关专家咨询。对于部分形态特征难以鉴定的物种,进行解剖鉴定。

5.1.4　数据分析方法

Berger-Parker 优势度指数(Y)计算方法见公式(2-1)。
优势集中性指数(C)使用 Simpson 公式:

$$C = \sum (N_i/N)^2 \qquad (5\text{-}1)$$

其中，N_i 为第 i 个物种的个体数，N 表示总个体数。

另采用 Shannon-Wiener 多样性指数，计算方法见公式（2-3）。

均匀性（E）的测定采用下式：

$$E = H'/\ln S \qquad (5\text{-}2)$$

其中，S 为总物种数。

5.2 红树林昆虫多样性调查结果

5.2.1 红树林昆虫种类组成

如附录 5 所示，本次调查在湛江和惠州红树林共记录到 8 目 81 科 127 属 145 种昆虫。鳞翅目种类最多，为 18 科 42 属 49 种；鞘翅目次之，为 21 科 30 属 34 种；半翅目 12 科 15 属 16 种；膜翅目 10 科 14 属 14 种；双翅目 10 科 10 属 12 种；直翅目 6 科 11 属 12 种；蜻蜓目 3 科 4 属 6 种；脉翅目 1 科 1 属 2 种。

5.2.2 湛江红树林昆虫群落

5.2.2.1 昆虫种类统计

本次调查在湛江红树林共记录到 8 目 75 科 127 种昆虫（表 5-1）。其中，直翅目 7 种（5.5%），蜻蜓目 5 种（3.9%），脉翅目 1 种（0.7%），半翅目 15 种（11.8%），鞘翅目 33 种（25.9%），双翅目 11 种（8.6%），鳞翅目 43 种（33.8%），膜翅目 12 种（9.4%）。

表 5-1 湛江红树林各采样点昆虫种类组成

昆虫	春季			秋季		
	廉江高桥	雷州附城	雷州流沙镇	廉江高桥	雷州附城	雷州流沙镇
直翅目 Orthoptera	+	+	+	+	+	+
槌角蝗科 Gomphoceridae	+	+	+	+		+
中华剑角蝗 *Acrida cinerea*	+	+	+			
圆翅蝼蛄蝗 *Gelastorhinus rotundatus*	++		+	+		+
斑腿蝗科 Catantopidae	+++	++	+++	++	+	++
斑翅蝗科 Oedipodidae	++	+	++	+		+

昆虫	春季			秋季		
	廉江 高桥	雷州 附城	雷州 流沙镇	廉江 高桥	雷州 附城	雷州 流沙镇
螽蟖科 Tettigoniidae	+	+		+		
条螽 *Ducetia* sp.	+	+		+		
蟋蟀科 Gryllidae	+	+		+		
姬蟋 *Modicogryllus* sp.	+	+		+		
小棺头蟋 *Loxoblemmus aomoriensis*				+		
蜻蜓目 Odonata	+	+	+	+	+	+
蜻科 Libellulidae	+++	++	++	+	+	
黄蜻 *Pantala flavescens*	+++	++	++	+	+	
春蜓科 Gomphidae	++	+				
蟌科 Coenagriidae	+	+	+			
褐斑异痣蟌 *Ischnura sengalensis*	+	+				
琉球橘黄蟌 *Ceriagrion auranticum ryukuanum*		+	+			+
丹顶斑蟌 *Pseudagrion rubriceps*						+
脉翅目 Neuroptera	+++					
草蛉科 Chrysopidae	+++					
中华通草蛉 *Chrysoperla sinica*	+++					
半翅目 Hemiptera	+++	+	+	+	+	+
红蝽科 Pyrrhocoidae	+++	+				
小斑红蝽 *Physopelta cincticollis*	+++	+				
缘蝽科 Coreidae	+		+		+	
瘤缘蝽 *Acanthocoris* sp.	+					
拟棘缘蝽 *Cletomorpha* sp.	+					
点拟棘缘蝽 *Cletomorpha simulans*			+			
红缘蝽 *Serinetha* sp.						+

续表

昆虫	春季			秋季		
	廉江高桥	雷州附城	雷州流沙镇	廉江高桥	雷州附城	雷州流沙镇
长蝽科 Lygaeidae	+	+		+		
点边地长蝽 Rhyparochromus japonicus	+	+		+		
猎蝽科 Reduviidae	+		+			
土猎蝽 Coranus sp.	+		+			
轮刺猎蝽 Scipinia sp.	+		+			
黾蝽科 Gerridae	++					
海黾 Halobates sp.	++					
龟蝽科 Plataspidae	+					
花蝽科 Anthocoridae	+					
小划蝽科 Micronectidae	+	+				
叶蝉科 Cicadellidae	+++	+	+	++	+	+
飞虱科 Delphacidae	++	+	+	+		
象蜡蝉科 Dictyopharidae	+		+			
象蜡蝉 Dictyophara sp.	+		+			
鞘翅目 Coleoptera	++	+	+++	++	+	+
丽金龟科 Rutelidae	+	+				
古黑异丽金龟 Anomala antiqua	+					
异丽金龟 Anomala sp.		+				
花金龟科 Cetoniidae			+			
白星花金龟 Protaetia brevitarsis			+			
鳃金龟科 Melolonthidae	+		+			
鳃金龟 Apogonia sp.	+		+			
隐翅虫科 Staphylinidae	+	+	+			
毒隐翅虫 Paederus sp.	+	+	+	+		+

昆虫	春季			秋季		
	廉江 高桥	雷州 附城	雷州 流沙镇	廉江 高桥	雷州 附城	雷州 流沙镇
露尾甲科 Nitidulidae	++	++	+++	+	+	+++
黄斑露尾甲 Carpophilus hemipterus	++	++	+++	+	+	+++
叶甲科 Chrysomelidae	++	+	++	++	+	++
步甲科 Carabidae	+		+			
五斑狭胸步甲 Stenolophus quinquepustulatus	+					
婪步甲 Harpalus sp.			+			
瓢甲科 Coccinellidae	+++	+	++	+	+	+
茄二十八星瓢虫 Epilachna vigintioctopunctata	+		+	+		
龟纹瓢虫 Propylaea japonica	++		+	+		
马铃薯瓢虫 Henosepilachna vigintioctomaculata	++		+			+
异色瓢虫 Harmonia axyridis		+				
六斑月瓢虫 Menochilus sexmaculata			+			
黄瓢虫 Illeis koebelei			++			+
叩甲科 Elateridae	+					
等胸皮叩甲 Lanelater aequalis	+					
牙甲科 Hydrophilidae				+	+	+
梭腹牙甲 Cercyon sp.				+		+
红脊胸牙甲 Sternolophus rufipes					+	
五斑陆牙甲 Sphaeridium quinquemaculatum					+	
龙虱科 Dytiscidae	+			+	+	
圆龙虱 Hydrovatus sp.	+			+	+	
环刻翅龙虱 Copelatus tenebrosus	+			+		
伪龙虱科 Noteridae				+		
弯距伪龙虱 Hydrocanthus indicus				+		

昆虫	春季			秋季		
	廉江高桥	雷州附城	雷州流沙镇	廉江高桥	雷州附城	雷州流沙镇
溪泥甲科 Elmidae	＋			＋		
犀金龟科 Dynastidae						＋
双叉犀金龟 *Trypoxylus dichotomu*						＋
吉丁科 Buprestidae			＋			
中华窄吉丁 *Agrilus sinensis*			＋			
郭公虫科 Cleridae			＋			
琉璃郭公虫 *Necrobia* sp.			＋			
金龟科 *Scarabaeidae*					＋	＋
箭角嗡蜣螂 *Onthophagus sagittarius*					＋＋	＋＋
寿锯嗡蜣螂 *Onthophagus seniculus*					＋	＋
武截嗡蜣螂 *Onthophagus armatus*					＋	
直角嗡蜣螂 *Onthophagus rectecornutus*					＋	
拟步甲科 Tenebrionidae	＋	＋		＋	＋	
土甲族 Opatrini	＋	＋		＋	＋	
蜉金龟科 Aphodiidae		＋	＋		＋＋	＋＋
象甲科 Curculionidae			＋			
绿鳞象甲 *Hypomeces squamosus*			＋			
天牛科 Cerambycidae			＋			
四斑蜡天牛 *Ceresium quadrimaculatum*			＋			
双翅目 Diptera	＋	＋＋＋	＋	＋	＋＋＋	＋
丽蝇科 Calliphoridae	＋	＋＋＋	＋	＋	＋＋＋	＋
丝光绿蝇 *Lucilia sericata*	＋	＋＋＋	＋	＋	＋＋＋	＋
麻蝇科 Sarcophagidae	＋					
亚麻蝇 *Parasarcophaga* sp.	＋					

续表

昆虫	春季			秋季		
	廉江高桥	雷州附城	雷州流沙镇	廉江高桥	雷州附城	雷州流沙镇
食蚜蝇科 Syrphidae	+	+	+		+	
黑带食蚜蝇 Episyrphus balteatus	+		+			
斑眼食蚜蝇 Eristalis arvorum	+	+			+	
长足虻科 Dolichopodidae	+	+		+	+	
丽长足虻亚科 Sciapodinae	+	+		+	+	
实蝇科 Tephritidae	+		+			
花翅实蝇亚科 Tephritinae	+		+			
指角蝇科 Neriidae	+					
水虻科 Stratiomyidae	+	+			+	
亮斑扁角水虻 Hermertia illucens	+	+			+	
食虫虻科 Asilidae				+		+
蚊科 Culicidae	+++	+		+		
东乡伊蚊 Aedes togoi	+++	+		+		
大蚊科 Tipulidae	+					
鳞翅目 Lepidoptera	+	++	+++	+	+	+++
凤蝶科 Papilionidae			++			++
巴黎翠凤蝶 Papilio paris			++			+
碧凤蝶 Achillides bianor			+			+
玉带凤蝶 Papilio polytes			+			+
达摩凤蝶 Papilio demoleus			+			+
粉蝶科 Pieridae	+	+	+	+	+	+
报喜斑粉蝶 Delias pasithoe	+		+			
宽边黄粉蝶 Eurema hecabe	+	+	+	+	+	+
迁粉蝶 Catopsilia pomona	+		+			+

续表

昆虫	春季			秋季		
	廉江高桥	雷州附城	雷州流沙镇	廉江高桥	雷州附城	雷州流沙镇
东方菜粉蝶 Pieris canidia			+			
黑脉园粉蝶 Cepora nerissa			+			+
利比尖粉蝶 Appias libythea			+			
斑蝶科 Danaidae	+	+	+	+		+
虎斑蝶 Danaus genutia	+	+	+			
金斑蝶 Danaus chrysippus			+	+		+
蛱蝶科 Nymphalidae		+	+ +		+	+
蛇眼蛱蝶 Junonia lemonias			+			+
黄裳眼蛱蝶 Junonia hierta						+
斐豹蛱蝶 Argynnis hyperbius		+	+			
波纹眼蛱蝶 Junonia atlites		+			+	
中环蛱蝶 Neptis hylas		+	+			+
大红蛱蝶 Vanessa indica		+				
波蛱蝶 Ariadne ariadne		+	+		+	+
灰蝶科 Lycaenidae	+ +	+	+ +	+	+	+ +
亮灰蝶 Lampides boeticus	+ +	+	+	+	+	
曲纹紫灰蝶 Chilades pandava	+		+			
酢浆灰蝶 Pseudozizeeria maha	+	+		+	+	+
毛眼灰蝶 Zizina otis				+	+	
细灰蝶 Leptotes plinius			+			
普紫灰蝶 Chilades putli						+
豹灰蝶 Castalius rosimon						+
棕灰蝶 Euchrysops cnejus						+
紫灰蝶 Chilades lajus			+			+ +

昆虫	春季			秋季		
	廉江高桥	雷州附城	雷州流沙镇	廉江高桥	雷州附城	雷州流沙镇
玛灰蝶 *Mahathaio ameria*						+
锡冷雅灰蝶 *Jamides celeno*			+			+
弄蝶科 Hesperiidae					+	
籼弄蝶 *Borbo cinnara*					+	
眼蝶科 Satyridae			++			+
小眉眼蝶 *Mycalesis mineus*			++			+
尺蛾科 Geometridae	+	+	+		+	
青尺蛾亚科 Geometrinae	+					
豹尺蛾 *Dysphania militaris*	++	+	+		+	
绢蛾科 Scythrididae	+					
黄斑绢蛾 *Eretmocera impactella*	+					
灯蛾科 Arctiidae	+					
八点灰灯蛾 *Creatonotus transiens*	+					
毒蛾科 Lymantridae	+					
榕透翅毒蛾 *Perina nuda*	+					
草螟科 Crambidae	+	+	++		+	+
甜菜白带野螟 *Hymenia recurvalis*	+	+	++		+	+
黄野螟 *Heortia vitessoides*	+					
夜蛾科 Noctuidae	+			+		
银纹夜蛾 *Argyrogramma agnata*	+					
黏虫 *Mythimna* sp.	+					
龙眼合夜蛾 *Sympis rufibasis*	+					
臭椿皮蛾 *Eligma narcissus*				+		
卷蛾科 Tortricidae	+					

昆虫	春季			秋季		
	廉江高桥	雷州附城	雷州流沙镇	廉江高桥	雷州附城	雷州流沙镇
膜翅目 Hymenoptera	+	+	+	+	+	+
蜜蜂科 Apidae	+++	+	+	+		
中华蜜蜂 Apis cerana	+++	+	+	+		
曼氏木蜂 Zonohirsuta melli	++					
马蜂科 Polistidae	+					
点马蜂 Polistes stigma	+					
胡蜂科 Vespidae	+	+			+	
黑尾胡蜂 Vespa ducalis		+			+	
蜾蠃科 Eumenidea					+	
原野华丽蜾蠃 Delta campaniforme esuriens					+	
隧蜂科 Halictidae	+					
姬蜂科 Ichneumonidae	+					
悬茧姬蜂 Charops sp.	+					
叶蜂科 Tenthredinidae	+					
泥蜂科 Sphecidae	+			+		
沙泥蜂属 Ammophila sp.	+			+		
缘腹细蜂科 Scelionidae	+			+		
蚁科 Formicidae	++	+	+	+	+	+
尼克巴弓背蚁 Camponotus nicobaresis	++	+	+	+	+	+
臭蚁亚科 Dolichoderinae		+				

注："＋"代表观测到，"＋＋"代表比较多，"＋＋＋"代表很多

5.2.2.2　昆虫群落成分分析

各个采样点中,以高桥红树林记录到的种类最多,为 8 目 60 科 79 种;雷州流沙镇红树林次之,记录到 7 目 39 科 71 种;雷州附城记录到 7 目 39 科 52 种(图 5-1)。

本次调查中,仅高桥红树林记录到脉翅目的种类。在各个类群中,鳞翅目与鞘翅目占比最多,这也符合已知各目昆虫的种类数量比例。从物种多样性上分析,高桥红树林最高,其次是雷州流沙镇,再次是雷州附城。其中,雷州流沙镇鞘翅目与鳞翅目的种类尤为丰富,共占该地全部昆虫种类的 70.4％。

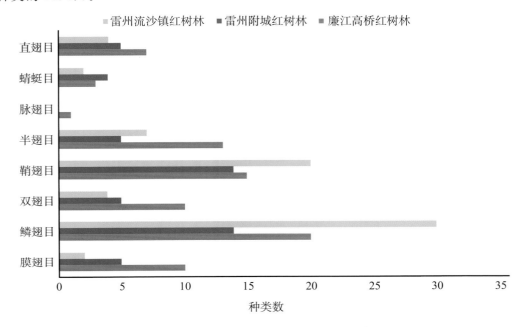

图 5-1　湛江红树林各采样点昆虫种类

5.2.2.3　昆虫群落多样性水平分析

湛江高桥的主要优势种如下:海滨伊蚊(*Aedes togoi*),采集到 417 头;黄斑露尾甲(*Carpophilus hemipteru*),采集到 213 头;尼克巴弓背蚁(*Camponotus nicobaresis*),采集到 107 头。

雷州附城的主要优势种如下:丝光丽蝇(*Lucilia sericata*),采集到 341 头;黄蜻(*Pantala flavescens*),采集到 41 头;中华蜜蜂(*Apis cerana*),采集到 27 头。

雷州流沙镇的主要优势种如下:黄斑露尾甲,采集到 84 头;紫灰蝶(*Chilades lajus*),采集到 42 头;甜菜白带野螟(*Hymenia recurvalis*),采集到 38 头。

取各采集样地的主要优势类群为样本,对保护区的昆虫群落进行分析。结果见表 5-2。

表 5-2 湛江红树林昆虫群落生物多样性指数

样品采集地	生态优势度指数（Y）	优势集中性指数（C）	多样性指数（H'）	均匀性（E）
湛江高桥	0.038 0	0.424 7	0.961 1	0.874 9
雷州附城	0.057 7	0.709 5	0.561 6	0.511 1
雷州流沙镇	0.042 3	0.381 6	1.030 4	0.937 9

5.2.2.4 昆虫群落水平分布分析

5.2.2.4.1 红树林及周围滩涂

本调查区域包括受海水周期性浸淹的红树林区、滩涂和河口海水涨潮时达到的区域。主要分布有豹尺蛾（*Dysphania militaris*）、黄蜻、中华蜜蜂、亚麻蝇（*Parasarcophaga* sp.）等。值得注意的是，春季调查时在本地区见到大量被饲养的中华蜜蜂，这对红树的传粉有一定帮助，但对占据相同生态位的其他传粉昆虫有何影响尚不明确。

5.2.2.4.2 沿岸海堤

本调查区域为包围红树林的海堤，有一些半红树植物与红树植物伴生种，也是夜间灯诱昆虫的地点，因而昆虫种类可能显得较多。在白天的调查中，观测到大量的黄蜻、春蜓（Gomphidae）和斑翅蝗（Oedipodidae）。夜间的灯诱中，海滨伊蚊数量极大，此外还有中华通草蛉（*Chrysoperla sinica*）、尖突巨牙甲（*Hydrophilus acuminatus*）等。

5.2.2.4.3 红树林沿边村落

该区域有较多的水田、沟渠，分布有一些常见的乡野物种，如亮灰蝶（*Lampides boeticus*）、茄二十八星瓢虫（*Epilachna vigintioctopunctat*）等瓢甲，斑眼食蚜蝇（*Eristalinus arvorum*）等双翅目昆虫。

在丰富度与多样性上，整体呈现出红树林沿边村落＞沿岸海堤＞红树林及周围滩涂的规律；在优势度上，则刚好相反，呈现出红树林及周围滩涂＞沿岸海堤＞红树林沿边村落的规律。

5.2.3 惠州红树林昆虫群落

5.2.3.1 昆虫种类统计

在惠州红树林调查中，共记录到 8 目 54 科 77 种昆虫（表 5-3）。其中，直翅目 11 种（14.29%），蜻蜓目 5 种（6.49%），脉翅目 1 种（1.30%），半翅目 7 种（9.09%），鞘翅目 13 种（16.88%），双翅目 8 种（10.39%），鳞翅目 27 种（35.06%），膜翅目 5 种（6.49%）。

表 5-3　惠州红树林昆虫种类组成

昆虫	春季	秋季
直翅目 Orthoptera	+	+
槌角蝗科 Gomphoceridae	+	+
中华剑角蝗 *Acrida cinerea*	+	+
圆翅蝏蚸蝗 *Gelastorhinus rotundatus*	+	
斑腿蝗科 Catantopidae	+++	++
斑翅蝗科 Oedipodidae	++	+
锥头蝗科 Pyrgomorphidae	++	++
短额负蝗 *Atractomorpha sinensis*	++	++
螽蟖科 Tettigoniidae	+	+
条螽 *Ducetia* sp.	+	+
蟋蟀科 Gryllidae	+	+
姬蟋 *Modicogryllus* sp.		+
小棺头蟋 *Loxoblemmus aomoriensis*		+
花生大蟋 *Tarbinskiellus portentosus*	+	
黑脸油葫芦 *Teleogryllus occipitalis*	+	
北京油葫芦 *Teleogryllus mitratus*	+	
蜻蜓目 Odonata	+	+
蜻科 Libellulidae	++	+
黄蜻 *Pantala flavescens*	+	+
红蜻 *Crocothemis servillia*	+	
春蜓科 Gomphidae	+	
蟌科 Coenagriidae	+	+
褐斑异痣蟌 *Ischnura sengalensis*	+	+
琉球橘黄蟌 *Ceriagrion auranticum ryukuanum*		+
脉翅目 Neuroptera	+	

昆虫	春季	秋季
草蛉科 Chrysopidae	+	
中华通草蛉 *Chrysoperla sinica*	+	
半翅目 Hemiptera	+ + +	+
红蝽科 Pyrrhocoidae	+ + +	+
小斑红蝽 *Physopelta cincticollis*	+ + +	+
龟蝽科 Plataspidae	+	
花蝽科 Anthocoridae	+	
叶蝉科 Cicadellidae	+ + +	+
飞虱科 Delphacidae	+ +	+
象蜡蝉科 Dictyopharidae	+	
象蜡蝉 *Dictyophara* sp.	+	
角蝉科 Membracidae	+	
三刺角蝉 *Tricentrus* sp.	+	
鞘翅目 Coleoptera	+ +	+
丽金龟科 Rutelidae	+	+
异丽金龟 *Anomala* sp.	+	+
鳃金龟科 Melolonthidae	+	
鳃金龟 *Apogonia* sp.	+	
隐翅虫科 Staphylinidae	+	+
毒隐翅虫 *Paederus* sp.	+	+
露尾甲科 Nitidulidae	+ +	+ +
黄斑露尾甲 *Carpophilus hemipterus*	+ +	+ +
叶甲科 Chrysomelidae	+	+
黄曲条跳甲 *Phyllotreta striolata*	+	+
步甲科 Carabidae	+	

昆虫	春季	秋季
婪步甲 *Harpalus* sp.	+	
瓢甲科 Coccinellidae	+++	+
龟纹瓢虫 *Propylaea japonica*	++	
异色瓢虫 *Harmonia axyridis*		+
六斑月瓢虫 *Menochilus sexmaculata*	+	
溪泥甲科 Elmidae	+	
吉丁科 Buprestidae	+	
窄吉丁 *Agrilus* sp.	+	
拟步甲科 Tenebrionidae	+	+
土甲族 Opatrini	+	+
蜉金龟科 Aphodiidae		+
双翅目 Diptera	+	+++
丽蝇科 Calliphoridae	+	+++
丝光绿蝇 *Lucilia sericata*	+	+++
麻蝇科 Sarcophagidae	+	
亚麻蝇 *Parasarcophaga* sp.	+	
食蚜蝇科 Syrphidae	+	+
黑带食蚜蝇 *Episyrphus balteatus*	+	
斑眼食蚜蝇 *Eristalis arvorum*	+	+
长足虻科 Dolichopodidae	+	+
丽长足虻亚科 Sciapodinae	+	+
实蝇科 Tephritidae	+	
花翅实蝇亚科 Tephritinae	+	
水虻科 Stratiomyidae	+	+
亮斑扁角水虻 *Hermertia illucens*	+	+

昆虫	春季	秋季
蚊科 Culicidae	+	
东乡伊蚊 *Aedes togoi*	+	
鳞翅目 Lepidoptera	+++	+
凤蝶科 Papilionidae	++	+
巴黎翠凤蝶 *Papilio paris*	+	+
碧凤蝶 *Achillides bianor*	+	
玉带凤蝶 *Papilio polytes*	+	
粉蝶科 Pieridae	++	+
报喜斑粉蝶 *Delias pasithoe*	++	+
宽边黄粉蝶 *Eurema hecabe*	+	+
迁粉蝶 *Catopsilia pomona*	+	
东方菜粉蝶 *Pieris canidia*	+	+
斑蝶科 Danaidae	+	+
虎斑蝶 *Danaus genutia*	+	+
金斑蝶 *Danaus chrysippus*	+	
蛱蝶科 Nymphalidae	+	+
斐豹蛱蝶 *Argynnis hyperbius*		+
波纹眼蛱蝶 *Junonia atlites*		+
中环蛱蝶 *Neptis hylas*	+	+
波蛱蝶 *Ariadne ariadne*	+	+
灰蝶科 Lycaenidae	++	+
亮灰蝶 *Lampides boeticus*	++	+
曲纹紫灰蝶 *Chilades pandava*	+	
酢浆灰蝶 *Pseudozizeeria maha*	+	+
眼蝶科 Satyridae	+	

续表

昆虫	春季	秋季
小眉眼蝶 *Mycalesis mineus*	+	
尺蛾科 Geometridae	+	+
波纹黄尺蛾 *Scopula* sp.	+	
豹尺蛾 *Dysphania militaris*	+ +	+
灯蛾科 Arctiidae	+	
八点灰灯蛾 *Creatonotus transiens*	+	
毒蛾科 Lymantridae	+	
黄毒蛾 *Euproctis* sp.	+	
草螟科 Crambidae	+	+
甜菜白带野螟 *Hymenia recurvalis*	+	+
夜蛾科 Noctuidae	+	
银纹夜蛾 *Argyrogramma agnata*	+	
蓖麻夜蛾 *Achaea janata*	+	
斑蛾科 Zygaenidae	+	
蝶形锦斑蛾 *Cyclosia papilionaris*	+	
裳蛾科 Erebidae	+	
天蛾科 Sphingidae	+	
平背天蛾 *Cechetra minor*	+	
木蠹蛾科 Cossidae	+	
豹蠹蛾 *Zeuzera* sp.	+	
膜翅目 Hymenoptera	+	+
蜜蜂科 Apidae	+	+
中华蜜蜂 *Apis cerana*	+	+
竹木蜂 *Xylocopa nasalis*	+	
胡蜂科 Vespidae		+

昆虫	春季	秋季
变侧异腹胡蜂 *Parapolybia varia*		＋
蚁科 Formicidae	＋＋	＋
尼克巴弓背蚁 *Camponotus nicobaresis*	＋＋	＋
臭蚁亚科 Dolichoderinae		＋

注："＋"代表观测到，"＋＋"代表比较多，"＋＋＋"代表很多

5.2.3.2 昆虫群落成分分析

本次调查在春季记录到 8 目 52 科 69 种昆虫，在秋季记录到 7 目 32 科 40 种昆虫（图 5-2）。

本次调查中，春季昆虫丰富度整体高于秋季，部分类群几乎多了 1 倍。但每次调查，鳞翅目都占主要地位。作为主要的传粉昆虫，鳞翅目与膜翅目需要重点保护。脉翅目昆虫仅在春季有记录，且仅有 1 种，即中华通草蛉。鞘翅目的丰富度与正常分布情况相比显得较低，可能是缺乏腐殖质积累的结果。

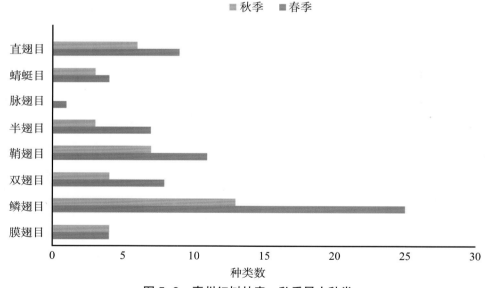

图 5-2　惠州红树林春、秋季昆虫种类

5.2.3.3 昆虫群落多样性水平分析

在惠州红树林未见明显的优势种类，故对优势类群进行分析。

在惠州红树林春季的采集中，主要优势类群如下：斑腿蝗科（Catantopidae），共采集到 243 头；瓢甲科（Coccinellidae），共采集到 167 头；蚁科（Formicidae），共采集到 143 头；蜻科（Libellulidae），共采集到 81 头。

在惠州红树林秋季的采集中,主要优势类群如下:蚁科(Formicidae),共采集到 127 只;斑腿蝗科(Catantopidae),共采集到 67 头;灰蝶科(Lycaenidae),共采集到 43 只;蜜蜂科(Apidae),共采集到 28 头。

取春、秋季的主要优势类群为样本,对保护区的昆虫群落进行分析。结果见表 5-4。

表 5-4　惠州红树林昆虫群落生物多样性指数

采集时间	生态优势度指数(Y)	优势集中性指数(C)	多样性指数(H')	均匀性(E)
春季	0.058 0	0.283 5	1.317 7	0.950 5
秋季	0.1	0.057 8	0.879 9	0.634 7

5.2.3.4　昆虫群落水平分布分析

5.2.3.4.1　红树林及周围滩涂

本调查区域包括受海水周期性浸淹的红树林区、滩涂和河口海水涨潮时达到的区域。主要分布有豹尺蛾和黄蜻等。种类整体较少,原因是盐度过大。

5.2.3.4.2　沿岸海堤

本调查区域为包围红树林的海堤,多为荒草覆盖,有密植的木麻黄林。在该区域监测到了较多的步甲、蝗虫、角蝉。在惠州红树林区监测到的所有蝗虫物种都能在该区域内发现。直翅目种类也较为丰富,如花生大蟋(*Tarbinskiellus portentosus*)、黑脸油葫芦(*Teleogryllus occipitalis*)、北京油葫芦(*Teleogryllus mitratus*)等,都仅在该区域内有发现。

5.2.3.4.3　红树林沿边村落

该区域有较多的水田、沟渠。该地区分布有一些常见的乡野物种,如亮灰蝶、茄二十八星瓢等瓢甲、斑眼食蚜蝇等双翅目昆虫。该区域是夜间进行灯诱采集的主要区域,在该区域记录到了较多种类的鳞翅目昆虫。惠州红树林几乎所有的蛾类都是在这里记录到的。

在丰富度与多样性上,整体呈现出红树林沿边村落＞沿岸海堤＞红树林及周围滩涂的规律;在优势度上,则刚好相反,呈现出红树林及周围滩涂＞沿岸海堤＞红树林沿边村落的规律。

5.3　讨论

5.3.1　与其他红树林昆虫群落优势类群的比较

昆虫群落是组成红树林生态系统的重要成分之一,在红树林生态系统中占有重要的地位。多数红树林昆虫取食红树林幼苗、嫩枝或树叶,又是鸟类、鱼类的主要饲料之一,在红树林生态系统食物链中起着十分重要的作用。因此,红树林昆虫学研究是红树林生态系统研究中不可或缺的部分。近年来,国内昆虫学者对红树林昆虫群落多样性开展了一些研究。如包强等(2013)在深圳福田红树林保护区共采集到昆虫113种,分属于10目57科。其中,鳞翅目种类最为丰富,包含11科31种,分别占总数的19.3%和27.4%;其次为半翅目种类,共15科27种,占总数的26.3%和23.9%,在科的数目上多于鳞翅目;膜翅目种类包含9科22种,占15.8%和19.5%;鞘翅目、双翅目的种类也较为丰富;而直翅目、脉翅目、蜻蜓目的种类相对较少;螳螂目和蜚蠊目的种类最少,都只有1科1种,只占1.8%和0.9%。福田红树林保护区主要的昆虫类群是鳞翅目、膜翅目、半翅目、鞘翅目和双翅目,这5个目的昆虫物种占整个红树林昆虫物种总数的88.5%。李志刚等(2014)在珠江口淇澳岛共记录到昆虫10目68科。其中,半翅目14科,膜翅目12科,鞘翅目10科,这些科是淇澳岛昆虫中科数较多的优势类群。蒋国芳等(2000)在英罗港红树林记录到昆虫14目94科,黑褐举腹蚁（*Crematogaster rogenhoferi*）、东京弓背蚁（*Camponotus tokioensis*）和三条螟蛾（*Dichocrocis chorophanta*）是该地的主要种类。本次调查在湛江国家级红树林自然保护区统计到昆虫8目75科127种,鞘翅目、鳞翅目、膜翅目和双翅目是其中科数较多的优势类群。叶蝉科1种与海滨伊蚊是主要的优势种类,在春季灯诱采集时,观测数量极大。在惠州红树林自然保护区共统计到昆虫8目54科77种,鳞翅目、鞘翅目和半翅目是其中科数较多的优势类群。与相关研究对比发现,鞘翅目与鳞翅目是多数红树林保护区的优势类群,这是由于鞘翅目与鳞翅目本身种类极多。双翅目适应能力较强,因而也有一定数量的种类。

5.3.2 有害昆虫群落在湛江和惠州红树林的分布

以往报道的红树林地区主要害虫是海榄雌瘤斑螟（*Acrobasis* sp.）、双纹白草螟蛾（*Pseudocatharylla duplicella*）和蓑蛾（*Psychidae* sp.）,此次调查中并未发现它们有足以为害的庞大数量。但监测到报喜斑粉蝶（*Delias pasithoe*）数量较大,该虫取食海桑等植物,是新的红树林害虫;还有豹尺蛾等,严重危害秋茄。在湛江高桥春季的灯诱中,发现大量的叶蝉,数量极其庞大。叶蝉是重要的刺吸式害虫,直接危害植物叶片。在惠州红树林记录到的木蠹蛾属的豹蠹蛾（*Zeuzera* sp.）是重要的木材钻心害虫。另外,黄曲条跳甲（*Phyllotreta striolata*）是南方非常有名的食叶害虫,但主要危害红树林边的耕田植物,对红树林未有为害报道。

5.3.3 红树林昆虫资源与保护

本次调查在湛江红树林采集到8目81科127属145种昆虫,种类数较多,表明该地区作为华南生物多样性热点地区,在生物多样性保护上有独特的意义。其中,腐生昆虫种类丰富,说明腐殖质积累良好。粪食性昆虫多样性极高,如金龟科所有种、隐翅虫科、露尾甲科、牙甲科等,这些都是取食或栖息于牛粪的种类,合理的牧牛是保护的关键。雷州流沙镇相较于廉江高桥与雷州附城来说,昆虫区系构成略有不同。雷州流沙镇拥有更多的热带种类,如利比尖粉蝶（*Appias libythea*）、紫灰蝶（*Chilades putli*）、棕灰蝶（*Euchrysops cnejus*）、普紫灰蝶（*Chilades* lajus)以及更加丰富的鞘翅目类群,以后应着重调查、监测。另外,因部分地点无稳定的电源,收集到的鳞翅目蛾类的种类可能较为匮乏,如雷州附城南渡河、雷州流沙镇英良村等,实际分布的蛾类可能比记录到的种类要多。与其他红树林保护区一样,湛江国家级红树林自然保护区与内陆地区相比呈现出昆虫群落多样性较低、营养结构较简单的现象。在适宜的条件下,某类昆虫很容易暴发成灾,如叶蝉科的部分种类。在惠州红树林保护区,鳞翅目种类较多,而鳞翅目是主要的生态正指标物种,说明该地区有良好的生态环境。鳞翅目的丰富也说明该地区昆虫种类仍有较大的发现潜力与空间。调查发现,惠州红树林保护区腐殖质积累比较贫乏,导致基本没有腐生昆虫分布。这与人类活动影响有关,尤其是过度清除腐木与落叶,而腐木与落叶堆不仅是腐生昆虫所必需的,也是大部分鞘翅目昆虫幼虫所需的食物与遮蔽物。

5.3.4　对红树林昆虫资源管理的建议

湛江和惠州红树林自然保护区有着丰富的昆虫资源,对该地区的昆虫资源进行科学管理是非常有意义的。首先,应严格按照《中华人民共和国自然保护区管理条例》进行管理,一定要将游客的参观活动控制在试验区内。其次,要对滩涂底层淤泥残留的塑料垃圾进行清扫。保护区内应严格禁止使用化学杀虫剂,并应在红树林与农田间植木麻黄等防护林,阻碍农药的渗透。高桥红树林内可见游人投掷的大量垃圾,应严加管理,并定期清理。在附城仙来村红树林内,存在垃圾焚烧现象,该地区的生物多样性指数明显较低,应该严令禁止垃圾焚烧。基围鱼塘与周边村落的植被分布对保持红树林生态系统功能有重要作用,也会对昆虫群落和结构的稳定性产生显著影响。基围鱼塘与周边村落提供相较于红树林更复杂多变的生境类型,可容纳更多的物种生存,这对避免虫害的暴发有重要作用。所以在加强红树林生态恢复的同时,也要重视红树林周边区域的生境调控。另外,红树林保护区应设立明显区界,保护区内应严格按照条例执行。可增设一定的科普教育小展栏,如通过设立昆虫介绍展板、观鸟台、科普教育小径等方式,增强宣传教育的力度。

参考文献

包强,陈晓琴,徐华林,等.深圳福田红树林保护区昆虫资源调查与区系分析[J].环境昆虫学报,2013,35(6):720-727.

蒋国芳,颜增光,岑明.英罗港红树林昆虫群落及其多样性的研究[J].应用生态学报,2000,11(1):95-98.

李志刚,李军,龚鹏博,等.珠江口淇澳岛红树林及毗邻生境昆虫群落多样性[J].环境昆虫学报,2014,36(5):672-678.

林广旋,卢伟志.湛江高桥红树林及周边地区植物资源调查[J].广东林业科技,2011,(5):38-43.

香港昆虫学会.香港昆虫图典[M].香港:香港昆虫学会.2014.

郑乐怡,归鸿.昆虫分类[M].南京:南京师范大学出版社.1999.

附录5　　　　　　　　广东红树林昆虫调查名录

昆虫	湛江		惠州	
	春季	秋季	春季	秋季
节肢动物门 Arthropoda				
昆虫纲 Insecta				
直翅目 Orthoptera				
槌角蝗科 Gomphoceridae				
剑角蝗属 *Acrida*				
中华剑角蝗 *Acrida cinerea*	+	+	+	+
蠓蚱蝗属 *Gelastorhinus*				
圆翅蠓蚱蝗 *Gelastorhinus rotundatus*	+	+	+	
斑腿蝗科 Catantopidae（1 种）	+	+	+	+
斑翅蝗科 Oedipodidae（1 种）	+	+	+	+
锥头蝗科 Pyrgomorphidae				
负蝗属 *Atractomorpha*				
短额负蝗 *Atractomorpha sinensis*			+	+
螽蟖科 Tettigoniidae				
条螽属 *Ducetia*				
条螽 *Ducetia* sp.	+	+	+	+
蟋蟀科 Gryllidae				
姬蟋属 *Modicogryllus*				
姬蟋 *Modicogryllus* sp.	+	+		+
棺头蟋属 *Loxoblemmus*				
小棺头蟋 *Loxoblemmus aomoriensis*		+		+
大蟋属 *Tarbinskiellus*				
花生大蟋 *Tarbinskiellus portentosus*		+		
油葫芦属 *Teleogryllus*				

续表

昆虫	湛江		惠州	
	春季	秋季	春季	秋季
黑脸油葫芦 *Teleogryllus occipitalis*			+	
北京油葫芦 *Teleogryllus mitratus*			+	
蜻蜓目 Odonata				
蜻科 Libellulidae				
蜻属 *Pantala*				
黄蜻 *Pantala flavescens*	+	+	+	+
红蜻 *Crocothemis servillia*			+	
春蜓科 Gomphidae（1 种）	+		+	
螅科 Coenagriidae				
异痣螅属 *Ischnura*				
褐斑异痣螅 *Ischnura sengalensis*	+		+	+
琉球橘黄螅 *Ceriagrion auranticum ryukuanum*	+	+		+
斑螅属 *Pseudagrion*				
丹顶斑螅 *Pseudagrion rubriceps*		+		
脉翅目 Neuroptera				
草蛉科 Chrysopidae				
通草蛉属 *Chrysoperla*				
中华通草蛉 *Chrysoperla sinica*	+		+	
半翅目 Hemiptera				
红蝽科 Pyrrhocoidae				
斑红蝽属 *Physopelta*	+		+	+
小斑红蝽 *Physopelta cincticollis*	+		+	+
缘蝽科 Coreidae				
瘤缘蝽属 *Acanthocoris*				
瘤缘蝽 *Acanthocoris* sp.	+			

昆虫	湛江		惠州	
	春季	秋季	春季	秋季
拟棘缘蝽属 *Cletomorpha*				
拟棘缘蝽 *Cletomorpha* sp.	+			
点拟棘缘蝽 *Cletomorpha simulans*	+			
红缘蝽属 *Serinetha*				
红缘蝽 *Serinetha* sp.		+		
长蝽科 Lygaeidae				
地长蝽属 *Rhyparochromus*				
点边地长蝽 *Rhyparochromus japonicus*	+	+		
猎蝽科 Reduviidae				
土猎蝽属 *Coranus*				
土猎蝽 *Coranus* sp.	+			
轮刺猎蝽属 *Scipinia*				
轮刺猎蝽 *Scipinia* sp.	+			
黾蝽科 Gerridae				
海黾属 *Halobates*				
海黾 *Halobates* sp.	+			
龟蝽科 Plataspidae（1 种）				
花蝽科 Anthocoridae（1 种）				
小划蝽科 Micronectidae（1 种）				
叶蝉科 Cicadellidae（1 种）				
飞虱科 Delphacidae（1 种）				
象蜡蝉科 Dictyopharidae				
象蜡蝉属 *Dictyophara*				
象蜡蝉 *Dictyophara* sp.	+		+	
角蝉科 Membracidae				

昆虫	湛江		惠州	
	春季	秋季	春季	秋季
三刺角蝉 *Tricentrus* sp.			+	
鞘翅目 Coleoptera				
丽金龟科 Rutelidae				
异丽金龟属 *Anomala*				
古黑异丽金龟 *Anomala antiqua*	+			
异丽金龟 *Anomala* sp.	+		+	+
花金龟科 Cetoniidae				
星花金龟属 *Protaetia*				
白星花金龟 *Protaetia brevitarsis*	+			
鳃金龟科 Melolonthidae				
鳃金龟属 *Apogonia*				
鳃金龟 *Apogonia* sp.	+		+	
隐翅虫科 Staphylinidae				
毒隐翅虫属 *Paederus*				
毒隐翅虫 *Paederus* sp.	+	+	+	+
露尾甲科 Nitidulidae				
露尾甲属 *Carpophilus*				
黄斑露尾甲 *Carpophilus hemipterus*	+	+	+	+
叶甲科 Chrysomelidae				
条跳甲属 *Phyllotreta*				
黄曲条跳甲 *Phyllotreta striolata*			+	+
步甲科 Carabidae				
狭胸步甲属 *Stenolophus*				
五斑狭胸步甲 *Stenolophus quinquepustulatus*	+			
婪步甲属 *Harpalus*				

昆虫	湛江		惠州	
	春季	秋季	春季	秋季
婪步甲 *Harpalus* sp.	+		+	
瓢甲科 Coccinellidae				
食植瓢虫属 *Epilachna*				
茄二十八星瓢虫 *Epilachna vigintioctopunctata*	+	+		
龟纹瓢虫属 *Propylaea*				
龟纹瓢虫 *Propylaea japonica*	+	+	+	
马铃薯瓢虫属 *Henosepilachna*				
马铃薯瓢虫 *Henosepilachna vigintioctomaculata*	+	+		
异色瓢虫属 *Harmonia*				
异色瓢虫 *Harmonia axyridis*	+			+
月瓢虫属 *Menochilus*				
六斑月瓢虫 *Menochilus sexmaculata*	+		+	
黄瓢虫属 *Illeis*				
黄瓢虫 *Illeis koebelei*	+	+		
叩甲科 Elateridae				
皮叩甲属 *Lanelater*				
等胸皮叩甲 *Lanelater aequalis*	+			
牙甲科 Hydrophilidae				
梭腹牙甲属 *Cercyon*				
梭腹牙甲 *Cercyon* sp.		+		
脊胸牙甲属 *Sternolophus*				
红脊胸牙甲 *Sternolophus rufipes*		+		
陆牙甲属 *Sphaeridium*				
五斑陆牙甲 *Sphaeridium quinquemaculatum*		+		
龙虱科 Dytiscidae				

昆虫	湛江		惠州	
	春季	秋季	春季	秋季
圆龙虱属 *Hydrovatus*				
圆龙虱 *Hydrovatus* sp.	+	+		
刻翅龙虱属 *Copelatus*				
环刻翅龙虱 *Copelatus tenebrosus*	+	+		
伪龙虱科 Noteridae				
伪龙虱属 *Hydrocanthus*				
弯距伪龙虱 *Hydrocanthus indicus*		+		
溪泥甲科 Elmidae				
犀金龟科 Dynastidae				
叉犀金龟属 *Trypoxylus*				
双叉犀金龟 *Trypoxylus dichotomu*		+		
吉丁科 Buprestidae				
窄吉丁属 *Agrilus*				
中华窄吉丁 *Agrilus sinensis sinensis*	+			
窄吉丁 *Agrilus* sp.			+	
郭公虫科 Cleridae				
郭公虫属 *Necrobia*				
郭公虫 *Necrobia* sp.	+			
金龟科 Scarabaeidae				
嗡蜣螂属 *Onthophagus*				
箭角嗡蜣螂 *Onthophagus sagittarius*		+		
寿角嗡蜣螂 *Onthophagus seniculus*		+		
武截嗡蜣螂 *Onthophagus armatus*		+		
直角嗡蜣螂 *Onthophagus rectecornutus*		+		
拟步甲科 Tenebrionidae				

续表

昆虫	湛江		惠州	
	春季	秋季	春季	秋季
土甲族 Opatrini（1 种）	+	+	+	+
蜉金龟科 Aphodiidae（1 种）	+	+		+
象甲科 Curculionidae				
鳞象甲属 *Hypomeces*				
绿鳞象甲 *Hypomeces squamosus*	+			
天牛科 Cerambycidae				
蜡天牛属 *Ceresium*				
四斑蜡天牛 *Ceresium quadrimaculatum*	+			
双翅目 Diptera				
丽蝇科 Calliphoridae				
绿蝇属 *Lucilia*				
丝光绿蝇 *Lucilia sericata*	+	+	+	+
麻蝇科 Sarcophagidae				
亚麻蝇属 *Parasarcophaga*				
亚麻蝇 *Parasarcophaga* sp.	+		+	
食蚜蝇科 Syrphidae				
带食蚜蝇属 *Episyrphus*				
黑带食蚜蝇 *Episyrphus balteatus*	+		+	
斑眼蚜蝇属 *Eristalis*				
斑眼食蚜蝇 *Eristalis arvorum*	+	+	+	
长足虻科 Dolichopodidae				
丽长足虻亚科 Sciapodinae（1 种）	+	+	+	+
实蝇科 Tephritidae				
花翅实蝇亚科 Tephritinae（1 种）	+		+	
指角蝇科 Neriidae（1 种）	+			

昆虫	湛江		惠州	
	春季	秋季	春季	秋季
水虻科 Stratiomyidae				
扁角水虻属 *Hermertia*				
亮斑扁角水虻 *Hermertia illucens*	+	+	+	+
食虫虻科 Asilidae(1 种)	+	+		
蚊科 Culicidae				
伊蚊属 *Aedes*				
东乡伊蚊 *Aedes togoi*	+	+	+	
大蚊科 Tipulidae(1 种)	+			
鳞翅目 Lepidoptera				
凤蝶科 Papilionidae				
凤蝶属 *Papilio*				
巴黎翠凤蝶 *Papilio paris*	+	+	+	+
玉带凤蝶 *Papilio polytes*	+	+	+	
达摩凤蝶 *Papilio demoleus*	+	+		
翠凤蝶属 *Achillides*				
碧凤蝶 *Achillides bianor*	+	+	+	
粉蝶科 Pieridae				
斑粉蝶属 *Delias*				
报喜斑粉蝶 *Delias pasithoe*	+		+	+
黄粉蝶属 *Eurema*				
宽边黄粉蝶 *Eurema hecabe*	+	+	+	+
迁粉蝶属 *Catopsilia*				
迁粉蝶 *Catopsilia pomona*	+	+	+	
菜粉蝶属 *Pieris*				
东方菜粉蝶 *Pieris canidia*	+		+	+

昆虫	湛江		惠州	
	春季	秋季	春季	秋季
园粉蝶 *Cepora*				
黑脉园粉蝶 *Cepora nerissa*	+	+		
尖粉蝶属 *Appias*				
利比尖粉蝶 *Appias libythea*	+			
斑蝶科 Danaidae				
斑蝶属 *Danaus*				
虎斑蝶 *Danaus genutia*	+		+	+
金斑蝶 *Danaus chrysippus*	+	+	+	
蛱蝶科 Nymphalidae				
眼蛱蝶属 *Junonia*				
蛇眼蛱蝶 *Junonia lemonias*	+	+		
黄裳眼蛱蝶 *Junonia hierta*		+		
波纹眼蛱蝶 *Junonia atlites*	+	+		+
豹蛱蝶属 *Argynnis*				
斐豹蛱蝶 *Argynnis hyperbius*	+	+		+
环蛱蝶属 *Neptis*				
中环蛱蝶 *Neptis hylas*	+	+	+	+
红蛱蝶属 *Vanessa*				
大红蛱蝶 *Vanessa indica*	+			
波蛱蝶属 *Ariadne*				
波蛱蝶 *Ariadne ariadne*	+	+	+	+
灰蝶科 Lycaenidae				
亮灰蝶属 *Lampides*				
亮灰蝶 *Lampides boeticus*	+	+	+	+
紫灰蝶属 *Chilades*				

昆虫	湛江		惠州	
	春季	秋季	春季	秋季
曲纹紫灰蝶 *Chilades pandava*	+		+	
普紫灰蝶 *Chilades putli*	+	+		
紫灰蝶 *Chilades lajus*		+		
细灰蝶属 *Leptotes*				
细灰蝶 *Leptotes plinius*	+			
酢浆灰蝶属 *Pseudozizeeria*				
酢浆灰蝶 *Pseudozizeeria maha*		+	+	+
豹灰蝶属 *Castalius*				
豹灰蝶 *Castalius rosimon*		+		
棕灰蝶属 *Euchrysops*				
棕灰蝶 *Euchrysops cnejus*		+		
毛眼灰蝶属 *Zizina*				
毛眼灰蝶 *Zizina otis*	+	+		
玛灰蝶属 *Mahathaio*				
玛灰蝶 *Mahathaio ameria*		+		
雅灰蝶属 *Jamides*				
锡冷雅灰蝶 *Jamides celeno*	+	+		
弄蝶科 Hesperiidae				
籼弄蝶属 *Borbo*				
籼弄蝶 *Borbo cinnara*		+		
眼蝶科 Satyridae				
眉眼蝶属 *Mycalesis*				
小眉眼蝶 *Mycalesis mineus*	+	+	+	
尺蛾科 Geometridae				
青尺蛾亚科 Geometrinae				

昆虫	湛江		惠州	
	春季	秋季	春季	秋季
豹尺蛾属 *Dysphania*				
豹尺蛾 *Dysphania militaris*	＋	＋	＋	＋
波纹黄尺蛾属 *Scopula*				
波纹黄尺蛾 *Scopula* sp.			＋	
绢蛾科 Scythrididae				
绢蛾属 *Eretmocera*				
黄斑绢蛾 *Eretmocera impactella*	＋			
灯蛾科 Arctiidae				
灰灯蛾属 *Creatonotus*				
八点灰灯蛾 *Creatonotus transiens*	＋		＋	
毒蛾科 Lymantridae				
榕毒蛾属 *Perina*				
榕毒蛾 *Perina nuda*	＋			
黄毒蛾属 *Euproctis*				
黄毒蛾 *Euproctis* sp.			＋	
草螟科 Crambidae				
白带野螟属 *Hymenia*				
甜菜白带野螟 *Hymenia recurvalis*	＋	＋	＋	＋
黄野螟属 *Heortia*				
黄野螟 *Heortia vitessoides*	＋			
夜蛾科 Noctuidae				
银纹夜蛾属 *Argyrogramma*				
银纹夜蛾 *Argyrogramma agnata*	＋		＋	
黏虫属 *Mythimna*				
黏虫 *Mythimna* sp.	＋			

昆虫	湛江		惠州	
	春季	秋季	春季	秋季
合夜蛾属 *Sympis*				
龙眼合夜蛾 *Sympis rufibasis*	+			
皮蛾属 *Eligma*				
臭椿皮蛾 *Eligma narcissus*		+		
夜蛾属 *Achaea*				
蓖麻夜蛾 *Achaea janata*			+	
卷蛾科 Tortricidae(1 种)	+			
斑蛾科 Zygaenidae				
锦斑蛾属 *Cyclosia*				
蝶形锦斑蛾 *Cyclosia papilionaris*			+	
裳蛾科 Erebidae(1 种)			+	
天蛾科 Sphingidae				
平背天蛾属 *Cechetra*				
平背天蛾 *Cechetra minor*			+	
木蠹蛾科 Cossidae				
豹蠹蛾属 *Zeuzera*				
豹蠹蛾 *Zeuzera* sp.			+	
膜翅目 Hymenoptera				
蜜蜂科 Apidae				
蜜蜂属 *Apis*				
中华蜜蜂 *Apis cerana*	+	+	+	+
木蜂属 *Zonohirsuta*				
曼氏木蜂 *Zonohirsuta melli*	+			
竹木蜂属 *Xylocopa*				
竹木蜂 *Xylocopa nasalis*			+	

昆虫	湛江		惠州	
	春季	秋季	春季	秋季
马蜂科 Polistidae				
点马蜂属 Polistes				
点马蜂 Polistes stigma	+			
胡蜂科 Vespidae				
胡蜂属 Vespa				
黑尾胡蜂 Vespa ducalis	+	+		
异腹胡蜂属 Parapolybia				
变侧异腹胡蜂 Parapolybia varia				+
蜾蠃科 Eumenidea				
华丽蜾蠃属 Delta				
原野华丽蜾蠃 Delta campaniforme esuriens		+		
隧蜂科 Halictidae（1 种）	+			
姬蜂科 Ichneumonidae				
悬茧姬蜂属 Charops				
悬茧姬蜂 Charops sp.	+			
叶蜂科 Tenthredinidae（1 种）	+			
泥蜂科 Sphecidae				
沙泥蜂属 Ammophila				
沙泥蜂 Ammophila sp.	+	+		
缘腹细蜂科 Scelionidae				
蚁科 Formicidae				
弓背蚁属 Camponotus				
尼克巴弓背蚁 Camponotus nicobaresis	+	+	+	+
臭蚁亚科 Dolichoderinae（1 种）	+			+

注：" + "代表记录到

广东红树林昆虫实物图

弯距伪龙虱 *Hydrocanthus indicus*

五斑陆牙甲 *Sphaeridium quinquemaculatum*

梭腹牙甲 *Cercyon* sp.

阎甲 Histeridae

中华窄吉丁 *Agrilus sinensis sinensis*

琉璃郭公虫 *Necrobia* sp.

郭公虫 *Necrobia* sp.

五斑狭胸步甲 *Stenolophus quinquepustulatus*

直锯嗡蜣螂 *Onthophagus rectecornutus* 箭锯嗡蜣螂 *Onthophagus sagittarius*

武截嗡蜣螂 *Onthophagus armatus* 寿锯嗡蜣螂 *Onthophagus seniculus*

寿锯嗡蜣螂 *Onthophagus seniculus* 四斑蜡天牛 *Ceresium quadrimaculatum*

等胸皮叩甲 *Lanllater aequalis* 拟步甲科 Tenebrionidae

拟步甲科 Tenebrionidae 长泥甲科 Heteroceridae

第6章 广东红树林鱼类多样性调查

摘要 本次调查在湛江和惠州红树林共监测到12目49科86属107种鱼类。鲈形目种类最多,为28科53属68种;鲱形目次之,为3科9属13种;鲉形目2科4属4种;鲽形目2科4属5种;鲻形目1科3属4种;鲇形目和颌针鱼目都是3科3属3种;海鲢目和鲀形目都是2科2属2种;鳗鲡目、银汉鱼目和仙女鱼目都是1科1属1种。鲻、棱鲅、长鳍莫鲻、日本银鲈、短吻鲾、多鳞鱚等为湛江和惠州红树林区的优势种和主要经济鱼类。中华乌塘鳢、犬牙缰虾虎鱼、绿斑缰虾虎鱼等为长期定居红树林的种类,鲻、长鳍莫鲻、棱鲅、粗鳞鲅、多鳞鱚、黄鳍鲷等为间歇性进出红树林的种类。就栖息水层分析,多数为棱鲅、勒氏笛鲷、黄鳍鲷等敞水性鱼类,亦有一部分鲆科、鳎科的底栖性鱼类,以及大弹涂鱼、海鳗、虾虎鱼等洞穴性鱼类。

在湛江红树林区内共调查到83种鱼类,分属于10目40科。鲈形目种类最多,为22科48种;鲱形目次之,为3科12种;鲇形目3科3种;鲽形目2科5种;鲉形目2科4种;鲻形目1科4种;颌针鱼目3科3种;鲀形目2科2种;鳗鲡目和银汉鱼目都是1科1种。鲻、尼罗罗非鱼、多鳞鱚、棱鲅、长鳍莫鲻、长吻银鲈、绿斑缰虾虎鱼、短吻鲾、锤氏小沙丁鱼、日本银鲈等是湛江红树林区的优势种,也是主要捕捞对象,但捕捞规格较小。

在惠州红树林区内共调查到鱼类67种,分属于11目35科。鲈形目种类最多,为21科46种;鲱形目次之,为2科7种;鲻形目1科3种;海鲢目、颌针鱼目、鲉形目都是2科2种;鳗鲡目、仙女鱼目、鲇形目、鲽形目和鲀形目都是1科1种。惠州红树林区鱼类的捕捞规格较小,捕捞数量排在前10名的物种分别是多鳞鱚、短吻鲾、斑纹舌虾虎鱼、棱鲅、日本银鲈、长鳍篮子鱼、长鳍莫鲻、鲻鱼、花鲦和犬牙缰虾虎鱼。这些物种既是惠州红树林常见鱼类,也是主要的渔获物。

红树林除了具有护堤、消浪、造陆等功能外，亦是鱼、虾、蟹、贝等生物的栖息场所，在保护沿海湿地生态系统、维持生物多样性及维护海湾和河口地区生态平衡等方面起着不可代替的重要作用。为了解广东红树林海域的鱼类多样性，于 2017 年春季（4～5 月）和秋季（10～11 月），对广东湛江和惠州红树林区的鱼类资源进行了调查，以期为广东红树林鱼类多样性及红树林生态系统的保护与管理提供参考。

6.1 红树林鱼类多样性调查方法

6.1.1 调查区域

选取广东湛江和惠州的红树林分布区作为调查区域。其中，湛江红树林选取 3 个点，分别是廉江高桥、雷州附城、雷州流沙；惠州红树林也选取 3 个点，分别是蟹洲、好招楼和白沙。

6.1.2 调查工具和采样方法

参照《红树林生态监测技术规程》（HY/T 081—2005），采取自捕、雇请渔民捕捞、与渔民协商约定对其捕获物进行统计、码头和市场渔获物统计、访问渔民等调查方式。所用网具为当地渔民常用的笼网，孔径 8.5 mm，横截面为边长 35 cm 的矩形，10 m 长为 1 个单位，每个采样区域放置 40 个单位。笼网布置在潮沟或者红树林的外缘，涨潮前布置网具，退潮后收集渔获物。每天获得的全部渔获物作为 1 个样本。对采集的鱼类样品进行现场拍照、分类、记数、形态测量，不易确定的种类用 10%（V/V）的福尔马林溶液保存，带回实验室鉴定。鱼类物种鉴定依据《中国鱼类系统检索》（成庆泰等，1987）、《南海鱼类志》（中国科学院动物研究所等，1962）等文献。文中目、科、种的排序参照《拉汉世界鱼类名典》（伍汉霖等，2012）。采用鱼类最新有效物种名，详见 FishBase 网站（http://www.fishbase.org）。

6.2 红树林鱼类多样性调查结果

6.2.1 红树林鱼类组成

如附录 6 所示，本次调查在湛江和惠州红树林共监测到 12 目 49 科 86 属 107 种鱼类。鲈形目种类最多，为 28 科 53 属 68 种；鲱形目次之，为 3 科 9 属 13 种；鲉形目 2 科 4 属 4 种；鲽形目 2 科 4 属 5 种；鲻形目 1 科 3 属 4 种；鲇形目和颌针鱼目都是 3 科 3 属 3 种；海鲢目和鲀形目都是 2 科 2 属 2 种；鳗鲡目、银汉鱼目和仙女鱼目都是 1 科 1 属 1 种。

由表 6-1 可知，除高桥与附城、高桥与流沙、高桥与好招楼、蟹洲与好招楼、蟹洲与白沙、好招楼与白沙之间的鱼类物种相似度超过 50 之外，其余调查位点之间的鱼类物种相似度均低于 50，这说明不同调查位点的鱼类种类存在一定的差异性。各调查位点之间鱼类物种相似度较低的原因主要是湛江和惠州红树林分布区域广，各调查位点的生境差异较大。

表 6-1　湛江和惠州红树林各调查位点鱼类物种相似度

A	B					
	高桥	附城	流沙	蟹洲	好招楼	白沙
高桥		53.61	51.16	46.34	51.06	46.34
附城			44.94	35.29	45.36	42.35
流沙				35.14	48.84	48.65
蟹洲					63.41	51.43
好招楼						53.66
白沙						

注：物种相似度＝共有物种×2/（A 种数＋B 种数）

6.2.2　湛江红树林鱼类组成

在湛江 3 个红树林区内共调查到 83 种鱼类（表 6-2），分属于 10 目 40 科（表 6-3）。其中，鳗鲡目 1 科 1 种，占总种数的 1.20％；鲱形目 3 科 12 种，占总种数的 14.46％；鲇形目 3 科 3 种，占总种数的 3.61％；鲻形目 1 科 4 种，占总种数的 4.82％；银汉鱼目 1 科 1 种，占总种数的 1.20％；颌针鱼目 3 科 3 种，占总种数的 3.61％；鲉形目 2 科 4 种，占总种数的 4.82％；鲈形目 22 科 48 种，占总种数的 57.83％；鲽形目 2 科 5 种，占总种数的 6.02％；鲀形目 2 科 2 种，占总种数的 2.41％。鲈形目鱼类种类最多，其次为鲱形目鱼类。在科一级水平，虾虎鱼科鱼类最多，共 9 种；其次为鲱形目的鳀科鱼类，共 6 种。

春、秋季均能捕获到的鱼类共有 28 种，包括叶鲱、圆吻海鰶、锤氏小沙丁鱼、黄吻棱鳀、汉氏棱鳀、线纹鳗鲇、棱鲹、长鳍莫鲻、后肛下银汉鱼、裸头双边鱼、多鳞鳝、短吻鲾、长吻银鲈、黄鳍棘鲷、黑棘鲷、二长棘鲷、杜氏叫姑鱼、弯角鲾、金钱鱼、尼罗罗非鱼、中华乌塘鳢、斑纹舌虾虎鱼、犬牙缰虾虎鱼、绿斑缰虾虎鱼、短吻缰虾虎鱼、大弹涂鱼、蛾眉条鳎和黑点多纪鲀，占湛江红树林区捕获鱼类总种类数的 33.73％。湛江红树林鱼类物种春季和秋季的差异性较大的原因主要是红树林为复杂的开放系统，鱼类活动性强，除个别种类的鱼类长期栖息于红树林区，多数鱼类间歇性进出红树林。其次，人类活动也会影响鱼类种群的变化。

表 6-2　湛江红树林鱼类组成

鱼类	春季	秋季
鳗鲡目 Anguilliformes		
海鳗科 Muraenesocidae		
海鳗属 *Muraenesox*		
海鳗 *Muraenesox cinereus*		+
鲱形目 Clupeiformes		
鲱科 Clupeidae		
叶鲱属 *Escualosa*		
叶鲱 *Escualosa thoracata*	+	+
花鰶属 *Clupanodon*		
花鰶 *Clupanodon thrissa*	+	
海鰶属 *Nematalosa*		
圆吻海鰶 *Nematalosa nasus*	+	+
斑鰶属 *Konosirus*		
斑鰶 *Konosirus punctatus*	+	
小沙丁鱼属 *Sardinella*		
锤氏小沙丁鱼 *Sardinella zunasi*	+	+
锯腹鳓科 Pristigasteridae		
鳓属 *Ilisha*		
黑口鳓 *Ilisha melastoma*		+
鳀科 Engraulidae		
侧带小公鱼属 *Stolephorus*		
康氏侧带小公鱼 *Stolephorus commersonnii*	+	
中华侧带小公鱼 *Stolephorus chinensis*		+
棱鳀属 *Thryssa*		

鱼类	春季	秋季
赤鼻棱鳀 *Thryssa kammalensis*		+
黄吻棱鳀 *Thryssa vitrirostris*	+	+
汉氏棱鳀 *Thryssa hamiltonii*	+	+
鲚属 *Coilia*		
七丝鲚 *Coilia grayii*	+	
鲇形目 Siluriformes		
胡鲇科 Clariidae		
胡鲇属 *Clarias*		
胡鲇 *Clarias fuscus*		+
鳗鲇科 Plotosidae		
鳗鲇属 *Plotosus*		
线纹鳗鲇 *Plotosus lineatus*	+	+
海鲇科 Ariidae		
胡鲇属 *Clarias*		
大头胡鲇 *Clarias macrocephalus*	+	
鲻形目 Mugiliformes		
鲻科 Mugilidae		
龟鲹属 *Chelon*		
前鳞龟鲹 *Chelon affinis*	+	+
龟鲹 *Chelon haematocheilus*		+
鲻属 *Mugil*		
鲻 *Mugil cephalus*	+	
莫鲻属 *Moolgarda*		
长鳍莫鲻 *Moolgarda cunnesius*	+	+
银汉鱼目 Atheriniformes		

鱼类	春季	秋季
银汉鱼科 Atherinidae		
下银汉鱼属 Hypoatherina		
后肛下银汉鱼 Hypoatherina tsurugae	＋	＋
颌针鱼目 Beloniformes		
飞鱼科 Exocoetidae		
燕鳐鱼属 Cypselurus		
少鳞燕鳐鱼 Cypselurus oligolepis	＋	
鱵科 Hemiramphidae		
下鱵鱼属 Hyporhamphus		
杜氏下鱵鱼 Hyporhamphus dussumieri	＋	
颌针鱼科 Belonidae		
柱颌针鱼属 Strongylura		
尾斑柱颌针鱼 Strongylura strongylura	＋	
鲉形目 Scorpaeniformes		
鲉科 Scorpaenidae		
菖鲉属 Sebastiscus		
褐菖鲉 Sebastiscus marmoratus	＋	
高鳍鲉属 Vespicula		
粗高鳍鲉 Vespicula trachinoides	＋	
鲬科 Platycephalidae		
鲬属 Platycephalus		
鲬 Platycephalus indicus		＋
棘线鲬属 Grammoplites		
横带棘线鲬 Grammoplites scaber		＋
鲈形目 Perciformes		

续表

鱼类	春季	秋季
双边鱼科 Ambassidae		
双边鱼属 *Ambassis*		
裸头双边鱼 *Ambassis gymnocephalus*	+	+
狼鲈科 Moronidae		
花鲈属 *Lateolabrax*		
中国花鲈 *Lateolabrax maculatus*	+	
天竺鲷科 Apogonidae		
天竺鲷属 *Apogon*		
四线天竺鲷 *Apogon quadrifasciatus*		+
鱚科 Sillaginidae		
鱚属 *Sillago*		
斑鱚 *Sillago maculata*		+
多鳞鱚 *Sillago sihama*	+	+
鲹科 Carangidae		
副叶鲹属 *Alepes*		
克氏副叶鲹 *Alepes kleinii*		+
吉打副叶鲹 *Alepes djedaba*	+	
若鲹属 *Carangoides*		
褐背若鲹 *Carangoides praeustus*		+
鲾科 Leiognathidae		
鲾属 *Leiognathus*		
短吻鲾 *Leiognathus brevirostris*	+	+
短棘鲾 *Leiognathus equulus*		+
项鲾属 *Nuchequula*		
圈项鲾 *Nuchequula mannusella*	+	

鱼类	春季	秋季
仰口鲾属 *Secutor*		
鹿斑仰口鲾 *Secutor ruconius*		+
银鲈科 Gerreidae		
银鲈属 *Gerres*		
日本银鲈 *Gerres japonicus*	+	
长吻银鲈 *Gerres longirostris*	+	+
鲷科 Sparidae		
棘鲷属 *Acanthopagrus*		
黄鳍棘鲷 *Acanthopagrus latus*	+	+
黑棘鲷 *Acanthopagrus schlegeli*	+	+
二长棘鲷属 *Parargyrops*		
二长棘鲷 *Parargyrops edita*	+	+
马鲅鱼科 Polynemidae		
四指马鲅属 *Eleutheronema*		
四指马鲅 *Eleutheronema tetradactylum*	+	
石首鱼科 Sciaenidae		
叫姑鱼属 *Johnius*		
杜氏叫姑鱼 *Johnius dussumieri*	+	+
枝鳔石首鱼属 *Dendrophysa*		
勒氏枝鳔石首鱼 *Dendrophysa russelii*	+	
牙鹹属 *Otolithes*		
红牙鹹 *Otolithes ruber*	+	
黄姑鱼属 *Nibea*		
元鼎黄姑鱼 *Nibea chui*	+	
羊鱼科 Mullidae		

续表

鱼类	春季	秋季
绯鲤属 *Upeneus*		
黑斑绯鲤 *Upeneus tragula*	+	
鸡笼鲳科 Drepaneidae		
鸡笼鲳属 *Drepane*		
斑点鸡笼鲳 *Drepane punctata*		+
鲗科 Terapontidae		
牙鲗属 *Pelates*		
四带牙鲗 *Pelates quadrilineatus*	+	
鲗属 *Terapon*		
细鳞鲗 *Terapon jarbua*		+
鲬科 Callionymidae		
鲬属 *Callionymus*		
弯角鲬 *Callionymus curvicornis*	+	+
金钱鱼科 Scatophagidae		
金钱鱼属 *Scatophagus*		
金钱鱼 *Scatophagus argus*	+	+
篮子鱼科 Siganidae		
篮子鱼属 *Siganus*		
长鳍篮子鱼 *Siganus canaliculatus*		+
褐篮子鱼 *Siganus fuscescens*		+
星斑篮子鱼 *Siganus guttatus*	+	
带鱼科 Trichiuridae		
沙带鱼属 *Lepturacanthus*		
沙带鱼 *Lepturacanthus savala*		+
鲳科 Stromateidae		

续表

鱼类	春季	秋季
鲳属 *Pampus*		
灰鲳 *Pampus cinereus*		+
银鲳 *Pampus argenteus*		+
拟雀鲷科 Pseudochromidae		
鳗鲷属 *Congrogadus*		
鳗鲷 *Congrogadus subducens*	+	
丽鱼科 Cichlidae		
罗非鱼属 *Oreochromis*		
尼罗罗非鱼 *Oreochromis niloticus*	+	+
塘鳢科 Eleotridae		
乌塘鳢属 *Bostrychus*		
中华乌塘鳢 *Bostrychus sinensis*	+	+
脊塘鳢属 *Butis*		
黑点脊塘鳢 *Butis melanostigma*	+	
锯脊塘鳢 *Butis koilomatodon*		+
虾虎鱼科 Gobiidae		
舌虾虎鱼属 *Glossogobius*		
斑纹舌虾虎鱼 *Glossogobius olivaceus*	+	+
缟虾虎鱼属 *Tridentiger*		
髭缟虾虎鱼 *Tridentiger barbatus*	+	
缰虾虎鱼属 *Amoya*		
犬牙缰虾虎鱼 *Amoya caninus*	+	+
绿斑缰虾虎鱼 *Amoya chlorostigmatoides*	+	+
短吻缰虾虎鱼 *Amoya brevirostris*	+	+
沟虾虎鱼属 *Oxyurichthys*		

续表

鱼类	春季	秋季
眼瓣沟虾虎鱼 *Oxyurichthys ophthalmonema*	＋	
细棘虾虎鱼属 *Acentrogobius*		
青斑细棘虾虎鱼 *Acentrogobius viridipunctatus*	＋	
大弹涂鱼属 *Boleophthalmus*		
大弹涂鱼 *Boleophthalmus pectinirostris*	＋	＋
孔虾虎鱼属 *Trypauchen*		
孔虾虎鱼 *Trypauchen vagina*		＋
鲽形目 Pleuronectiformes		
鳎科 Soleidae		
鳎属 *Solea*		
卵鳎 *Solea ovata*	＋	
条鳎属 *Zebrias*		
蛾眉条鳎 *Zebrias quagga*	＋	＋
宽箬鳎属 *Brachirus*		
东方宽箬鳎 *Brachirus orientalis*	＋	
舌鳎科 Cynoglossidae		
舌鳎属 *Cynoglossus*		
短舌鳎 *Cynoglossus abbreviatu*	＋	
斑头舌鳎 *Cynoglossus puncticeps*	＋	
鲀形目 Tetraodontiformes		
单角鲀科 Monacanthidae		
单角鲀属 *Monacanthus*		
中华单角鲀 *Monacanthus chinensis*	＋	
鲀科 Tetraodontidae		
多纪鲀属 *Takifugu*		
黑点多纪鲀 *Takifugu niphobles*	＋	＋

表 6-3　湛江红树林鱼类物种组成

序号	目	科数	种数	占总种数比例
1	鳗鲡目	1	1	1.20％
2	鲱形目	3	12	14.46％
3	鲇形目	3	3	3.61％
4	鲻形目	1	4	4.82％
5	银汉鱼目	1	1	1.20％
6	颌针鱼目	3	3	3.61％
7	鲉形目	2	4	4.82％
8	鲈形目	22	48	57.83％
9	鲽形目	2	5	6.02％
10	鲀形目	2	2	2.41％
合计		40	83	100.00％

6.2.3　湛江红树林常见鱼类捕捞规格

对湛江红树林区常见鱼类的捕捞规格进行统计分析。从表 6-4 中可以看出，捕获到的鱼类平均体重在 20 g 以下的约占渔获总尾数的 56.17％，且以平均体长小于 15 cm 的鱼类为主，约占渔获总尾数的 93.62％。湛江红树林区鱼类的捕捞规格较小，可能与过度捕捞和使用小网孔渔具有关。鲻、尼罗罗非鱼、多鳞鱚、棱鲅、长鳍莫鲻、长吻银鲈、绿斑缰虾虎鱼、短吻鲾、锤氏小沙丁鱼、日本银鲈等鱼类是湛江红树林区的优势种，其中，鲻个体数量占渔获的 10.33％，尼罗罗非鱼占 9.85％，多鳞鱚占 8.75％，棱鲅占 8.32％，长鳍莫鲻占 7.48％，长吻银鲈占 6.87％，绿斑缰虾虎鱼占 4.95％，短吻鲾占 4.73％，锤氏小沙丁鱼占 4.55％，日本银鲈占 3.76％。

表 6-4　湛江红树林区常见鱼类物种渔获物组成

鱼类	尾数	比例	渔获量/g	平均体重/g	体重范围/g	平均体长/cm	体长范围/cm
海鳗	9	0.39％	511.4	56.8	21.1～104.6	36.9	29.0～45.1
叶鲱	3	0.13％	8.8	2.9	1.7～4.0	6.2	5.5～6.7

续表

鱼类	尾数	比例	渔获量/g	平均体重/g	体重范围/g	平均体长/cm	体长范围/cm
花鲦	1	0.04%	102.3	102.3	—	18.4	—
圆吻海鲦	37	1.62%	2 123.4	57.4	15.1～154	13.6	9.6～23.1
斑鲦	45	1.97%	1 983.5	44.1	8.3～79.3	16.7	7.2～18.7
锤氏小沙丁鱼	104	4.55%	1 189.3	11.4	2.0～36.0	9.7	4.9～13.6
黑口鳓	13	0.57%	108.1	8.3	5.6～11.4	7.8	7.1～8.5
康氏侧带小公鱼	2	0.09%	7.0	3.5	2.0～5.0	6.8	5.9～7.7
赤鼻棱鳀	2	0.09%	11.8	5.9	5.2～6.6	7.8	7.5～8.1
黄吻棱鳀	12	0.53%	217.4	18.1	6.0～51.0	11.1	8.1～15.6
汉氏棱鳀	38	1.66%	509.8	13.4	3.9～38.0	10.7	7.4～14.5
七丝鲚	19	0.83%	236.5	12.4	9.0～18.6	15.0	13.8～16.9
线纹鳗鲇	70	3.06%	2 973.0	42.5	18.1～106.6	17.6	12.2～24.0
中华海鲇	2	0.09%	211.5	105.8	63.5～148.0	19.2	15.9～22.4
棱鲛	190	8.32%	3 714.9	19.6	0.5～84.8	11.6	3.6～18.7
鲛鱼	1	0.04%	94.5	94.5	—	19.2	—
鲻	236	10.33%	4 813.0	20.4	1.1～133.3	10.2	3.8～21.4
长鳍莫鲻	171	7.48%	3 825.5	22.4	8.0～68.5	11.1	8.3～15.1
后肛下银汉鱼	11	0.48%	40.9	3.7	1.4～7.5	6.4	5.8～7.4
少鳞燕鳐鱼	1	0.04%	101.0	101.0	—	17.5	—
杜氏下鱵鱼	3	0.13%	47.0	15.7	10.0～26.0	16.9	14.2～22.2
尾斑柱颌针鱼	2	0.09%	31.0	15.5	15.0～16.0	18.9	16.5～21.3
褐菖鲉	1	0.04%	22.5	22.5	—	9.7	
鲬	7	0.31%	292.4	41.8	11.0～138.4	16.0	10.9～26.0
横带棘线鲬	4	0.18%	106.5	26.6	19.8～36.4	15.3	14.5～16.6
尼罗罗非鱼	225	9.85%	4 511.9	20.1	1.2～148.1	7.9	3.6～16.6

鱼类	尾数	比例	渔获量/g	平均体重/g	体重范围/g	平均体长/cm	体长范围/cm
裸头双边鱼	18	0.79%	23.2	1.3	0.6~2.0	4.1	3.3~5.0
四线天竺鲷	5	0.22%	52.1	10.4	7.0~14.0	7.1	6.3~7.9
斑鳕	1	0.04%	24.7	24.7	—	11.9	—
多鳞鳕	200	8.75%	2 665.7	13.3	3.0~62.1	10.9	5.8~19.1
克氏副叶鲹	11	0.48%	78.1	7.1	2.1~15.6	7.2	5.1~9.4
褐背若鲹	2	0.09%	37.7	18.9	16.7~21.0	9.4	9.2~9.6
短吻鲾	108	4.73%	769.5	7.1	1.3~20.9	6.4	4.2~9.2
短棘鲾	1	0.04%	22.5	22.5	—	9.3	—
黄棘颈斑鲾	9	0.39%	80.0	8.9	5.0~12.0	6.8	5.3~8.2
日本银鲈	86	3.76%	2 456.8	28.6	7.3~80.5	10.3	7.0~15.7
长吻银鲈	157	6.87%	816.7	5.2	1.0~12.2	5.2	3.8~11.4
黄鳍鲷	10	0.44%	722.9	72.3	8.9~146.7	12.6	6.9~17.2
黑棘鲷	3	0.13%	138.3	46.1	16.0~88.0	11.3	7.8~13.9
二长棘鲷	4	0.18%	182.3	45.6	9.0~152.3	9.2	6.7~16.2
四指马鲅	1	0.04%	26.0	26.0	—	25.2	—
杜氏叫姑鱼	21	0.92%	331.4	15.8	1.8~43.6	9.0	5.6~13.6
勒氏枝鳔石首鱼	8	0.35%	206.9	25.9	10.4~47.9	10.8	8.8~13.7
红牙鱵	5	0.22%	114.0	22.8	12.0~34.0	12.0	9.7~14.1
元鼎黄姑鱼	1	0.04%	21.0	21.0	—	11.0	—
黑斑绯鲤	7	0.31%	131.0	18.7	11.0~35.0	10.0	8.5~12.5
斑点鸡笼鲳	1	0.04%	31.3	31.3	—	8.6	—
细鳞鯻	16	0.70%	312.3	19.5	12.6~26.9	9.0	7.7~9.8
弯角鰏	26	1.14%	205.4	7.9	4.0~16.5	8.7	7.0~11.3
中华乌塘鳢	10	0.44%	180.6	18.1	2.8~37.6	9.8	5.6~13.2

鱼类	尾数	比例	渔获量/g	平均体重/g	体重范围/g	平均体长/cm	体长范围/cm
黑点脊塘鳢	2	0.09%	22.0	11.0	8.5～13.5	8.9	8.4～9.4
锯脊塘鳢	9	0.39%	27.2	3.0	2.0～5.8	5.0	4.3～5.8
短吻缰虾虎鱼	3	0.13%	11.9	4.0	2.0～5.5	6.6	5.4～7.3
髭缟虾虎鱼	26	1.14%	157.7	6.1	2.0～16.5	6.4	4.1～9.8
犬牙缰虾虎鱼	19	0.83%	153.2	8.1	2.3～15.7	8.1	5.9～9.3
绿斑缰虾虎鱼	113	4.95%	1 511.8	13.4	2.9～32.1	8.6	5.4～12.0
眼瓣沟虾虎鱼	3	0.13%	51.4	17.1	13.8～19.7	11.8	10.5～12.5
青斑细棘虾虎鱼	24	1.05%	188.3	7.8	2.6～27.6	7.2	5.2～11.0
大弹涂鱼	15	0.66%	50.4	3.4	1.8～6.0	6.7	5.4～8.7
孔虾虎鱼	4	0.18%	55.5	13.9	5.0～19.1	13.8	9.9～15.9
金钱鱼	3	0.13%	109.6	36.5	4.0～57.9	8.0	3.9～10.5
长鳍篮子鱼	60	2.63%	1 749.3	29.2	6.0～87.6	10.6	7.5～15.5
星斑篮子鱼	1	0.04%	102.7	102.7	—	14.7	—
银鲳	2	0.09%	16.0	8.0	—	6.4	—
蛾眉条鲾	9	0.39%	98.6	11.0	2.0～27.8	8.5	4.8～12.8
卵鲾	3	0.13%	13.9	4.6	3.1～5.8	6.0	5.2～6.6
东方宽箬鳎	1	0.04%	17.0	17.0	—	10.0	—
斑头舌鳎	11	0.48%	88.8	8.1	3.9～13.0	9.2	7.2～11.3
斑纹舌虾虎鱼	50	2.19%	757.9	15.2	2.2～55.0	9.1	5.2～16.0
中华单角鲀	5	0.22%	136.3	27.3	21.0～35.2	9.0	8.0～10.3
黑点多纪鲀	2	0.09%	79.5	39.8	33.8～45.7	10.6	10.1～11.1

6.2.4　惠州红树林鱼类组成

在惠州红树林区内共调查到鱼类 67 种(表 6-5),分属于 11 目 35 科(表 6-6)。其中,海鲢目

2 科 2 种，占总种数的 2.99%；鳗鲡目 1 科 1 种，占总种数的 1.49%；鲱形目 2 科 7 种，占总种数的 10.45%；鲇形目 1 科 1 种，占总种数的 1.49%；仙女鱼目 1 科 1 种，占总种数的 1.49%；鲻形目 1 科 3 种，占总种数的 4.48%；颌针鱼目 2 科 2 种，占总种数的 2.99%；鲉形目 2 科 2 种，占总种数的 2.99%；鲈形目 21 科 46 种，占总种数的 68.66%；鲽形目 1 科 1 种，占总种数的 1.49%；鈍形目 1 科 1 种，占总种数的 1.49%。鲈形目鱼类最多，其次为鲱形目鱼类。在科一级水平中，虾虎鱼科鱼类最多，共 13 种；其次为鲱形目的鲱科，共 5 种。

惠州红树林区春季和秋季调查到的鱼类物种差异较大。春季和秋季均能捕获到的鱼类有 25 种，包括花鰶、斑鰶、黄吻棱鳀、线纹鳗鲇、棱鮻、鲻、长鳍莫鲻、鲗、裸头双边鱼、多鳞鱚、短吻鲾、勒氏笛鲷、日本银鲈、黄鳍棘鲷、平鲷、尖吻鲷、细鳞鯻、尼罗罗非鱼、中华乌塘鳢、黑点脊塘鳢、黑体塘鳢、斑纹舌虾虎鱼、犬牙缰虾虎鱼、绿斑缰虾虎鱼和须鳗虾虎鱼，占惠州红树林区调查鱼类总种类数的 37.31%。

表 6-5　惠州红树林鱼类组成

鱼类	春季	秋季
海鲢目 Elopiformes		
海鲢科 Elopidae		
海鲢属 *Elops*		
蜥海鲢 *Elops saurus*		+
大海鲢科 Megalopidae		
大海鲢属 *Megalops*		
大海鲢 *Megalops cyprinoides*	+	
鳗鲡目 Anguilliformes		
海鳗科 Muraenesocidae		
海鳗属 *Muraenesox*		
海鳗 *Muraenesox cinereus*		+
鲱形目 Clupeiformes		
鲱科 Clupeidae		
花鰶属 *Clupanodon*		
花鰶 *Clupanodon thrissa*	+	+
海鰶属 *Nematalosa*		

鱼类	春季	秋季
圆吻海鰶 *Nematalosa nasus*		+
斑鰶属 *Konosirus*		
斑鰶 *Konosirus punctatus*	+	+
小沙丁鱼属 *Sardinella*		
金色小沙丁鱼 *Sardinella aurita*		+
锤氏小沙丁鱼 *Sardinella zunasi*	+	
鳀科 Engraulidae		
侧带小公鱼属 *Stolephorus*		
中华侧带小公鱼 *Stolephorus chinensis*	+	
棱鳀属 *Thryssa*		
黄吻棱鳀 *Thryssa vitrirostris*	+	+
鲇形目 Siluriformes		
鳗鲇科 Plotosidae		
鳗鲇属 *Plotosus*		
线纹鳗鲇 *Plotosus lineatus*	+	+
仙女鱼目 Aulopiformes		
狗母鱼科 Synodontidae		
蛇鲻属 *Saurida*		
多齿蛇鲻 *Saurida tumbil*		+
鲻形目 Mugiliformes		
鲻科 Mugilidae		
龟鲛属 *Chelon*		
前鳞龟鲛 *Chelon affinis*	+	+
鲻属 *Mugil*		
鲻 *Mugil cephalus*	+	+

续表

鱼类	春季	秋季
莫鲻属 *Moolgarda*		
长鳍莫鲻 *Moolgarda cunnesius*	+	+
颌针鱼目 Beloniformes		
鱵科 Hemiramphidae		
下鱵鱼属 *Hyporhamphus*		
杜氏下鱵鱼 *Hyporhamphus dussumieri*		+
颌针鱼科 Belonidae		
柱颌针鱼属 *Strongylura*		
尾斑柱颌针鱼 *Strongylura strongylura*		+
鲉形目 Scorpaeniformes		
鲉科 Scorpaenidae		
菖鲉属 *Sebastiscus*		
褐菖鲉 *Sebastiscus marmoratus*		+
鲬科 Platycephalidae		
鲬属 *Platycephalus*		
鲬 *Platycephalus indicus*	+	+
鲈形目 Perciformes		
双边鱼科 Ambassidae		
双边鱼属 *Ambassis*		
裸头双边鱼 *Ambassis gymnocephalus*	+	+
狼鲈科 Moronidae		
花鲈属 *Lateolabrax*		
中国花鲈 *Lateolabrax maculatus*	+	
鮨科 Serranidae		
石斑鱼属 *Epinephelus*		

续表

鱼类	春季	秋季
青石斑鱼 *Epinephelus awoara*		＋
鱚科 Sillaginidae		
鱚属 *Sillago*		
多鳞鱚 *Sillago sihama*	＋	＋
鲹科 Carangidae		
若鲹属 *Carangoides*		
褐背若鲹 *Carangoides praeustus*		＋
鲹属 *Caranx*		
珍鲹 *Caranx ignobilis*		＋
鲾科 Leiognathidae		
鲾属 *Leiognathus*		
短吻鲾 *Leiognathus brevirostris*	＋	＋
笛鲷科 Lutjanidae		
笛鲷属 *Lutjanus*		
紫红笛鲷 *Lutjanus argentimaculatus*		＋
勒氏笛鲷 *Lutjanus russellii*	＋	＋
胸斑笛鲷 *Lutjanus carponotatus*		＋
银鲈科 Gerreidae		
银鲈属 *Gerres*		
长棘银鲈 *Gerres filamentosus*		＋
日本银鲈 *Gerres japonicus*	＋	＋
长吻银鲈 *Gerres longirostris*		＋
裸颊鲷科 Lethrinidae		
裸颊鲷属 *Lethrinus*		
红鳍裸颊鲷 *Lethrinus haematopterus*		＋

鱼类	春季	秋季
鲷科 Sparidae		
棘鲷属 *Acanthopagrus*		
黄鳍棘鲷 *Acanthopagrus latus*	+	+
黑棘鲷 *Acanthopagrus schlegeli*		+
平鲷属 *Rhabdosargus*		
平鲷 *Rhabdosargus sarba*	+	+
马鲅鱼科 Polynemidae		
四指马鲅属 *Eleutheronema*		
四指马鲅 *Eleutheronema tetradactylum*		+
石首鱼科 Sciaenidae		
枝鳔石首鱼属 *Dendrophysa*		
勒氏枝鳔石首鱼 *Dendrophysa russelii*		+
鸡笼鲳科 Drepaneidae		
鸡笼鲳属 *Drepane*		
斑点鸡笼鲳 *Drepane punctata*		+
鯻科 Terapontidae		
牙鯻属 *Pelates*		
四带牙鯻 *Pelates quadrilineatus*		+
尖吻鯻属 *Rhynchopelates*		
尖吻鯻 *Rhynchopelates oxyrhynchus*	+	+
鯻属 *Terapon*		
细鳞鯻 *Terapon jarbua*	+	+
隆头鱼科 Labridae		
海猪鱼属 *Halichoeres*		
云斑海猪鱼 *Halichoeres nigrescens*		+

续表

鱼类	春季	秋季
篮子鱼科 Siganidae		
篮子鱼属 *Siganus*		
长鳍篮子鱼 *Siganus canaliculatus*		+
褐篮子鱼 *Siganus fuscescens*		+
魣科 Sphyraenidae		
魣属 *Sphyraena*		
日本魣 *Sphyraena japonica*		+
丽鱼科 Cichlidae		
罗非鱼属 *Oreochromis*		
尼罗罗非鱼 *Oreochromis niloticus*	+	+
塘鳢科 Eleotridae		
乌塘鳢属 *Bostrychus*		
中华乌塘鳢 *Bostrychus sinensis*	+	+
脊塘鳢属 *Butis*	+	+
黑点脊塘鳢 *Butis melanostigma*		
锯脊塘鳢 *Butis koilomatodon*		+
塘鳢属 *Eleotris*		
黑体塘鳢 *Eleotris melanosoma*	+	+
虾虎鱼科 Gobiidae		
舌虾虎鱼属 *Glossogobius*		
斑纹舌虾虎鱼 *Glossogobius olivaceus*	+	+
缟虾虎鱼属 *Tridentiger*		
纹缟虾虎鱼 *Tridentiger trigonocephalus*		+
刺虾虎鱼属 *Acanthogobius*		
斑尾刺虾虎鱼 *Acanthogobius ommaturus*		+

鱼类	春季	秋季
缰虾虎鱼属 *Amoya*		
犬牙缰虾虎鱼 *Amoya caninus*	+	+
绿斑缰虾虎鱼 *Amoya chlorostigmatoides*	+	+
短吻缰虾虎鱼 *Amoya brevirostris*	+	
点颊虾虎鱼属 *Papillogobius*		
雷氏点颊虾虎鱼 *Papillogobius reichei*		+
丝虾虎鱼属 *Cryptocentrus*		
谷津氏丝虾虎鱼 *Cryptocentrus yatsui*		+
寡鳞虾虎鱼属 *Oligolepis*		
尖鳍寡鳞虾虎鱼 *Oligolepis acutipennis*		+
沟虾虎鱼属 *Oxyurichthys*		
眼瓣沟虾虎鱼 *Oxyurichthys ophthalmonema*	+	
青弹涂鱼属 *Scartelaos*		
青弹涂鱼 *Scartelaos histophorus*		+
鳗虾虎鱼属 *Taenioides*		
须鳗虾虎鱼 *Taenioides cirratus*	+	+
孔虾虎鱼属 *Trypauchen*		
孔虾虎鱼 *Trypauchen vagina*		+
丝足鲈科 Osphronemidae		
斗鱼属 *Macropodus*		
叉尾斗鱼 *Macropodus opercularis*	+	
鲽形目 Pleuronectiformes		
鳎科 Soleidae		
鳎属 *Solea*		
卵鳎 *Solea ovata*		+

鱼类	春季	秋季
鲀形目 Tetraodontiformes		
单角鲀科 Monacanthidae		
单角鲀属 *Monacanthus*		
中华单角鲀 *Monacanthus chinensis*		＋

表 6-6　惠州红树林鱼类物种组成

序号	目	科数	种数	占总种数比例
1	海鲢目	2	2	2.99％
2	鳗鲡目	1	1	1.49％
3	鲱形目	2	7	10.45％
4	鲇形目	1	1	1.49％
5	仙女鱼目	1	1	1.49％
6	鲻形目	1	3	4.48％
7	颌针鱼目	2	2	2.99％
8	鲉形目	2	2	2.99％
9	鲈形目	21	46	68.66％
10	鲽形目	1	1	1.49％
11	鲀形目	1	1	1.49％
合计		35	67	100.00％

6.2.5　惠州红树林常见鱼类捕捞规格

对惠州红树林区常见鱼类的捕捞规格进行统计分析。从表 6-7 中可以看出,捕获鱼类平均体长在 15 cm 以下的约占渔获总尾数的 97.43％,且以平均体重小于 20 g 的鱼类为主,约占渔获总尾数的 67.88％。惠州红树林区鱼类的捕捞规格较小,捕捞数量排在前 10 名的物种分别是多鳞鱚、短吻鲾、斑纹舌虾虎鱼、棱鲛、日本银鲈、长鳍篮子鱼、长鳍莫鲻、鲻、花鰶、犬牙缰虾虎鱼,它们的个体数目占渔获的百分比依次为 15.12％、12.91％、10.06％、9.14％、6.94％、4.79％、

4.46％、3.50％、3.34％、3.28％。这些物种既是惠州红树林常见鱼类，也是主要的渔获物。

表 6-7　惠州红树林区常见鱼类物种渔获物组成

鱼类	尾数	比例	渔获量/g	平均体重/g	体重范围/g	平均体长/cm	体长范围/cm
大海鲢	12	0.65％	896.1	74.7	52.0～122.8	17.0	14.9～20.5
大眼海鲢	5	0.27％	188.9	37.8	14.0～53.5	15.1	11.0～17.5
海鳗	12	0.65％	620.6	51.7	9.0～362.4	31.8	18.4～68.0
花鰶	62	3.34％	2 820.9	45.5	1.2～134.2	13.3	4.2～22.2
圆吻海鰶	9	0.48％	551.2	61.2	46.4～83.2	13.9	11.5～16.0
斑鰶	8	0.43％	599.5	74.9	40.7～104.7	16.2	14.0～18.7
金色小沙丁鱼	1	0.05％	140.0	140.0	—	21.0	—
锤氏小沙丁鱼	4	0.22％	50.8	12.7	6.9～17.0	9.4	8.8～10.3
中华侧带小公鱼	17	0.91％	50.0	2.9	1.5～5.7	6.2	5.4～7.6
黄吻棱鳀	5	0.27％	53.9	10.8	5.5～16.4	9.9	8.8～11.1
线纹鳗鲇	22	1.18％	625.4	28.4	13.7～65.4	13.5	10.0～17.0
多齿蛇鲻	2	0.11％	295.6	147.8	116.7～178.9	24.3	23.3～25.3
棱鲅	170	9.14％	3 441.2	20.2	1.7～85.8	10.7	4.0～19.3
鲻	65	3.50％	1 869.2	28.8	1.2～163.4	9.8	3.6～22.4
长鳍莫鲻	83	4.46％	1 453.7	17.5	3.1～101.5	9.5	5.2～18.0
杜氏下鱵鱼	1	0.05％	21.4	21.4	—	17.5	—
尾斑柱颌针鱼	1	0.05％	12.0	12.0	—	22.0	—
褐菖鲉	8	0.43％	101.2	12.7	8.7～17.1	7.6	6.9～8.6
鮹	1	0.05％	46.4	46.4	—	19.7	—
尼罗罗非鱼	45	2.42％	3 488.5	77.5	2.0～404.1	10.5	3.8～23.5
裸头双边鱼	39	2.10％	76.2	2.0	0.8～3.4	4.6	3.2～6.3
中国花鲈	2	0.11％	5.5	2.7	2.68～2.78	5.8	5.7～5.9
青石斑鱼	10	0.54％	285.3	28.5	10.8～44.8	10.1	7.7～11.9

鱼类	尾数	比例	渔获量/g	平均体重/g	体重范围/g	平均体长/cm	体长范围/cm
多鳞鱚	281	15.12%	2 929.9	10.4	1.1～40.4	10.4	4.3～15.3
褐背若鲹	1	0.05%	116.6	116.6	—	17.5	—
珍鲹	2	0.11%	82.3	41.2	28.5～53.8	11.5	9.6～13.4
短吻鲾	240	12.91%	1 418.2	5.9	0.8～28.2	5.7	3.0～8.7
紫红笛鲷	11	0.59%	100.0	9.1	2.4～40.9	5.8	4.0～11.0
勒氏笛鲷	39	2.10%	1 174.6	30.1	4.1～74.3	10.0	5.5～7.0
胸斑笛鲷	1	0.05%	33.0	33.0	—	10.5	—
长棘银鲈	27	1.45%	624.6	23.1	5.6～83.3	8.8	5.2～14.4
日本银鲈	129	6.94%	1 790.1	13.9	1.4～57.6	7.1	3.5～12.8
长吻银鲈	27	1.45%	164.7	6.1	1.9～19.0	5.4	4.0～15.2
黄鳍鲷	20	1.08%	774.9	38.7	0.6～137.8	8.8	2.6～16.9
黑棘鲷	2	0.11%	155.8	77.9	66.9～88.9	13.7	13.0～14.3
平鲷	12	0.65%	319.5	26.6	4.2～76.6	8.7	5.3～12.5
四指马鲅	1	0.05%	90.5	90.5	—	17.7	—
勒氏枝鳔石首鱼	15	0.81%	456.0	30.4	11.4～178.6	8.8	7.5～17.5
斑点鸡笼鲳	1	0.05%	128.3	128.3	—	13.2	—
四带牙鰔	2	0.11%	40.5	20.3	19.6～20.9	10.7	10.5～10.9
尖吻鰔	14	0.75%	504.0	36.0	19.2～64.1	11.1	9.2～13.8
细鳞鰔	37	1.99%	1 150.6	31.1	11.1～210.5	10.3	6.3～26.7
云斑海猪鱼	6	0.32%	213.9	35.7	21.3～57.5	11.0	9.3～13.5
中华乌塘鳢	7	0.38%	129.3	18.5	8.5～26.3	8.8	8.2～11.8
叉尾斗鱼	1	0.05%	2.3	2.3	—	4.1	—
黑点脊塘鳢	2	0.11%	9.6	4.8	4.6～5.0	6.7	6.4～7.0
锯脊塘鳢	1	0.05%	5.5	5.5	—	7.4	—

鱼类	尾数	比例	渔获量/g	平均体重/g	体重范围/g	平均体长/cm	体长范围/cm
黑体塘鳢	3	0.16%	40.9	13.6	10.1～18.4	9.0	8.4～9.8
斑纹舌虾虎鱼	187	10.06%	1 846.5	9.9	1.3～88.1	8.2	5.0～17.0
纹缟虾虎鱼	1	0.05%	10.0	10.0	—	7.5	—
斑尾刺虾虎鱼	1	0.05%	17.5	17.5	—	23.5	—
犬牙缰虾虎鱼	61	3.28%	329.9	5.4	1.8～10.3	6.4	4.2～8.2
绿斑缰虾虎鱼	17	0.91%	97.1	5.7	1.1～18.0	6.2	3.3～10.8
短吻缰虾虎鱼	10	0.54%	42.7	4.3	2.0～8.7	6.7	5.0～8.7
雷氏点颊虾虎鱼	3	0.16%	9.2	3.1	2.4～4.1	5.3	5.1～5.6
谷津氏丝虾虎鱼	1	0.05%	3.1	3.1	—	6.9	—
尖鳍寡鳞虾虎鱼	3	0.16%	10.9	3.6	2.5～4.9	6.2	5.5～7.7
眼瓣沟虾虎鱼	6	0.32%	92.4	15.4	10.7～24.1	10.7	9.3～12.1
青弹涂鱼	1	0.05%	4.6	4.6	—	9.0	—
须鳗虾虎鱼	2	0.11%	23.4	11.7	9.0～14.4	17.1	16.5～17.6
孔虾虎鱼	2	0.11%	31.8	15.9	15.6～16.2	14.8	14.5～15.0
黄斑篮子鱼	89	4.79%	1 515.2	17.0	3.6～61.7	8.5	5.0～13.7
褐篮子鱼	7	0.38%	191.5	27.4	19.1～39.2	10.4	9.5～12.0
卵鳎	1	0.05%	7.4	7.4	—	7.0	—
中华单角鲀	1	0.05%	26.5	26.5	—	9.0	—

6.3 讨论

6.3.1 红树林鱼类物种组成

红树林区内的红树植物茂密，呼吸根系发达，为小型鱼类和一些重要经济鱼类的幼鱼提供了良好的栖息、索饵及越冬场所,红树林复杂的结构也可以降低幼鱼的被捕食率(施富山等,2005)。本次调查在湛江红树林区共调查到 40 科 83 种鱼类,在惠州红树林区共调查到 35 科 67种,湛江红树林区的鱼类种类数多于惠州红树林区,这可能与湛江红树林的面积大于惠州红树林,湛江红树林所处的纬度较低、温度较高有关。在物种组成方面,湛江红树林区鲈形目最多,其次为鲱形目;惠州红树林鱼类组成也存在同样情况。另外,在科一级水平,湛江红树林区虾虎鱼科鱼类最多,其次为鳀科鱼类,与惠州红树林区鱼类相似,也与之前有关红树林鱼类调查研究的结果相似(何斌源等,2001;何秀玲等,2003)。在捕捞常见种方面,鲻、棱鲮、长鳍莫鲻、日本银鲈、短吻鲾、多鳞鱚等鱼类均为湛江和惠州红树林区的优势种和主要经济鱼类。本次调查的红树林区鱼类有长期定居在红树林中的种类,如中华乌塘鳢、犬牙缰虾虎鱼、绿斑缰虾虎鱼等;也有间歇性进出红树林的种类,如鲻、长鳍莫鲻、棱鲮、粗鳞鲮、多鳞鱚、黄鳍鲷等。就栖息水层分析,多数为棱鲮、勒氏笛鲷、黄鳍鲷等敞水性鱼类,亦有一部分鲬科、鳎科的底栖性鱼类,以及大弹涂鱼、海鳗、虾虎鱼科鱼类等洞穴性鱼类。

6.3.2 对红树林鱼类资源保护和可持续利用的建议

本次调查的红树林区鱼类中,数量较多且食用价值较高的种类主要有鲻、棱鲮、长鳍莫鲻、多鳞鱚、斑鰶、花鰶等;渔获数量不多但经济价值较高的种类有黄鳍鲷、黑棘鲷、四指马鲅、勒氏笛鲷等,但捕捞的规格较小,可能与使用的渔具有关。

对比何秀玲等(2003)调查到的雷州半岛红树林区鱼类种类数据可知,湛江红树林区鱼类种类有减少的趋势,这很大程度上归因于当地渔民使用的渔具网目偏小,致使捕捞过度。应采取一些必要的措施对红树林鱼类进行保护。结合调查结果,提出以下 3 点建议:适当增大捕鱼网的网目尺寸;禁用电网等非法渔具;笼网的选择性较差,可禁止使用或限量使用。

参考文献

陈清潮. 南沙群岛至华南沿岸的鱼类(一)[M]. 北京:科学出版社. 1997.

成庆泰,郑葆珊. 中国鱼类系统检索[M]. 北京:科学出版社.1987.

何斌源,范航清,莫竹承. 广西英罗港红树林区鱼类多样性研究[J]. 热带海洋学报,2001,4:74-79.

何秀玲,叶宁,宣立强. 雷州半岛红树林海区的鱼类种类调查[J]. 湛江海洋大学学报,2003,23(3):3-10.

金鑫波. 中国动物志 硬骨鱼纲 鲉形目[M]. 北京:科学出版社. 2006.

李思忠,王惠民. 中国动物志 硬骨鱼纲 鲽形目[M]. 北京:科学出版社. 1995.

施富山,王瑁,王文卿,等. 红树林与鱼类关系的研究进展[J]. 海洋科学,2005(5):54-59.

沈世杰. 台湾鱼类志[M]. 台北:台湾大学动物学系. 1993.

伍汉霖. 中国动物志　鲈形目（五）　虾虎鱼亚目[M]. 北京:科学出版社. 2008.

伍汉霖,邵广昭,赖春福,等. 拉汉世界鱼类系统名典[M]. 台湾:水产出版社. 2012.

张世义. 中国动物志　硬骨鱼纲　鲟形目、海鲢目、鲱形目、鼠鱚目[M]. 北京:科学出版社. 2001.

中国科学院动物研究所,中国科学院海洋研究所,上海水产学院. 南海鱼类志[M]. 北京:科学出版社. 1962.

朱元鼎,张春霖,成庆泰. 东海鱼类志[M]. 北京:科学出版社. 1963.

附录 6　　　　　　　　**广东红树林鱼类调查名录**

鱼类	高桥	附城	流沙	蟹洲	好招楼	白沙
海鲢目 Elopiformes						
海鲢科 Elopidae						
海鲢属 *Elops*						
蜥海鲢 *Elops saurus*					+	
大海鲢科 Megalopidae						
大海鲢属 *Megalops*						
大海鲢 *Megalops cyprinoides*				+		
鳗鲡目 Anguilliformes						
海鳗科 Muraenesocidae						
海鳗属 *Muraenesox*						
海鳗 *Muraenesox cinereus*	+	+		+	+	
鲱形目 Clupeiformes						
鲱科 Clupeidae						
叶鲱属 *Escualosa*						
叶鲱 *Escualosa thoracata*		+	+			
花鰶属 *Clupanodon*						
花鰶 *Clupanodon thrissa*		+		+	+	+
海鰶属 *Nematalosa*						
圆吻海鰶 *Nematalosa nasus*	+	+	+	+	+	+
斑鰶属 *Konosirus*						
斑鰶 *Konosirus punctatus*	+	+	+		+	+

鱼类	高桥	附城	流沙	蟹洲	好招楼	白沙
小沙丁鱼属 *Sardinella*						
金色小沙丁鱼 *Sardinella aurita*					+	
锤氏小沙丁鱼 *Sardinella zunasi*		+	+		+	+
锯腹鳓科 Pristigasteridae						
鳓属 *Ilisha*						
黑口鳓 *Ilisha melastoma*			+			
鳀科 Engraulidae						
侧带小公鱼属 *Stolephorus*						
康氏侧带小公鱼 *Stolephorus commersonnii*	+	+	+			
中华侧带小公鱼 *Stolephorus chinensis*			+		+	
棱鳀属 *Thryssa*						
赤鼻棱鳀 *Thryssa kammalensis*		+				
黄吻棱鳀 *Thryssa vitrirostris*	+	+	+		+	+
汉氏棱鳀 *Thryssa hamiltonii*		+				
鲚属 *Coilia*						
七丝鲚 *Coilia grayii*		+				
鲇形目 Siluriformes						
胡鲇科 Clariidae						
胡鲇属 *Clarias*						
胡鲇 *Clarias fuscus*	+					
鳗鲇科 Plotosidae						

续表

鱼类	高桥	附城	流沙	蟹洲	好招楼	白沙
鳗鲇属 *Plotosus*						
线纹鳗鲇 *Plotosus lineatus*	+	+	+	+	+	+
海鲇科 Ariidae						
胡鲇属 *Clarias*						
大头胡鲇 *Clarias macrocephalus*		+				
仙女鱼目 Aulopiformes						
狗母鱼科 Synodontidae						
蛇鲻属 *Saurida*						
多齿蛇鲻 *Saurida tumbil*						+
鲻形目 Mugiliformes						
鲻科 Mugilidae						
龟鲮属 *Chelon*						
前鳞龟鲮 *Chelon affinis*	+	+	+	+	+	
龟鲮 *Chelon haematocheilus*			+			
鲻属 *Mugil*						
鲻 *Mugil cephalus*	+	+	+	+	+	+
莫鲻属 *Moolgarda*						
长鳍莫鲻 *Moolgarda cunnesius*	+	+	+	+	+	+
银汉鱼目 Atheriniformes						
银汉鱼科 Atherinidae						
下银汉鱼属 *Hypoatherina*						

鱼类	高桥	附城	流沙	蟹洲	好招楼	白沙
后肛下银汉鱼 *Hypoatherina tsurugae*	+		+			
颌针鱼目 Beloniformes						
飞鱼科 Exocoetidae						
燕鳐鱼属 *Cypselurus*						
少鳞燕鳐鱼 *Cypselurus oligolepis*	+					
鱵科 Hemiramphidae						
下鱵鱼属 *Hyporhamphus*						
杜氏下鱵鱼 *Hyporhamphus dussumieri*	+	+				+
颌针鱼科 Belonidae						
柱颌针鱼属 *Strongylura*						
尾斑柱颌针鱼 *Strongylura strongylura*		+		+		
鲉形目 Scorpaeniformes						
鲉科 Scorpaenidae						
菖鲉属 *Sebastiscus*						
褐菖鲉 *Sebastiscus marmoratus*			+	+	+	
高鳍鲉属 *Vespicula*						
粗高鳍鲉 *Vespicula trachinoides*	+					
鲬科 Platycephalidae						
鲬属 *Platycephalus*						
鲬 *Platycephalus indicus*	+	+	+			+
棘线鲬属 *Grammoplites*						

续表

鱼类	高桥	附城	流沙	蟹洲	好招楼	白沙
横带棘线鲬 *Grammoplites scaber*		+				
鲈形目 Perciformes						
双边鱼科 Ambassidae						
双边鱼属 *Ambassis*						
裸头双边鱼 *Ambassis gymnocephalus*	+	+		+	+	+
狼鲈科 Moronidae						
花鲈属 *Lateolabrax*						
中国花鲈 *Lateolabrax maculatus*	+				+	
鮨科 Serranidae						
石斑鱼属 *Epinephelus*						
青石斑鱼 *Epinephelus awoara*					+	+
天竺鲷科 Apogonidae						
天竺鲷属 *Apogon*						
四线天竺鲷 *Apogon quadrifasciatus*		+				
鱚科 Sillaginidae						
鱚属 *Sillago*						
斑鱚 *Sillago maculata*	+					
多鳞鱚 *Sillago sihama*	+	+	+	+	+	+
鲹科 Carangidae						
副叶鲹属 *Alepes*						
克氏副叶鲹 *Alepes kleinii*			+			

鱼类	高桥	附城	流沙	蟹洲	好招楼	白沙
吉打副叶鲹 *Alepes djedaba*	+					
若鲹属 *Carangoides*						
褐背若鲹 *Carangoides praeustus*	+					+
鲹属 *Caranx*						
珍鲹 *Caranx ignobilis*					+	+
鲾科 Leiognathidae						
鲾属 *Leiognathus*						
短吻鲾 *Leiognathus brevirostris*	+	+	+	+	+	+
短棘鲾 *Leiognathus equulus*			+			
项鲾属 *Nuchequula*						
圈项鲾 *Nuchequula mannusella*		+	+			
仰口鲾属 *Secutor*						
鹿斑仰口鲾 *Secutor ruconius*			+			
笛鲷科 Lutjanidae						
笛鲷属 *Lutjanus*						
紫红笛鲷 *Lutjanus argentimaculatus*				+		+
勒氏笛鲷 *Lutjanus russellii*				+	+	+
胸斑笛鲷 *Lutjanus carponotatus*					+	
银鲈科 Gerreidae						
银鲈属 *Gerres*						
长棘银鲈 *Gerres filamentosus*				+	+	+

鱼类	高桥	附城	流沙	蟹洲	好招楼	白沙
日本银鲈 *Gerres japonicus*	+		+	+	+	+
长吻银鲈 *Gerres longirostris*	+	+	+	+	+	+
裸颊鲷科 Lethrinidae						
裸颊鲷属 *Lethrinus*						
红鳍裸颊鲷 *Lethrinus haematopterus*					+	
鲷科 Sparidae						
棘鲷属 *Acanthopagrus*						
黄鳍棘鲷 *Acanthopagrus latus*	+	+	+	+	+	+
黑棘鲷 *Acanthopagrus schlegeli*	+	+				+
二长棘鲷属 *Parargyrops*						
二长棘鲷 *Parargyrops edita*						
平鲷属 *Rhabdosargus*						
平鲷 *Rhabdosargus sarba*				+		+
马鲅鱼科 Polynemidae						
四指马鲅属 *Eleutheronema*						
四指马鲅 *Eleutheronema tetradactylum*		+			+	
石首鱼科 Sciaenidae						
叫姑鱼属 *Johnius*						
杜氏叫姑鱼 *Johnius dussumieri*		+				
枝鳔石首鱼属 *Dendrophysa*						
勒氏枝鳔石首鱼 *Dendrophysa russelii*	+	+	+		+	+

鱼类	高桥	附城	流沙	蟹洲	好招楼	白沙
牙鲗属 *Otolithes*						
红牙鲗 *Otolithes ruber*		+				
黄姑鱼属 *Nibea*						
元鼎黄姑鱼 *Nibea chui*		+				
羊鱼科 Mullidae						
绯鲤属 *Upeneus*						
黑斑绯鲤 *Upeneus tragula*	+		+			
鸡笼鲳科 Drepaneidae						
鸡笼鲳属 *Drepane*						
斑点鸡笼鲳 *Drepane punctata*	+					+
鲗科 Terapontidae						
牙鲗属 *Pelates*						
四带牙鲗 *Pelates quadrilineatus*			+			+
尖吻鲗属 *Rhynchopelates*						
尖吻鲗 *Rhynchopelates oxyrhynchus*						+
鲗属 *Terapon*						
细鳞鲗 *Terapon jarbua*		+		+	+	+
隆头鱼科 Labridae						
海猪鱼属 *Halichoeres*						
云斑海猪鱼 *Halichoeres nigrescens*						+
鲔科 Callionymidae						

鱼类	高桥	附城	流沙	蟹洲	好招楼	白沙
䲗属 *Callionymus*						
弯角䲗 *Callionymus curvicornis*	＋	＋	＋	＋	＋	＋
金钱鱼科 Scatophagidae						
金钱鱼属 *Scatophagus*						
金钱鱼 *Scatophagus argus*	＋	＋				
篮子鱼科 Siganidae						
篮子鱼属 *Siganus*						
长鳍篮子鱼 *Siganus canaliculatus*	＋	＋	＋	＋	＋	＋
褐篮子鱼 *Siganus fuscescens*	＋			＋		
星斑篮子鱼 *Siganus guttatus*			＋			
魣科 Sphyraenidae						
魣属 *Sphyraena*						
日本魣 *Sphyraena japonica*				＋	＋	
带鱼科 Trichiuridae						
沙带鱼属 *Lepturacanthus*						
沙带鱼 *Lepturacanthus savala*			＋			
鲳科 Stromateidae						
鲳属 *Pampus*						
灰鲳 *Pampus cinereus*			＋			
银鲳 *Pampus argenteus*		＋				
拟雀鲷科 Pseudochromidae						

鱼类	高桥	附城	流沙	蟹洲	好招楼	白沙
鳗鲷属 *Congrogadus*						
鳗鲷 *Congrogadus subducens*			+			
丽鱼科 Cichlidae						
罗非鱼属 *Oreochromis*						
尼罗罗非鱼 *Oreochromis niloticus*	+			+	+	
塘鳢科 Eleotridae						
乌塘鳢属 *Bostrychus*						
中华乌塘鳢 *Bostrychus sinensis*	+			+	+	
脊塘鳢属 *Butis*						
黑点脊塘鳢 *Butis melanostigma*	+		+		+	
锯脊塘鳢 *Butis koilomatodon*	+			+		
塘鳢属 *Eleotris*						
黑体塘鳢 *Eleotris melanosoma*				+	+	
虾虎鱼科 Gobiidae						
舌虾虎鱼属 *Glossogobius*						
斑纹舌虾虎鱼 *Glossogobius olivaceus*	+		+	+	+	+
缟虾虎鱼属 *Tridentiger*						
纹缟虾虎鱼 *Tridentiger trigonocephalus*				+	+	
髭缟虾虎鱼 *Tridentiger barbatus*		+				
刺虾虎鱼属 *Acanthogobius*						
斑尾刺虾虎鱼 *Acanthogobius ommaturus*					+	

鱼类	高桥	附城	流沙	蟹洲	好招楼	白沙
缰虾虎鱼属 *Amoya*						
犬牙缰虾虎鱼 *Amoya caninus*	+	+		+	+	
绿斑缰虾虎鱼 *Amoya chlorostigmatoides*	+	+	+		+	
短吻缰虾虎鱼 *Amoya brevirostris*	+		+		+	
点颊虾虎鱼属 *Papillogobius*						
雷氏点颊虾虎鱼 *Papillogobius reichei*						+
丝虾虎鱼属 *Cryptocentrus*						
谷津氏丝虾虎鱼 *Cryptocentrus yatsui*				+		
寡鳞虾虎鱼属 *Oligolepis*						
尖鳍寡鳞虾虎鱼 *Oligolepis acutipennis*				+		
沟虾虎鱼属 *Oxyurichthys*						
眼瓣沟虾虎鱼 *Oxyurichthys ophthalmonema*			+			+
细棘虾虎鱼属 *Acentrogobius*						
青斑细棘虾虎鱼 *Acentrogobius viridipunctatus*		+				
大弹涂鱼属 *Boleophthalmus*						
大弹涂鱼 *Boleophthalmus pectinirostris*	+	+				
青弹涂鱼属 *Scartelaos*						
青弹涂鱼 *Scartelaos histophorus*				+		
鳗虾虎鱼属 *Taenioides*						
须鳗虾虎鱼 *Taenioides cirratus*				+	+	
孔虾虎鱼属 *Trypauchen*						

鱼类	高桥	附城	流沙	蟹洲	好招楼	白沙
孔虾虎鱼 *Trypauchen vagina*		+			+	
丝足鲈科 Osphronemidae						
斗鱼属 *Macropodus*						
叉尾斗鱼 *Macropodus opercularis*			+			
鲽形目 Pleuronectiformes						
鳎科 Soleidae						
鳎属 *Solea*						
卵鳎 *Solea ovata*		+			+	
条鳎属 *Zebrias*						
蛾眉条鳎 *Zebrias quagga*	+	+	+			
宽箬鳎属 *Brachirus*						
东方宽箬鳎 *Brachirus orientalis*	+	+				
舌鳎科 Cynoglossidae						
舌鳎属 *Cynoglossus*						
短舌鳎 *Cynoglossus abbreviatu*		+				
斑头舌鳎 *Cynoglossus puncticeps*	+	+				
鲀形目 Tetraodontiformes						
单角鲀科 Monacanthidae						
单角鲀属 *Monacanthus*						
中华单角鲀 *Monacanthus chinensis*		+			+	
鲀科 Tetraodontidae						
多纪鲀属 *Takifugu*						
黑点多纪鲀 *Takifugu niphobles*	+					

广东红树林鱼类实物图

蜥海鲢 *Elops saurus*

花鰶 *Clupanodon thirssa*

斑鰶 *Konosirus punctatus*

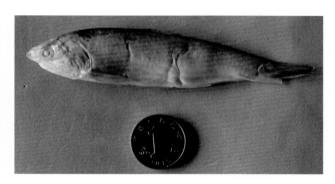

赤鼻棱鳀 *Thryssa kammalensis*

鲻 *Mugil cephalus*

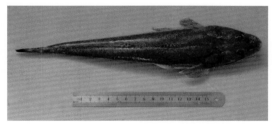

鲬 *Platycephalus indicus*

裸头双边鱼 *Ambassis gymnocephalus*

黄鳍棘鲷 *Acanthopagrus latus*

勒氏笛鲷 Lutjanus russellii

长棘银鲈 Gerres filamentosus

金钱鱼 Scatophagus argus

细鳞鯻 Terapon jarbua

尼罗罗非鱼 Oreochromis niloticus

中华乌塘鳢 Bostrychus sinensis

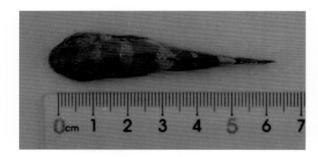

髭缟虾虎鱼 Tridentiger barbatus

蛾眉条鳎 Zebrias quagga

褐篮子鱼 *Siganus fuscescens*

须鳗虾虎鱼 *Taenioides cirratus*

斑头舌鳎 *Cynoglossus puncticeps*

中华单角鲀 *Monacanthus chinensis*

第7章 广东红树林鸟类多样性调查

摘要 广东湛江和惠州红树林由于地处东亚-澳大利亚候鸟迁徙路线,每年都有大量的候鸟飞经此地。2017年春、秋两季,应用样线调查法对湛江和惠州红树林鸟类的种类及数量进行了初步调查,共记录到1纲13目39科75属110种鸟类。在湛江红树林共记录到鸟类99种,分属于13目34科,包括留鸟34种、冬候鸟53种、夏候鸟7种、过境鸟5种。其中,国家一级保护鸟类有白肩雕,国家二级保护鸟类有黑脸琵鹭、黑冠鹃隼、黑翅鸢、白腹鹞、鹊鹞、褐翅鸦鹃、小鸦鹃7种;被列入《世界自然保护联盟濒危物种红色名录》(简称《IUCN红色名录》)极危(CR)等级的有2种(勺嘴鹬和黄胸鹀),被列入易危(VU)等级的有2种(白肩雕、黑嘴鸥),被列入濒危(EN)等级的有2种(黑脸琵鹭、大滨鹬),被列入近危(NT)等级的有7种(黑尾塍鹬、斑尾塍鹬、白腰杓鹬、红腹滨鹬、红颈滨鹬、弯嘴滨鹬、白颈鸦)。家燕和白鹭是该地优势种。在惠州红树林共记录到鸟类64种,分属于13目30科,包括留鸟34种、冬候鸟24种、夏候鸟5种、过境鸟1种。其中,国家二级保护鸟类有鹗、黑翅鸢、红隼、褐翅鸦鹃和小鸦鹃5种,被列入《IUCN红色名录》NT等级的有红颈滨鹬。白鹭和大白鹭是该地优势种。湛江和惠州红树林鸟类以水鸟为主,种类和数量具有明显的季节变化,反映了该区域是东亚候鸟迁徙路线上的重要节点之一。

鸟类是自然生态系统的重要组成部分,作为生态系统中的消费者,在维持生态系统平衡中的作用是不可忽视的。鸟类群落结构在一定程度上是鸟类与环境及鸟类种间关系的综合反映。鸟类由于对环境变化具有高度敏感性,反映或预示环境的变化趋势,常常被用于监测环境变化,在生态环境保护方面发挥一定的作用。

7.1 红树林鸟类多样性调查方法

7.1.1 调查时间和记录方法

分别在 2017 年春季(4~5 月)和秋季(10~11 月)进行调查。采用样带法,在红树林中按固定的线路和长度以 2 km/h 速度行进,通过望远镜实地观察、相机拍摄和鸟鸣声识别等手段,统计线路两侧各 50 m 宽范围内的鸟类。记录下观察时间以及观察到的鸟类所在位置、种类和数量等。鸟类识别参照《中国鸟类野外手册》(Mackinnon et al,2000),鸟类分布及类型参照《中国鸟类分类与分布名录》(郑光美,2011)。

7.1.2 调查地点

雷州半岛地形狭长,因此在选择调查地点时既包括西海岸廉江市高桥红树林、雷州流沙港,又包括东海岸的雷州附城红树林。这 3 个区域的红树林和滩涂面积较大,每个区域又细分为 3~4 个小的调查点,一共 10 个小的调查点,可以很好地调查红树林的生物多样性。在惠州,选择了蟹洲、好招楼、白沙 3 条样线。

7.2 湛江红树林鸟类多样性调查结果

7.2.1 湛江红树林鸟类种类组成

调查期间,在湛江红树林共记录到鸟类 99 种,占广东省鸟类总种数的 19.41%,分属于 13 目 34 科(表 7-1)。其中,䴙䴘目、鹈形目、鸡形目、鸽形目和雨燕目各 1 科 1 种,鹳形目 2 科 9 种,雁形目 1 科 3 种,隼形目 1 科 5 种,鹤形目 1 科 2 种,鸻形目 6 科 31 种,佛法僧目 1 科 3 种,鹃形目 1 科 4 种,雀形目 16 科 37 种。可见雀形目和鸻形目的种类较多,分别占调查所得总种数的 37.37% 和 31.31%。

从鸟类的居留型看,记录到留鸟 34 种,占总种数的 34.34%;冬候鸟 53 种,占 53.54%;夏候鸟 7 种,占 7.07%;过境鸟 5 种,占 5.05%(图 7-1)。对整个雷州半岛而言,优势种为家燕和白鹭。从鸟的栖息类型来看,记录到水鸟 57 种,陆鸟 42 种。

表 7-1　湛江红树林鸟类名录

鸟类	鸟频指数	居留型	国家保护等级	《IUCN 红色名录》濒危等级
䴙䴘目 Podicipediformes				
䴙䴘科 Podicipedidae				
小䴙䴘 *Tachybaptus ruficollis*	＋	留鸟	"三有"	LC
鹲形目 Suliformes				
军舰鸟科 Fregatidea				
白斑军舰鸟 *Fregata ariel*	＋	夏候鸟	"三有"	LC
鹳形目 Cicioniiformes				
鹭科 Ardeidae				
苍鹭 *Ardea cinerea*	＋	冬候鸟	"三有"	LC
大白鹭 *Ardea alba*	＋＋	冬候鸟	"三有"	LC
中白鹭 *Egretta intermedia*	＋	冬候鸟	"三有"	LC
白鹭 *Egretta garzetta*	＋＋＋	留鸟	"三有"	LC
牛背鹭 *Bubulcus coromandus*	＋＋	留鸟	"三有"	LC
池鹭 *Ardeola bacchus*	＋＋＋	留鸟	"三有"	LC
夜鹭 *Nycticorax nycticorax*	＋＋	留鸟	"三有"	LC
黄斑苇鳽 *Ixobrychus sinensis*	＋	夏候鸟	"三有"	LC
鹮科 Threskiornithidae				
黑脸琵鹭 *Platalea minor*	＋	冬候鸟	Ⅱ	EN
雁形目 Ansreiformes				
鸭科 Anatidae				
斑嘴鸭 *Anas zonorhyncha*	＋	冬候鸟	"三有"	LC
绿翅鸭 *Anas crecca*	＋＋	冬候鸟	"三有"	LC
针尾鸭 *Anas acuta*	＋	冬候鸟	"三有"	LC
隼形目 Falconiformes				

鸟类	鸟频指数	居留型	国家保护等级	《IUCN 红色名录》濒危等级
鹰科 Accipitridae				
黑冠鹃隼 *Aviceda leuphotes*	＋	过境鸟	II	LC
黑翅鸢 *Elanus caeruleus*	＋	留鸟	II	LC
白腹鹞 *Circus spilonotus*	＋＋	冬候鸟	II	LC
鹊鹞 *Circus melanoleucos*	＋	冬候鸟	II	LC
白肩雕 *Aquila heliaca*	＋	过境鸟	I	VU
鸡形目 Galliformes				
雉科 Phasianidae				
中华鹧鸪 *Francolinus pintadeanus*	＋	留鸟	"三有"	LC
鹤形目 Gruiformes				
秧鸡科 Rallidae				
灰胸秧鸡 *Gallirallus striatus*	＋	留鸟	"三有"	LC
白胸苦恶鸟 *Amaurornis phoenicurus*	＋＋	留鸟	"三有"	LC
鸻形目 Charadriiformrs				
反嘴鹬科 Recurvirostridae				
黑翅长脚鹬 *Himantopus himantopus*	＋＋＋	冬候鸟	"三有"	LC
燕鸻科 Glareolidae				
普通燕鸻 *Glareola maldivarum*	＋＋	冬候鸟	"三有"	LC
鸻科 Charadriidae				
金鸻 *Pluvialis fulva*	＋	冬候鸟	"三有"	LC
金眶鸻 *Charadrius dubius*	＋	留鸟	"三有"	LC
环颈鸻 *Charadrius alexandrinus*	＋＋	冬候鸟	"三有"	LC
蒙古沙鸻 *Charadrius mongolus*	＋	冬候鸟	"三有"	LC
铁嘴沙鸻 *Charadrius leschenaultii*	＋＋	冬候鸟	"三有"	LC

鸟类	鸟频指数	居留型	国家保护等级	《IUCN 红色名录》濒危等级
鹬科 Scolopacidae				
扇尾沙锥 *Gallinago gallinago*	+	冬候鸟	"三有"	LC
黑尾塍鹬 *Limosa limosa*	+	冬候鸟	"三有"	NT
斑尾塍鹬 *Limosa lapponica*	+	冬候鸟	"三有"	NT
白腰杓鹬 *Numenius arquata*	+	冬候鸟	"三有"	NT
鹤鹬 *Tringa erythropus*	++	冬候鸟	"三有"	LC
红脚鹬 *Tringa totanus*	+	冬候鸟	"三有"	LC
泽鹬 *Tringa stagnatilis*	++	冬候鸟	"三有"	LC
青脚鹬 *Tringa nebularia*	+++	冬候鸟	"三有"	LC
林鹬 *Tringa glareola*	+++	冬候鸟	"三有"	LC
翘嘴鹬 *Xenus cinereus*	+++	过境鸟	"三有"	LC
矶鹬 *Actitis hypoleucos*	+	冬候鸟	"三有"	LC
大滨鹬 *Calidris tenuirostris*	++	冬候鸟	"三有"	EN
红腹滨鹬 *Calidris canutus*	++	冬候鸟	"三有"	NT
三趾滨鹬 *Calidris alba*	+	冬候鸟	"三有"	LC
红颈滨鹬 *Calidris ruficollis*	++	冬候鸟	"三有"	NT
黑腹滨鹬 *Calidris alpina*	+++	冬候鸟	"三有"	LC
弯嘴滨鹬 *Calidris ferruginea*	++	冬候鸟	"三有"	NT
勺嘴鹬 *Eurynorhynchus pygmeus*	+	冬候鸟	"三有"	CR
鸥科 Laridae				
红嘴鸥 *Chroicocephalus ridibundus*	+	冬候鸟	"三有"	LC
黑嘴鸥 *Chroicocephalus saundersi*	+	冬候鸟	"三有"	VU
燕鸥科 Sternidae				
鸥嘴噪鸥 *Gelochelidon nilotica*	++	过境鸟	"三有"	LC

续表

鸟类	鸟频指数	居留型	国家保护等级	《IUCN 红色名录》濒危等级
红嘴巨燕鸥 *Hydroprogne caspia*	＋＋＋	冬候鸟	"三有"	LC
白额燕鸥 *Sternula albifrons*	＋	夏候鸟	"三有"	LC
灰翅燕鸥 *Chlidonias hybrida*	＋＋＋	冬候鸟	"三有"	LC
鸽形目 Columbiformes				
鸠鸽科 Columbidae				
珠颈斑鸠 *Spilopelia chinensis*	＋＋	留鸟	"三有"	LC
鹃形目 Cuculiformes				
杜鹃科 Cuculidae				
四声杜鹃 *Cuculus micropterus*	＋	夏候鸟	"三有"	LC
噪鹃 *Eudynamys scolopaceus*	＋	夏候鸟	"三有"	LC
褐翅鸦鹃 *Centropus sinensis*	＋＋	留鸟	Ⅱ	LC
小鸦鹃 *Centropus bengalensis*	＋	留鸟	Ⅱ	LC
雨燕目 Apodiformes				
雨燕科 Apodidae				
小白腰雨燕 *Apus nipalensis*	＋	留鸟	"三有"	LC
佛法僧目 Coraciiformes				
翠鸟科 Alcedinidae				
普通翠鸟 *Alcedo atthis*	＋＋	留鸟	"三有"	LC
白胸翡翠 *Halcyon smyrnensis*	＋	留鸟	"三有"	LC
斑鱼狗 *Ceryle rudis*	＋	留鸟	"三有"	LC
雀形目 Passeriformes				
燕科 Hirundinidae				
崖沙燕 *Riparia riparia*	＋＋	冬候鸟	"三有"	LC
家燕 *Hirundo rustica*	＋＋＋	夏候鸟	"三有"	LC

续表

鸟类	鸟频指数	居留型	国家保护等级	《IUCN红色名录》濒危等级
鹡鸰科 Motacillidae				
白鹡鸰 *Motacilla alba*	＋＋	留鸟	"三有"	LC
黄鹡鸰 *Motacilla flava*	＋	冬候鸟	"三有"	LC
灰鹡鸰 *Motacilla cinerea*	＋	冬候鸟	"三有"	LC
田鹨 *Anthus richardi*	＋	冬候鸟	"三有"	LC
树鹨 *Anthus hodgsoni*	＋	冬候鸟	"三有"	LC
红喉鹨 *Anthus cervinus*	＋	冬候鸟	"三有"	LC
山椒鸟科 Campephagidae				
暗灰鹃鵙 *Coracina melaschistos*	＋	过境鸟	"三有"	LC
鹎科 Pycnonotidae				
红耳鹎 *Pycnonotus jocosus*	＋	留鸟	"三有"	LC
白头鹎 *Pycnonotus sinensis*	＋＋	留鸟	"三有"	LC
白喉红臀鹎 *Pycnonotus aurigaster*	＋＋	留鸟	"三有"	LC
伯劳科 Laniidae				
红尾伯劳 *Lanius cristatus*	＋	冬候鸟	"三有"	LC
棕背伯劳 *Lanius schach*	＋＋	留鸟	"三有"	LC
卷尾科 Dicruridae				
黑卷尾 *Dicrurus macrocercus*	＋	夏候鸟	"三有"	LC
椋鸟科 Sturnidae				
八哥 *Acridotheres cristatellus*	＋＋	留鸟	"三有"	LC
黑领椋鸟 *Gracupica nigricollis*	＋＋	留鸟	"三有"	LC
灰背椋鸟 *Sturnia sinensis*	＋＋＋	冬候鸟	"三有"	LC
丝光椋鸟 *Sturnus sericeus*	＋	冬候鸟	"三有"	LC
灰椋鸟 *Sturnus cineraceus*	＋	冬候鸟	"三有"	LC

鸟类	鸟频指数	居留型	国家保护等级	《IUCN 红色名录》濒危等级
鸦科 Corvidae				
喜鹊 *Pica pica*	＋	留鸟	"三有"	LC
白颈鸦 *Corvus torquatus*	＋	留鸟	"三有"	NT
鸫科 Turdidae				
鹊鸲 *Copsychus saularis*	＋	留鸟	"三有"	LC
北红尾鸲 *Phoenicurus auroreus*	＋	冬候鸟	"三有"	LC
黑喉石䳭 *Saxicola torquata*	＋	冬候鸟	"三有"	LC
鹟科 Muscicapidae				
红喉姬鹟 *Ficedula albicilla*	＋	冬候鸟	"三有"	LC
铜蓝鹟 *Eumyias thalassinus*	＋	冬候鸟	"三有"	LC
扇尾莺科 Cisticolidae				
棕扇尾莺 *Cisticola juncidis*	＋	留鸟	"三有"	LC
黄腹山鹪莺 *Prinia flaviventris*	＋	留鸟	"三有"	LC
纯色山鹪莺 *Prinia inornata*	＋	留鸟	"三有"	LC
莺科 Cisticolidae				
长尾缝叶莺 *Orthotomus sutorius*	＋	冬候鸟	"三有"	LC
褐柳莺 *Phylloscopus fuscatus*	＋	留鸟	"三有"	LC
绣眼鸟科 Zosteropidae				
暗绿绣眼鸟 *Zosterops japonicus*	＋	留鸟	"三有"	LC
雀科 Passeridae				
麻雀 *Passer montanus*	＋	留鸟	"三有"	LC
梅花雀科 Estrildidae				
斑文鸟 *Lonchura punctulata*	＋	留鸟	"三有"	LC
鹀科 Emberizidae				
黄胸鹀 *Emberiza aureola*	＋	冬候鸟	"三有"	CR
灰头鹀 *Emberiza spodocephala*	＋	冬候鸟	"三有"	LC

注：

(1)《IUCN红色名录》濒危等级：CR,极危；VU,易危；EN,濒危；NT,近危；LC,无危

(2)国家保护等级：Ⅰ,国家一级保护鸟类；Ⅱ,国家二级保护鸟类；"三有",受国家保护的有益的或者有重要经济、科学研究价值的陆生野生动物

(3)鸟频指数：全部调查点个体数量的平均值。"＋＋＋"表示优势种（≥5只），"＋＋"表示常见种（2～4只），"＋"表示稀有种（≤1只）

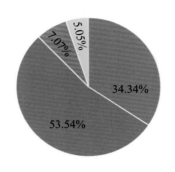

图7-1　湛江红树林鸟类的居留类型

此次调查发现的鸟类当中,国家一级保护鸟类有白肩雕1种,占1.01%；国家二级保护鸟类有黑脸琵鹭、黑冠鹃隼、黑翅鸢、白腹鹞、鹊鹞、褐翅鸦鹃、小鸦鹃7种,占7.07%（图7-2）。列入《IUCN红色名录》CR等级的有2种（勺嘴鹬和黄胸鹀）,占2.02%；列入VU等级的有2种（白肩雕、黑嘴鸥）,占2.02%；列入EN等级的有2种（黑脸琵鹭、大滨鹬）,占2.02%；列入NT等级的有7种（黑尾塍鹬、斑尾塍鹬、白腰杓鹬、红腹滨鹬、红颈滨鹬、弯嘴滨鹬、白颈鸦）,占7.07%。

7.2.2　湛江红树林鸟类生态分布

为了解鸟类的分布规律,进而了解本地区鸟类的分布与环境之间的关系,主要在9个调查点进行了调查。各调查点鸟类种类情况见图7-3、表7-2：高桥红树林保护站35种,高桥红树林东村43种,高桥红树林西村33种,雷州仙来村41种,雷州土角村48种,南渡河24种,英典村33种,覃典村25种,英良村20种。高桥是湛江红树林连片面积最大的地区,红树林生境完整,保护工作也做得很好,所以3个点的鸟类平均种数高达37种。另外,雷州附城土角村地处南渡河红树林,在咸淡水交汇处,有大片的滩涂和红树林,特别适合水鸟栖息和觅食,因此种类最多。

国家一级保护鸟类——白肩雕

国家二级保护鸟类——黑冠鹃隼

国家二级保护鸟类——白腹鹞

国家二级保护鸟类——鹊鹞

国家二级保护鸟类——褐翅鸦鹃

国家二级保护鸟类——黑翅鸢

图 7-2　湛江红树林国家级保护鸟类

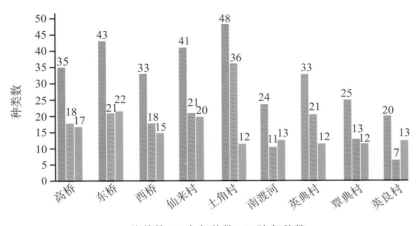

图 7-3 湛江红树林各调查点鸟类种类数

表 7-2 湛江红树林各调查点记录到的鸟类种类和数量

项目	高桥	东村	西村	仙来村	土角村	南渡河	英典村	覃典村	英良村
鸟种总数/种	35	43	33	41	48	24	33	25	20
水鸟种数/种	18	21	18	21	36	11	21	13	7
陆鸟种数/种	17	22	15	20	12	13	12	12	13
冬候鸟种数/种	12	17	11	20	29	7	11	8	6
夏候鸟种数/种	4	3	3	3	3	2	3	3	1
过境鸟种数/种	0	0	0	1	2	0	1	0	2
留鸟种数/种	20	23	19	17	14	15	18	14	11
个体总数量/只	200	362	194	769	1 993	253	208	225	43
水鸟个体数量/只	112	210	154	434	844	168	124	193	12
陆鸟个体数量/只	88	152	40	335	1 147	85	84	32	31
冬候鸟个体数量/只	58	231	85	275	836	73	84	38	11
夏候鸟个体数量/只	18	9	6	284	1 078	2	8	5	9
过境鸟个体数量/只	0	0	0	5	10	0	3	0	2
留鸟个体数量/只	124	122	103	205	69	178	113	182	21

注:"高桥"指高桥红树林保护站调查点

7.2.2.1　高桥红树林

该地区红树林的海堤东南、西南方向为典型的湿地环境,退潮时是广阔的红树林带及泥沼滩涂,涨潮时为海水所淹。红树林面积较大,红树林树上及滩涂的主要鸟类是各种鹭,一个混合群可达数十只以上。该地区鸟类群落结构特点是以水鸟为主体,池鹭和白鹭为代表种、优势种。

红树林海堤的北面有成片的鱼塘和村庄、农田、荒地,为湿地向陆地的过渡地带,小生境复杂多样,涨潮时是各种水鸟的觅食场所和栖息地,因此鸟的种类表现出生态类型多样化的特征,这也是该地区鸟类群落的主要特点。以灰背椋鸟为代表的鸣禽组成该地区数量最大的鸟类群落,往往一个混合群可达数百只以上(图 7-4);而白鹭、林鹬、黑翅长脚鹬、鹤鹬、青脚鹬为该地区鸟类群落水鸟的优势种,还有以黑翅鸢为代表的猛禽、以翠鸟为代表的攀禽、以珠颈斑鸠为代表的陆禽。这反映了生境类型与鸟类生态类型的统一。

灰背椋鸟大群活动

黑翅长脚鹬在鱼塘栖息

青脚鹬在鱼塘栖息

林鹬和鹤鹬在荒地水田栖息

图 7-4　高桥红树林主要鸟类

7.2.2.2　雷州附城红树林

该地区红树林在湛江东海岸最具代表性,东面有大片的红树林及滩涂,岸边有大片的鱼塘。另外,该地区有南渡河入海口,为咸淡水交汇之处,生物多样性较高,会吸引很多鸟类在此停留觅食或越冬,包括各种濒危受保护鸟类。此次调查分为仙来村、土角村、南渡河 3 个片区,情况如下（图 7-5）。

白腹鹞

混在家燕当中的崖沙燕（中间 2 只）

须浮鸥

铁嘴沙鸻

红嘴巨燕鸥

白斑军舰鸟

图 7-5　雷州附城红树林主要鸟类

在仙来村片区记录到 41 种鸟类，录得数量为 769 只。其中春季 22 种，秋季 29 种。值得一提的是，春季记录到 2 只非常罕见的白斑军舰鸟，滩涂有数十只有繁殖羽的铁嘴沙鸻和环颈鸻。而秋季，因岸边农田稻谷成熟，发现在《IUCN 红色名录》中保护等级为 CR 的黄胸鹀，以及国家二级保护鸟类白腹鹞和鹊鹞。

在土角村片区记录到鸟类 48 种，录得数量为 1 993 只。无论种类还是数量都在全部调查点当中居第一。此地也有很多受重点保护的鸟类,包括在《IUCN 红色名录》中保护等级为 CR 的勺嘴鹬,EN 的黑脸琵鹭和大滨鹬,VU 的黑嘴鸥,NT 的斑尾塍鹬、白腰杓鹬、红腹滨鹬和红颈滨鹬,以及国家二级保护鸟类白腹鹞、黑脸琵鹭、褐翅鸦鹃和小鸦鹃 4 种。其中,夏候鸟家燕的数量最为庞大,约有 1 000 只,混有 5 只较少见的崖沙燕;其次是冬候鸟须浮鸥 366 只,红嘴巨燕鸥 180 只。家燕、须浮鸥和红嘴巨燕鸥为此地的优势种。

南渡河片区的调查点在 X691 县道公路和南渡河交汇处,此地记录到鸟类 24 种、253 只。公路东面有一片红树林,涨潮时有数十只鹭鸟栖息在树上,优势种是白鹭,录得 1 只飞过的黑脸琵鹭。国家二级保护鸟类有黑脸琵鹭、黑翅鸢和褐翅鸦鹃。西面是南渡河淡水段,没有红树林,生境单调,因此鸟类较少。

7.2.2.3　雷州流沙港红树林

该地区红树林属于西海岸的红树林,调查点有 3 个,分别为英典村、覃典村、英良村,情况如下(图 7-6)。

英典村(北水线)西面有成片的红树林及滩涂,红树林里栖息着在当地繁殖的池鹭、白鹭,滩涂上有些越冬的鸻形目鸟类如红脚鹬。此地有列入《IUCN 红色名录》NT 等级的鸟类 2 种,分别是黑尾塍鹬(5 只)和弯嘴滨鹬(36 只)。国家二级保护鸟类有 4 种,分别是黑冠鹃隼、黑翅鸢、白腹鹞和褐翅鸦鹃。红树林的东面是红色土壤的农田及林地,有棕背伯劳、白头鹎、黑卷尾、灰背椋鸟等鸣禽林鸟。该调查点共记录到 33 种、208 只鸟类。

覃典村西南方向有成片的红树林,优势鸟种是白鹭、池鹭和夜鹭等鹭鸟,红树林东面是围基鱼塘和少量的荒地,录得中华鹧鸪的叫声。该调查点共记录到 25 种、225 只鸟类。

英良村红树林面积最小,只在南面零星分布,东北方向是村庄,生境较差,而且村庄种的多是桉树。该调查点只记录到 20 种、43 只鸟类。但在秋季录得 1 只迁徙飞过的国家一级保护鸟类——白肩雕。

《IUCN 红色名录》CR 等级——勺嘴鹬

《IUCN 红色名录》CR 等级——黄胸鹀

《IUCN 红色名录》UV 等级——黑嘴鸥

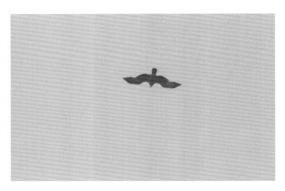

《IUCN 红色名录》UV 等级——白肩雕

《IUCN 红色名录》EN 等级——大滨鹬

《IUCN 红色名录》EN 等级——黑脸琵鹭

图 7-6　流沙港红树林主要鸟类

《IUCN 红色名录》NT 等级——黑尾塍鹬

《IUCN 红色名录》NT 等级——弯嘴滨鹬

《IUCN 红色名录》NT 等级——白腰杓鹬

《IUCN 红色名录》NT 等级——红腹滨鹬

《IUCN 红色名录》NT 等级——红颈滨鹬

鸟类优势种——白鹭

图 7-6　流沙港红树林主要鸟类（续）

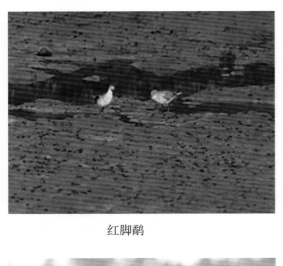

红脚鹬 　　　　　　　　　　　　　　棕背伯劳

池鹭 　　　　　　　　　　　　　　　夜鹭

图 7-6　流沙港红树林主要鸟类（续）

7.3　惠州红树林鸟类多样性调查结果

7.3.1　惠州红树林鸟类种类组成

调查期间,在惠州红树林的 3 个调查点共记录到鸟类 64 种,占广东省鸟类总种数的12.55%,分属于 13 目 30 科(表 7-3)。其中,鹈鹕目、鹱形目、雁形目、鸽形目、雨燕目和鹃形目各 1 科 1 种,鹳形目 1 科 6 种,鹤形目 1 科 2 种,隼形目 3 科 3 种,鸻形目 3 科 13 种,鹃形目 1 科5 种,佛法僧目 1 科 3 种,雀形目 14 科 26 种。可见雀形目和鸻形目的种类较多,分别占40.63%和 20.31%。

从鸟类的居留型组成看,记录到留鸟 34 种,占总种数的 53.13%;冬候鸟 24 种,占37.50%;夏候鸟 5 种,占 7.81%;过境鸟 1 种,占 1.56%(图 7-7)。对整个惠州红树林而言,优势种为白鹭和大白鹭,数量分别占 51.67%和 19.94%。

表 7-3　惠州红树林鸟类名录

鸟类	鸟频指数	居留型	国家保护等级	《IUCN 红色名录》濒危等级
䴙䴘目 Podicipediroemes				
䴙䴘科 Podicipedidae				
小䴙䴘 *Tachybaptus ruficollis*	＋＋＋	留鸟	"三有"	LC
鹈形目 Pelecaniformes				
鸬鹚科 Phalacrocoracidae				
普通鸬鹚 *Phalacrocorax carbo*	＋	冬候鸟	"三有"	LC
鹳形目 Ciconiiformes				
鹭科 Ardeidae				
苍鹭 *Ardea cinerea*	＋＋＋	冬候鸟	"三有"	LC
大白鹭 *Ardea alba*	＋＋＋	冬候鸟	"三有"	LC
白鹭 *Egretta garzetta*	＋＋＋	留鸟	"三有"	LC
池鹭 *Ardeola bacchus*	＋＋＋	留鸟	"三有"	LC
夜鹭 *Nycticorax nycticorax*	＋	留鸟	"三有"	LC
黄斑苇鳽 *Ixobrychus sinensis*	＋	夏候鸟	"三有"	LC
雁形目 Anseriformes				
鸭科 Anatidae				
赤颈鸭 *Anas penelope*	＋＋	冬候鸟	"三有"	LC
隼形目 Falconiformes				
鹗科 Pandionidae				
鹗 *Pandion haliaetus*	＋	冬候鸟	Ⅱ	LC
鹰科 Accipitridae				
黑翅鸢 *Elanus caeruleus*	＋	留鸟	Ⅱ	LC
隼科 Falconidae				
红隼 *Falco tinnunculus*	＋	留鸟	Ⅱ	LC

续表

鸟类	鸟频指数	居留型	国家保护等级	《IUCN 红色名录》濒危等级
鹤形目 Gruifromes				
秧鸡科 Rallidae				
白胸苦恶鸟 *Amaurornis phoenicurus*	+	留鸟	"三有"	LC
黑水鸡 *Gallinula chloropus*	+ +	留鸟	"三有"	LC
鸻形目 Charasriifrmes				
反嘴鹬科 Recurvirostridae				
黑翅长脚鹬 *Himantopus himantopus*	+ +	冬候鸟	"三有"	LC
鸻科 Charadriidae				
金眶鸻 *Charadrius dubius*	+	留鸟	"三有"	LC
环颈鸻 *Charadrius alexandrinus*	+	冬候鸟	"三有"	LC
铁嘴沙鸻 *Charadrius leschenaultii*	+	冬候鸟	"三有"	LC
鹬科 Scolopacidae				
扇尾沙锥 *Gallinago gallinago*	+	冬候鸟	"三有"	LC
中杓鹬 *Numenius phaeopus*	+	过境鸟	"三有"	LC
红脚鹬 *Tringa totanus*	+	冬候鸟	"三有"	LC
泽鹬 *Tringa stagnatilis*	+	冬候鸟	"三有"	LC
青脚鹬 *Tringa nebularia*	+	冬候鸟	"三有"	LC
林鹬 *Tringa glareola*	+	冬候鸟	"三有"	LC
矶鹬 *Actitis hypoleucos*	+	冬候鸟	"三有"	LC
红颈滨鹬 *Calidris ruficollis*	+	冬候鸟	"三有"	NT
黑腹滨鹬 *Calidris alpina*	+ + +	冬候鸟	"三有"	LC
鸽形目 Columbiformes				
鸠鸽科 Columbidae				
珠颈斑鸠 *Spilopelia chinensis*	+ +	留鸟	"三有"	LC

鸟类	鸟频指数	居留型	国家保护等级	《IUCN 红色名录》濒危等级
鹃形目 Cuculiformes				
杜鹃科 Cuculidae				
四声杜鹃 *Cuculus micropterus*	＋	夏候鸟	"三有"	LC
八声杜鹃 *Cacomantis merulinus*	＋	夏候鸟	"三有"	LC
噪鹃 *Eudynamys scolopaceus*	＋＋	夏候鸟	"三有"	LC
褐翅鸦鹃 *Centropus sinensis*	＋	留鸟	II	
小鸦鹃 *Centropus bengalensis*	＋	留鸟	II	
雨燕目 Apodiformes				
雨燕科 Apodidae				
小白腰雨燕 *Apus nipalensis*	＋＋	留鸟	"三有"	LC
佛法僧目 Coraciiformes				
翠鸟科 Alcedinidae				
普通翠鸟 *Alcedo atthis*	＋＋	留鸟	"三有"	LC
白胸翡翠 *Halcyon smyrnensis*	＋	留鸟	"三有"	LC
斑鱼狗 *Ceryle rudis*	＋	留鸟	"三有"	LC
䴕形目 Piciformes				
啄木鸟科 Picidae				
蚁䴕 *Jynx torquilla*	＋	冬候鸟	"三有"	LC
雀形目 Passreiformes				
燕科 Hirundinidae				
家燕 *Hirundo rustica*	＋＋	夏候鸟	"三有"	LC
金腰燕 *Cecropis daurica*	＋＋	冬候鸟	"三有"	LC
鹡鸰科 Motacillidae				
白鹡鸰 *Motacilla alba*	＋＋	留鸟	"三有"	LC

鸟类	鸟频指数	居留型	国家保护等级	《IUCN 红色名录》濒危等级
田鹨 *Anthus richardi*	+	冬候鸟	"三有"	LC
鹎科 Pycnonotidae				
红耳鹎 *Pycnonotus jocosus*	++	留鸟	"三有"	LC
白头鹎 *Pycnonotus sinensis*	+++	留鸟	"三有"	LC
白喉红臀鹎 *Pycnonotus aurigaster*	+	留鸟	"三有"	LC
伯劳科 Laniidae				
红尾伯劳 *Lanius cristatus*	+	冬候鸟	"三有"	LC
棕背伯劳 *Lanius schach*	++	留鸟	"三有"	LC
椋鸟科 Sturnidae				
八哥 *Acridotheres cristatellus*	+++	留鸟	"三有"	LC
黑领椋鸟 *Gracupica nigricollis*	++	留鸟	"三有"	LC
灰背椋鸟 *Sturnia sinensis*	++	冬候鸟	"三有"	LC
丝光椋鸟 *Sturnia sericeus*	++	冬候鸟	"三有"	LC
鸦科 Corvidae				
喜鹊 *Pica pica*	+	留鸟	"三有"	LC
鸫科 Turdidae				
鹊鸲 *Copsychus saularis*	++	留鸟	"三有"	LC
北红尾鸲 *Phoenicurus auroreus*	++	冬候鸟	"三有"	LC
乌鸫 *Turdus merula*	+	留鸟	"三有"	LC
画眉科 Timaliidae				
黑脸噪鹛 *Garrulax perspicillatus*	++	留鸟	"三有"	LC
扇尾莺科 Cisticolidae				
黄腹山鹪莺 *Prinia flaviventris*	+	留鸟	"三有"	LC
纯色山鹪莺 *Prinia inornata*	+	留鸟	"三有"	LC

鸟类	鸟频指数	居留型	国家保护 等级	《IUCN 红色 名录》濒危等级
莺科 Sylviidae				
长尾缝叶莺 *Orthotomus sutorius*	＋＋	留鸟	"三有"	LC
褐柳莺 *Phylloscopus fuscatus*	＋＋	冬候鸟	"三有"	LC
绣眼鸟科 Zosteropidae				
暗绿绣眼鸟 *Zosterops japonicus*	＋＋	留鸟	"三有"	LC
雀科 Passeridae				
麻雀 *Passer montanus*	＋＋	留鸟	"三有"	LC
梅花雀科 Estrildidae				
斑文鸟 *Lonchura punctulata*	＋＋＋	留鸟	"三有"	LC
燕雀科 Fringillidae				
金翅雀 *Chloris sinica*	＋	留鸟	"三有"	LC

注：

(1)《IUCN 红色名录》濒危等级：NT,近危；LC,无危

(2)国家保护等级：Ⅱ,国家二级保护鸟类

(3)鸟频指数：全部调查点个体数量的平均值。"＋＋＋"表示优势种(≥5 只)，"＋＋"表示常见种 (2～4 只)，"＋"表示稀有种(≤1 只)

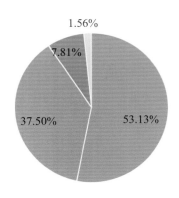

图 7-7　惠州红树林鸟类的居留型组成

　　此次调查的鸟类当中,列入国家二级保护鸟类的有鹗、黑翅鸢、红隼、褐翅鸦鹃和小鸦鹃 5 种(图 7-8),占 7.81%。《IUCN 红色名录》保护等级为 NT 的有红颈滨鹬,占 1.56%。

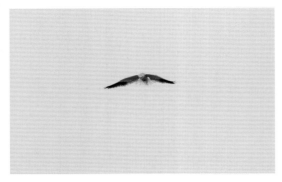

黑翅鸢 　　　　　　　　　　　　　　　鹗

褐翅鸦鹃

小鸦鹃 　　　　　　　　　　　　　　　红隼

图7-8　惠州红树林国家二级保护鸟类

7.3.2　惠州红树林鸟类生态分布

为了解鸟类的分布规律，进而了解本地区鸟类的分布与环境之间的关系，主要在蟹洲村、好招楼村、白沙村进行了调查。各调查点鸟类种类情况见图7-9、图7-10：蟹洲村51种；好招楼村47种；白沙村28种。蟹洲村和好招楼村红树林面积较大，红树林生境完整，保护工作也做得很好,所以这里的鸟类种类数比其他地区的多。

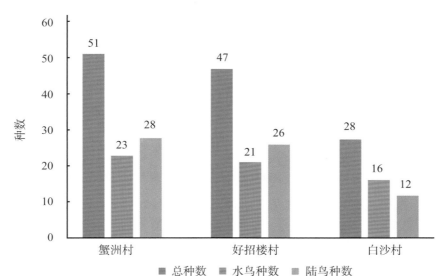

图 7-9　惠州红树林各调查点记录到的鸟类种数

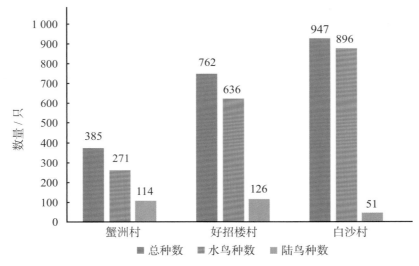

图 7-10　惠州红树林各调查点记录到的鸟类数量

7.3.2.1　蟹洲村红树林

蟹洲村红树林为典型的湿地环境,该地退潮时现出红树林带及泥沼滩涂,涨潮时为海水所淹(图 7-11)。红树林面积不大,红树林树上及滩涂的主要鸟类是各种鹭类,一个混合群可达数十只以上。该地鸟类群落结构特点是以水鸟为主体,白鹭、大白鹭和黑腹滨鹬为涉禽代表,游禽有小䴙䴘和赤颈鸭。

从表 7-4 可看出,蟹洲村红树林秋季鸟的种类比春季的少了 17.5%,其主要原因是留鸟种类遇见率明显降低以及夏候鸟离开;但秋季鸟的数量比春季增加了 56.67%,主要是因为冬候水鸟的种类和数量明显增加,新增了涉禽黑腹滨鹬、红颈滨鹬、铁嘴沙鸻和苍鹭,以及游禽赤颈鸭(图 7-12)。

图 7-11　蟹洲村红树林

表 7-4　惠州红树林春、秋季节各调查点记录到的鸟类种数和个体数量

项目	蟹洲村		好招楼村		白沙村	
	春季	秋季	春季	秋季	春季	秋季
鸟种总数/种	40	33	40	30	13	22
水鸟种数/种	16	16	17	15	5	17
陆鸟种数/种	24	17	23	15	8	5
冬候鸟种数/种	8	16	12	10	1	10
夏候鸟种数/种	4	1	4	2	2	1
过境鸟种数/种	0	0	0	0	0	0
留鸟种数/种	28	16	24	18	10	10
个体总数量/只	150	235	174	488	808	67
水鸟个体数量/只	93	178	192	444	861	35
陆鸟个体数量/只	57	57	82	44	19	32
冬候鸟个体数量/只	16	110	67	131	250	21
夏候鸟个体数量/只	13	3	14	4	6	4
过境鸟个体数量/只	0	0	0	0	0	2
留鸟个体数量/只	121	122	193	353	624	40

　　蟹洲村红树林的北面有成片的鱼塘和村庄农田，为湿地向陆地的过渡地带，小生境复杂多样，有以鹊鸲、棕背伯劳、白头鹎、灰背椋鸟为代表的鸣禽（图 7-13），以池鹭为代表的涉禽，以黑翅鸢和红隼为代表的猛禽，以普通翠鸟和蚁䴕为代表的攀禽（图 7-14），还有以珠颈斑鸠为代表的陆禽。

黑腹滨鹬 铁嘴沙鸻

红颈滨鹬 赤颈鸭

图 7-12   蟹洲村红树林主要涉禽和游禽

白头鹎 灰背椋鸟

图 7-13   蟹洲村红树林主要鸣禽

普通翠鸟 蚁䴕

图 7-14   蟹洲村红树林主要攀禽

7.3.2.2 好招楼村红树林

好招楼村红树林面积较大且分布狭长，在惠州最具代表性。东面有大片的红树林及滩涂，西边有不少的鱼塘和农田（图7-15）。涉禽有白鹭、大白鹭、苍鹭、青脚鹬等，鸣禽有白头鹎、白喉红臀鹎、棕背伯劳和北红尾鸲等，攀禽有白胸翡翠和普通翠鸟，鹗为猛禽代表，普通鸬鹚为游禽代表（图7-16）。

从表7-4可看出，好招楼村秋季鸟的种类与春季相比下降了25.0%，其主要原因是留鸟种类遇见率明显降低以及夏候鸟离开；但秋季鸟的数量比春季增加了56.67%，主要是因为水鸟白鹭和冬候鸟特别是大白鹭和苍鹭的数量明显增加，游禽增加了普通鸬鹚。

图7-15 好招楼村红树林生境

北红尾鸲   普通鸬鹚

图7-16 好招楼村红树林主要鸟类

7.3.2.3 白沙村红树林

白沙村红树林面积较小，鸟的种类也相对少，春季大量鹭鸟在树上栖息和繁殖，但秋季鹭鸟数量明显少了很多。然而秋季的鸟类种类数却比春季增加了69%，主要原因是增加了9种冬候鸟，如红脚鹬、泽鹬、青脚鹬、红颈滨鹬、黑腹滨鹬、环颈鸻、苍鹭等水鸟（图7-17）。

黑水鸡

黑腹滨鹬

中杓鹬和红脚鹬

大白鹭

泽鹬

图 7-17　白沙村红树林主要鸟类

7.4　讨论

7.4.1　湛江红树林鸟类多样性特征

7.4.1.1　鸟类种类和数量的季节变化

高桥红树林片区春季鸟的种类和数量与秋季相比均较多,原因如下:春季半干的鱼塘较多,且有多水草的荒地为各种水鸟提供栖息和觅食场所;而秋季草地干旱,水鸟的种类明显减少。春季,以杜鹃为代表的夏候鸟已至;秋季,这些鸟类离开。春季,本地留鸟进入繁殖期,求偶、筑巢等行为活跃,鸟的遇见率较高;秋季,本地的鸟有个别种类如白头鹎和白鹭部分迁徙到海南岛或其他地区,因此鸟类的种类和数量也有所减少。

雷州附城红树林片区秋季鸟的种类和数量与春季相比均较多,原因如下:附城在雷州半岛东海岸,地处东亚-澳大利亚候鸟迁徙路线,每年秋季都有大量的候鸟从北向南飞经此地,鸟的种类和数量明显增加。以土角村为例,秋季鸟的种类数比春季增加了85.71%,鸟的总数量有所减少,这是因为春季上千只的家燕(夏候鸟)"大部队"已经离开,但冬候鸟的数量增加了2.3倍。

流沙港片区,秋季英典村和覃典村的鸟类种类数比春季有所减少,但是英良村的鸟类种类数反而增加了1.67倍,主要是由于水鸟和猛禽的增加。特别值得注意的是,流沙港片区秋季猛禽陆续增多,原因是猛禽除了有自北向南迁徙的路线,还有从东海岸向西海岸迁徙的路线。

总体来看,湛江红树林位于东亚-澳大利亚候鸟迁徙路线上,鸟类的种类和数量随着季节的变化而波动。春秋两季,共记录到留鸟24种(占34.34%),个体数量占记录个体总数量的26.31%;冬候鸟53种(占39.80%),个体数量占记录个体总数量的39.80%;夏候鸟7种(占7.07%),个体数量占记录个体总数量的33.42%;过境鸟5种(占5.05%),个体数量占记录个体总数量的0.47%。

在记录的99种鸟中,春季有66种,而秋季有84种,可见湛江红树林鸟类的数量具有明显的季节变化。

7.4.1.2　鸟类的栖息环境

99种鸟中,水鸟57种,占鸟类种类数的57.58%,占鸟类总数量的53.04%;陆生鸟类42种,占鸟类种类数的42.42%,占鸟类总数量的46.96%。可见湛江红树林鸟类是以水鸟种类为主。记录到的候鸟种类和数量均较高,说明湛江红树林为候鸟提供了理想的栖息环境,也反映了该区域是东亚候鸟迁徙路线上的重要节点之一。

7.4.1.3　鸟类的分布密度

附城土角村的鸟类,无论是种类还是数量都是最多的。种类有46种,占总种类数的

46.46%;数量录得 1 991 只,占鸟类总数量的 46.89%。这与该调查点的生境密切相关。附城的红树林面积较大,有红树林带、滩涂、鱼塘及荒地树林,生境多样化;同时,南渡河流经此地,咸淡水交界处既能为喜欢淡水的鸟类提供食物,也吸引了大量喜欢咸水的鸟类。此地为众多候鸟提供了栖息和觅食的场所,因此鸟的种类和数量较多。

除了生境因素外,红树林面积也是影响红树林鸟类多样性的重要因素之一。大量研究结果表明,红树林鸟类多样性与红树林面积呈正相关。本研究结果显示,湛江红树林鸟类的物种数、多样性与各调查点红树林面积呈显著正相关。较大面积的红树林和更多样化的生境中,鸟类物种数更多。

7.4.1.4　鸟类的遇见率

各个调查点遇见唯一记录的鸟类有土角村的斑嘴鸭、绿翅鸭、普通燕鸻、斑尾塍鹬、白腰杓鹬、翘嘴鹬、大滨鹬、红腹滨鹬、三趾滨鹬、红颈滨鹬、黑腹滨鹬、勺嘴鹬、黑嘴鸥、崖沙燕、金鸻;仙来村的白斑军舰鸟、鹊鹞、北红尾鸲、红喉姬鹟、黄胸鹀;英典村的黑冠鹃隼、黑尾塍鹬、弯嘴滨鹬、灰椋鸟;南渡河的白颈鸦;覃典村的丝光椋鸟;英良村的白肩雕、暗灰鹃鵙、红尾伯劳、铜蓝鹟;高桥西村的灰胸秧鸡;高桥东村的小白腰雨燕、树鹨、喜鹊、斑文鸟、灰头鸦、喜鹊;高桥红树林保护站的针尾鸭、麻雀。值得一提的是,最为罕见的鸟是仙来村的白斑军舰鸟,它属于海鸟,一般要坐船到远海才有机会遇到,有时受台风的影响会来到内陆。4 月份调查时,在没有台风出现的情况下,该鸟出现在雷州仙来村红树林岸边,可推测该鸟为罕见的夏候鸟。英良村的白肩雕为国家一级保护鸟类,土角村的勺嘴鹬和仙来村的黄胸鹀被 IUCN 列为极危物种。

7.4.1.5　鸟类的受保护程度

土角村有 8 种被列入《IUCN 红色名录》,分别为 CR 等级的勺嘴鹬 1 种,EN 等级的黑脸琵鹭和大滨鹬 2 种,UV 等级的黑嘴鸥 1 种,NT 等级的斑尾塍鹬、白腰杓鹬、红腹滨鹬和红颈滨鹬 4 种。国家二级保护鸟类有 5 种,分别是白腹鹞、黑脸琵鹭、黑翅鸢、褐翅鸦鹃和小鸦鹃。

南渡河有 2 种被列入《IUCN 红色名录》,分别是 EN 等级的黑脸琵鹭和 NT 等级的白颈鸦。国家二级保护鸟类有 3 种,分别是黑脸琵鹭、黑翅鸢、褐翅鸦鹃。

仙来村被列入《IUCN 红色名录》CR 等级的有 1 种——黄胸鹀。国家二级保护鸟类有 5 种,分别是白腹鹞、鹊鹞、黑翅鸢、褐翅鸦鹃和小鸦鹃。

英典村被列入《IUCN 红色名录》NT 等级的有 2 种——黑尾塍鹬和弯嘴滨鹬。国家二级保护鸟类有 5 种,分别是黑冠鹃隼、白腹鹞、黑翅鸢和褐翅鸦鹃。

覃典村有国家二级保护鸟类 1 种——褐翅鸦鹃。

英良村被列入《IUCN 红色名录》VU 等级的有 1 种——白肩雕。白肩雕也是国家一级保护鸟类。

高桥东村和西村分别有国家二级保护鸟类 2 种——黑翅鸢和褐翅鸦鹃。

高桥红树林保护站有国家二级保护鸟类 1 种——褐翅鸦鹃。

7.4.2 惠州红树林鸟类多样性特征

从表 7-4 可看出:蟹洲村和好招楼村红树林的鸟类种类秋季有所减少,但鸟的数量增加了;相反,白沙村的鸟类种类增加了 9 种,但鸟的数量减少了 92%。

本次调查在惠州红树林共记录到 64 种鸟。其中,留鸟 34 种(占 53.13%),个体数量占记录个体总数量的 67.87%;冬候鸟 24 种(占 37.50%),个体数量占记录个体总数量的 29.84%;夏候鸟 5 种(占 7.81%),个体数量占记录个体总数量的 2.20%;过境鸟 1 种(占 1.56%),个体数量占记录个体总数量的 0.10%。从鸟的栖息环境来看,水鸟 29 种,占鸟类种数的 45.31%,占鸟类总数量的 85.56%;陆生鸟类 35 种,占鸟类种数的 54.69%,占鸟类总数量的 14.44%。可见惠州红树林湿地的鸟类以水鸟为主,留鸟种类居多,说明惠州红树林为本地鸟类繁殖提供了理想的栖息环境。鸟类的种类和数量随着季节的变化而波动。春、秋两季共记录到 24 种冬候鸟、5 种夏候鸟和 1 种过境鸟,反映出该区域是东亚候鸟迁徙路线上的重要节点之一。

从图 7-10 可以看出白沙村的鸟类数量最多,占鸟类总数量的 45.22%,主要是鹭鸟的数量占优势。从图 7-9 可知,鸟类种类最多的是蟹洲村(51 种),其次是好招楼村(47 种),种类较少的是白沙村(28 种)。这与 3 个调查点的生境密切相关。白沙村红树林的面积最小,鸟的种类从春季的 13 种增加至秋季的 22 种,主要是冬候水鸟的种类增加,可见这里也是候鸟迁徙路线上的重要节点之一。但秋季白沙村鸟的数量却比春季明显下降,可能由于这里是鹭鸟的主要繁殖地,春季鹭鸟繁殖后离巢,秋季飞到红树林面积更大、食物更丰富的好招楼村红树林越冬。好招楼村和蟹洲村红树林面积较大,有红树林带、滩涂、鱼塘及荒地树林,生境多样化,为各种候鸟提供了栖息和觅食的场所,因此秋季鸟的数量较多。

7.4.3 红树林鸟类多样性存在的问题及对策

虽然近两年湛江红树林鸟类的监测数据显示鸟类的数量及种类均呈上升趋势,但是存在的一些问题依然不容忽视,主要表现在以下两个方面。

第一,栖息地不断减少。据资料记载,1956 年湛江沿海红树林面积 14 027 hm²,2001 年广东省红树林资源清查显示湛江红树林面积仅为 7 242 hm²,红树林损失面积达 6 785 hm²。大力发展沿海养殖业是促进当地经济发展、提高群众收入的重要途径之一。1993 年湛江全市海水养殖面积 23 673 hm²,但 2000 年则上升到了 41 581 hm²。不合理的滩涂开发是红树林面积不断减少的主要原因,这直接导致鸟类栖息地日益减少,也是湛江红树林鸟类面临的最大威胁。

第二,人为活动影响。采集并贩卖红树林附近滩涂中可以食用的贝类等海产品(被当地人俗称为"采海",见图 7-18)是当地群众主要经济来源之一。很多当地妇女会利用退潮时间在滩涂"采海",而滩涂也是鸟类觅食的重要场所。滩涂上频繁的人为活动必然会在一定程度上影响鸟类的正常觅食。另外,部分区域仍有张网捕鸟的现象。

图 7-18　人类活动影响鸟类生存

　　针对以上两方面的威胁，应制定相关的保护对策，维持广东红树林鸟类多样性和群落结构的稳定。

　　第一，红树林生境的保护修复。红树林及沿海滩涂的保护对于鸟类保护工作至关重要。沿海滩涂未经科学规划的开发利用、红树林的被毁及频繁的人为干扰都对鸟类活动有直接影响。红树林保护区应与海洋、国土等部门加强合作，对沿海养殖业、滩涂的开发进行科学合理的规划，尽量避免不合理开发利用对沿海生态系统造成的影响。

　　针对红树林保护区广泛存在养殖池塘的现状，要逐步让这些池塘退出，将部分养殖池塘恢复为红树林（种植本地红树物种），还部分池塘以自然状态，为鸟类提供更多样的栖息和觅食生境。也可以根据鸟类资源的分布情况在保护区内再划定鸟类保护小区，限制人员进出，进行科学管理，为鸟类营造良好的栖息环境。

　　第二，加强宣传，扩大对外合作。我国广大地区都有吃野味的习俗，鸟类是民众野味的重要来源。很多沿海群众对红树林湿地、鸟类的认识不足，大量鸟类被捕捉食用。积极开展教育活动，宣传野生动物保护知识，让公众了解湛江和惠州鸟类资源及保护现状，是十分必要的。建议政府有关部门与湛江和惠州爱鸟协会以及学校合作宣传。另外，很多国内外保护区的鸟类保护工作已经取得了进展，对于如何进行科学管理、保护鸟类都摸索出了自己的宝贵经验。通过扩大与其他保护区的交流，将他们的经验引进来，结合自身实际情况，发展出一套适合自己的管理方法，努力使湛江和惠州红树林成为候鸟迁徙途中一个重要的"加油站"。

参考文献

官蕾. 长江中下游安庆沿江湖泊湿地夏季鸟类多样性调查[J]. 湖泊科学，2013，25（6）：872-882.

华南濒危动物研究所. 广东鸟类彩色图鉴[M]. 广州：广东科技出版社. 1991.

罗子君，周立志，顾长明. 阜阳市重要湿地夏季鸟类多样性研究[J]. 生态科学，2012，31（5）：530-537.

马嘉慧，刘阳，雷进宇. 鸟类调查方法实用手册[M]. 香港：香港观鸟会有限公司. 2006.

曲利明. 中国鸟类图鉴[M]. 福州：海峡出版发行集团海峡书局. 2013.

张苇，邹发生，戴名扬. 广东湛江红树林国家级自然保护区湿地鸟类资源现状及保护对策[J]. 野生动物杂志，2007，28（2）：40-42.

郑光美. 中国鸟类分类与分布名录（第二版）[M]. 北京：科学出版社. 2011.

Craig R J，Beal K G. The influence of habitat variables on marsh bird communities of the Connecticut River Estuary[J]. The Wilson Bulletin，1992，104（2）：295-311.

Mackinnon J，Phillipps K，何芬奇. 中国鸟类野外手册[M]. 长沙：湖南科学技术出版社. 2000.

附录 7　　　　广东红树林鸟类调查名录

鸟类	湛江		惠州	
	春季	秋季	春季	秋季
䴙䴘目 Podicipediformes				
䴙䴘科 Podicipedidae				
小䴙䴘属 *Tachybaptus*				
小䴙䴘 *Tachybaptus ruficollis*	+	+	+	
鹈形目 Pelecaniformes				
鸬鹚科 Phalacrocoracidae				
鸬鹚属 *Phalacrocorax*				
普通鸬鹚 *Phalacrocorax carbo*			+	
军舰鸟科 Fregatidae				
军舰鸟属 *Fregata*				
白斑军舰鸟 *Fregata ariel*	+			
鹭科 Ardeidae				
鹭属 *Ardea*				
苍鹭 *Ardea cinerea*	+		+	
大白鹭 *Ardea alba*	+	+	+	
白鹭属 *Egretta*				
中白鹭 *Egretta intermedia*	+		+	
白鹭 *Egretta garzetta*	+	+	+	
牛背鹭属 *Bubulcus*				
牛背鹭 *Bubulcus coromandus*	+	+	+	
池鹭属 *Ardeola*				
池鹭 *Ardeola bacchus*	+	+	+	
夜鹭属 *Nycticorax*				
夜鹭 *Nycticorax nycticorax*	+	+	+	

鸟类	湛江		惠州	
	春季	秋季	春季	秋季
苇鳽属 *Ixobrychus*				
黄斑苇鳽 *Ixobrychus sinensis*	+	+	+	
鹮科 Threskiornithidae				
琵鹭属 *Platalea*				
黑脸琵鹭 *Platalea minor*	+			
雁形目 Anseriformes				
鸭科 Anatidae				
鸭属 *Anas*				
赤颈鸭 *Anas penelope*			+	
绿翅鸭 *Anas crecca*	+			
斑嘴鸭 *Anas zonorhyncha*	+			
针尾鸭 *Anas acuta*		+		
隼形目 Falconiformes				
鹗科 Pandionidae				
鹗属 *Pandion*				
鹗 *Pandion haliaetus*		+	+	
鹰科 Accipitridae				
鹃隼属 *Aviceda*				
黑冠鹃隼 *Aviceda leuphotes*	+			
黑翅鸢属 *Elanus*				
黑翅鸢 *Elanus caeruleus*	+	+	+	
鹞属 *Circus*				
白腹鹞 *Circus spilonotus*	+			
鹊鹞 *Circus melanoleucos*	+			

续表

鸟类	湛江		惠州	
	春季	秋季	春季	秋季
雕属 *Aquila*				
白肩雕 *Aquila heliaca*	+			
隼属 *Falco*				
红隼 *Falco tinnunculus*				+
鸡形目 Gallifromes				
雉科 Phasianidae				
鹧鸪属 *Francolinus*				
中华鹧鸪 *Francolinus pintadeanus*	+	+		
鹤形目 Gruiformes				
秧鸡科 Rallidae				
纹秧鸡属 *Gallirallus*				
灰胸秧鸡 *Gallirallus striatus*	+	+		
苦恶鸟属 *Amaurornis*				
白胸苦恶鸟 *Amaurornis phoenicurus*	+	+	+	
黑水鸡属 *Gallinula*				
黑水鸡 *Gallinula chloropus*			+	+
鸻形目 Charadriifromes				
反嘴鹬科 Recurvirostridae				
长脚鹬属 *Himantopus*				
黑翅长脚鹬 *Himantopus himantopus*	+	+	+	
燕鸻科 Glareolidae				
燕鸻属 *Glareola*				
普通燕鸻 *Glareola maldivarum*		+		
鸻科 Charadriidae				

续表

鸟类	湛江		惠州	
	春季	秋季	春季	秋季
金鸻属 *Pluvialis*				
金鸻 *Pluvialis fulva*		+		
鸻属 *Charadrius*				
金眶鸻 *Charadrius dubius*	+	+	+	
环颈鸻 *Charadrius alexandrinus*	+	+		+
蒙古沙鸻 *Charadrius mongolus*	+			
铁嘴沙鸻 *Charadrius leschenaultii*	+		+	
鹬科 Scolopacidae				
沙锥属 *Gallinago*				
扇尾沙锥 *Gallinago gallinago*		+	+	+
塍鹬属 *Limosa*				
黑尾塍鹬 *Limosa limosa*		+		
斑尾塍鹬 *Limosa lapponica*	+			
杓鹬属 *Numenius*				
中杓鹬 *Numenius phaeopus*				+
白腰杓鹬 *Numenius arquata*		+		
鹬属 *Tringa*				
鹤鹬 *Tringa erythropus*		+		
红脚鹬 *Tringa totanus*	+	+	+	+
泽鹬 *Tringa stagnatilis*	+		+	
青脚鹬 *Tringa nebularia*	+	+	+	
林鹬 *Tringa glareola*	+	+	+	
翘嘴鹬属 *Xenus*				
翘嘴鹬 *Xenus cinereus*	+	+	+	

鸟类	湛江		惠州	
	春季	秋季	春季	秋季
矶鹬 *Actitis hypoleucos*	+	+	+	
滨鹬属 *Calidris*				
大滨鹬 *Calidris tenuirostris*		+		
红腹滨鹬 *Calidris canutus*	+			
三趾滨鹬 *Calidris alba*		+		
红颈滨鹬 *Calidris ruficollis*		+		+
黑腹滨鹬 *Calidris alpina*		+		
弯嘴滨鹬 *Calidris ferruginea*		+		
勺嘴鹬属 *Eurynorhynchus*				
勺嘴鹬 *Eurynorhynchus pygmeus*		+		
鸥科 Laridae				
鸥属 *Chroicocephalus*				
红嘴鸥 *Chroicocephalus ridibundus*	+			
黑嘴鸥 *Chroicocephalus saundersi*	+			
燕鸥科 Sternidae				
噪鸥属 *Gelochelidon*				
鸥嘴噪鸥 *Gelochelidon nilotica*	+			
巨鸥属 *Hydroprogne*				
红嘴巨鸥 *Hydroprogne caspia*	+	+		
小燕鸥属 *Sternula*				
白额燕鸥 *Sternula albifrons*	+			
浮鸥属 *Chlidonias*				
须浮鸥 *Chlidonias hybrida*	+			
鸽形目 Columbifromes				

鸟类	湛江		惠州	
	春季	秋季	春季	秋季
鸠鸽科 Columbidae				
斑鸠属 *Spilopelia*				
珠颈斑鸠 *Spilopelia chinensis*	＋	＋	＋	
鹃形目 Cuculiformes				
杜鹃科 Cuculidae				
杜鹃属 *Cuculus*				
四声杜鹃 *Cuculus micropterus*	＋		＋	
八声杜鹃 *Cacomantis merulinus*			＋	
噪鹃属 *Eudynamys*				
噪鹃 *Eudynamys scolopaceus*	＋		＋	
鸦鹃属 *Centropus*				
褐翅鸦鹃 *Centropus sinensis*	＋	＋	＋	＋
小鸦鹃 *Centropus bengalensis*	＋	＋		
雨燕目 Apodiformes				
雨燕科 Apodidae				
雨燕属 *Apus*				
小白腰雨燕 *Apus nipalensis*		＋	＋	＋
佛法僧目 Coraciiformes				
翠鸟科 Alcedinidae				
翠鸟属 *Alcedo*				
普通翠鸟 *Alcedo atthis*	＋	＋	＋	＋
翡翠属 *Halcyon*				
白胸翡翠 *Halcyon smyrnensis*	＋	＋	＋	
鱼狗属 *Ceryle*				

续表

鸟类	湛江		惠州	
	春季	秋季	春季	秋季
斑鱼狗 *Ceryle rudis*	+	+		
鴷形目 Picifromes				
啄木鸟科 Picidae				
蚁䴕属 *Jynx*				
蚁䴕 *Jynx torquilla*				+
雀形目 Passeriformes				
燕科 Hirundinidae				
沙燕属 *Riparia riparia*				
崖沙燕 *Riparia riparia*	+	+		
燕属 *Hirundo*				
家燕 *Hirundo rustica*	+	+	+	
斑燕属 *Cecropis*				
金腰燕 *Cecropis daurica*			+	
鹡鸰科 Motacillidae				
鹡鸰属 *Motacilla*				
白鹡鸰 *Motacilla alba*	+	+	+	+
西黄鹡鸰 *Motacilla flava*	+	+		
灰鹡鸰 *Motacilla cinerea*	+			
鹨属 *Anthus*				
理氏鹨 *Anthus richardi*	+	+		
树鹨 *Anthus hodgsoni*	+			
红喉鹨 *Anthus cervinus*	+	+		
山椒鸟科 Campephagidae				
鸦鹃鵙属 *Coracina*				

鸟类	湛江		惠州	
	春季	秋季	春季	秋季
暗灰鹃鵙 *Coracina melaschistos*		+		
鹎科 Pycnonotidae				
鹎属 *Pycnonotus*				
红耳鹎 *Pycnonotus jocosus*	+	+	+	
白头鹎 *Pycnonotus sinensis*	+	+	+	+
白喉红臀鹎 *Pycnonotus aurigaster*	+	+	+	
伯劳科 Laniidae				
伯劳属 *Lanius*				
红尾伯劳 *Lanius cristatus*	+	+		
棕背伯劳 *Lanius schach*	+	+	+	
卷尾科 Dicruridae				
卷尾属 *Dicrurus*				
黑卷尾 *Dicrurus macrocercus*	+			
椋鸟科 Sturnidae				
八哥属 *Acridotheres*				
八哥 *Acridotheres cristatellus*	+	+	+	
斑椋鸟属 *Gracupica*				
黑领椋鸟 *Gracupica nigricollis*	+	+	+	
亚洲椋鸟属 *Sturnia*				
灰背椋鸟 *Sturnia sinensis*	+	+	+	
丝光椋鸟 *Sturnus sericeus*	+	+		+
灰椋鸟 *Sturnus cineraceus*	+			
鸦科 Corvidae				
鹊属 *Pica*				

续表

鸟类	湛江		惠州	
	春季	秋季	春季	秋季
喜鹊 *Pica pica*		+		
鸦属 *Corvus*				
白颈鸦 *Corvus torquatus*	+			
鸫科 Turdidae				
鸫属 *Turdus*				
乌鸫 *Turdus merula mandarinus*			+	
鹟科 Muscicapidae				
鹊鸲属 *Copsychus*				
鹊鸲 *Copsychus saularis*	+	+	+	
红尾鸲属 *Phoenicurus*				
北红尾鸲 *Phoenicurus auroreus*		+		+
石鵙属 *Saxicola*				
黑喉石鵙 *Saxicola torquata*	+	+		
姬鹟属 *Ficedula*				
红喉姬鹟 *Ficedula albicilla*	+			
铜蓝仙鹟属 *Eumyias*				
铜蓝鹟 *Eumyias thalassinus*	+			
噪鹛科 Leiothrichidea				
噪鹛属 *Garrulax*				
黑脸噪鹛 *Garrulax perspicillatus*			+	+
扇尾莺科 Cisticolidae				
扇尾莺属 *Cisticola*				
棕扇尾莺 *Cisticola juncidis*		+		
山鹪莺属 *Prinia*				

鸟类	湛江		惠州	
	春季	秋季	春季	秋季
黄腹山鹪莺 *Prinia flaviventris*	+	+	+	+
纯色山鹪莺 *Prinia inornata*	+	+	+	
缝叶莺属 *Orthotomus*				
长尾缝叶莺 *Orthotomus sutorius*	+	+	+	+
柳莺科 Phylloscopidae				
柳莺属 *Phylloscopus*				
褐柳莺 *Phylloscopus fuscatus*	+	+	+	
绣眼鸟科 Zosteropidae				
绣眼鸟属 *Zosterops*				
暗绿绣眼鸟 *Zosterops japonicus*	+	+	+	+
雀科 Passeridae				
雀属 *Passer*				
麻雀 *Passer montanus*	+	+	+	+
梅花雀科 Estrildidae				
文鸟属 *Lonchura*				
斑文鸟 *Lonchura punctulata*	+	+		
燕雀科 Fringillidae				
金翅雀属 *Chloris*				
金翅雀 *Chloris sinica*		+		
鹀科 Emberizidae				
鹀属 *Emberiza*				
黄胸鹀 *Emberiza aureola*		+		
灰头鹀 *Emberiza spodocephala*		+		

第8章 广东红树林两栖类、爬行类和哺乳类多样性调查

摘要 2017年4～10月,利用夹日法、样线法、访谈法等分别对湛江红树林国家级自然保护区、珠海淇澳-担杆岛省级自然保护区和惠州惠东红树林市级自然保护区进行了2次野外调查。在湛江红树林共安置鼠夹1 330夹日,走样线60条次,结合文献材料确认该调查区域现有两栖类18种、爬行类13种、哺乳类21种。在珠海淇澳红树林共安置鼠夹300夹日,走样线19条次,结合文献材料确认该调查区域现有两栖类13种、爬行类6种、哺乳类6种。在惠州惠东红树林共安置鼠夹325夹日,走样线33条次,结合文献材料确认该调查区域现有两栖类15种、爬行类2种、哺乳类7种。调查区域内绝大多数物种为东洋界物种,在动物地理区划上属于东洋界华南区。有我国特有种2种,国家二级重点保护动物2种。针对红树林自然保护区较为丰富的陆生脊椎动物资源,提出了相应的保护和管理对策。

8.1 调查区域两栖类、爬行类和哺乳类研究概况

8.1.1 湛江红树林两栖类、爬行类和哺乳类研究概况

广东湛江红树林国家级自然保护区是鸟类和鱼、虾、蟹、贝等生物栖息、繁衍和觅食的场所。保护区的红树植物有15科24种,是我国大陆海岸红树林种类最多的一个地区。保护区内记录到鸟类27科11目111种。其中,《中国濒危动物红皮书》保护鸟类7种,包括1种濒危级、2种

稀有级、4 种易危级；IUCN 保护鸟类 2 种，即黄嘴白鹭和黑嘴鸥，且都是易危级；《濒危野生动植物种国际贸易公约》(CITES) 涉及的鸟类 11 种；国家重点保护鸟类 8 种，全部为二级重点保护物种；广东省重点保护鸟类 9 种。此外，保护区内有贝类 3 纲 37 科 76 属 110 种，有鱼类 15 目 58 科 100 属 127 种。有重要经济价值的种类中，贝类有 28 种，鱼类有 32 种。红树林内昆虫达 133 种。

然而，关于保护区内两栖类、爬行类和哺乳类的多样性调查未查到有关记录，急需了解保护区内所有生物类群的种类及数量。《广东两栖动物和爬行动物》（黎振昌等，2011）中记载，在广东沿海地区分布的两栖类有 30 种，即中国瘰螈、香港瘰螈、无斑肥螈、黑眶蟾蜍、华南雨蛙、中国雨蛙、黑耳水蛙、沼水蛙、阔褶水蛙、弹琴蛙、长趾纤蛙、台北纤蛙、大绿臭蛙、花臭蛙、泽陆蛙、虎纹蛙、棘胸蛙、福建大头蛙、小棘蛙、香港湍蛙、华南湍蛙、尖舌浮蛙、斑腿泛树蛙、无声囊泛树蛙、饰纹姬蛙、花姬蛙、花狭口蛙、小弧斑姬蛙、花细狭口蛙、海陆蛙；广东沿海地区的爬行类有 88 种，包括龟亚目 13 种，蜥蜴亚目 24 种，蛇亚目 51 种。根据广东哺乳类多样性分布情况，参考深圳福田红树林国家级自然保护区的哺乳类生物多样性，我们推测湛江红树林国家级自然保护区内的哺乳类以啮齿目小型哺乳类为主，有部分翼手目飞行小型哺乳类（蝙蝠），不排除有少量水獭、松鼠等。本次调查拟以以上种类为重点调查对象，对湛江红树林国家级自然保护区内的两栖类、爬行类和哺乳类的生物多样性进行全面调查。

8.1.2　珠海红树林两栖类、爬行类和哺乳类研究概况

珠海淇澳-担杆岛省级自然保护区内动物种类较丰富，有底栖动物 5 纲 14 目 48 科 103 种，鱼类 1 纲 10 目 41 科 90 种，野生陆生脊椎动物 4 纲 25 目 58 科 156 种（含两栖类 15 种、爬行类 27 种、鸟类 99 种、哺乳类 15 种）。国家重点保护动物共计 15 种，占广东珍稀濒危动物总数的 12.8%，其中，有国家一级重点保护动物 1 种（中华白海豚），二级重点保护动物 14 种（如虎纹蛙、鸢、凤头鹰、赤腹鹰、水獭等）。此外，还有 CITES 确定的物种 20 种，省级重点保护动物 17 种。

保护区内有文献记载的两栖类 15 种（或亚种），分属于 1 目 5 科，均为东洋界物种，其中有受保护的两栖类 11 种：国家二级重点保护的有虎纹蛙；广东省重点保护的有沼蛙；国家保护的有益或有重要经济、科研价值的有 10 种，包括黑眶蟾蜍、泽蛙、华南湍蛙等。爬行类 27 种，分属于 3 目 10 科，其中 25 种属东洋界物种：华南区有 11 种，占总数的 39.3%；华中华南区有 9 种；华中区有 2 种；此外，有 3 种属广布种。乌龟、鳖、四眼斑水龟、眼镜蛇等均为珍稀种，数量很少。但《广东两栖动物和爬行动物》一书记载淇澳岛的两栖类仅有 8 种，分别是黑眶蟾蜍、沼水蛙、长趾纤蛙、台北纤蛙、泽陆蛙、虎纹蛙、尖舌浮蛙、斑腿泛树蛙。关于淇澳岛上爬行类的种类没有详细记录，《广东两栖动物和爬行动物》只是记载了广东沿海地区爬行类共有 88 种，而保护区对该区域内的两栖类、爬行类种类也没有详细记载。

　　根据广东哺乳类多样性分布情况,参考深圳福田红树林国家级自然保护区的哺乳类生物多样性,我们推测珠海淇澳-担杆岛省级自然保护区内的哺乳类以啮齿目小型哺乳类为主,有部分翼手目飞行小型哺乳类(蝙蝠),不排除有少量水獭、松鼠等。本次调查拟以以上种类为重点调查对象,对珠海淇澳-担杆岛省级自然保护区内的两栖类、爬行类和哺乳类的生物多样性进行全面调查。

8.1.3　惠州红树林两栖类、爬行类和哺乳类研究概况

　　惠州惠东红树林市级自然保护区属湿地类型的自然保护区,主要保护对象是红树林和候鸟。现有红树植物 9 科 11 种。其中,真红树有木榄、秋茄、桐花树、海漆等以及新引进的无瓣海桑等,半红树有黄槿、许树等有百年历史的本地乡土树种。湿地鸟类 38 种,主要包括苍鹭、大白鹭、小白鹭、池鹭、夜鹭、赤颈鸭、绿翅鸭、斑嘴鸭、斑背潜鸭、金斑鸻、蒙古沙鸻、弯嘴滨鹬等。每年到此越冬或停歇的候鸟有 8 种,国家二级保护鸟类 4 种,广东省重点保护鸟类 20 种。保护区内动植物具有很高的保护价值。

　　然而,关于保护区内两栖类、爬行类和哺乳类的多样性情况未查到有关记录,急需了解保护区内所有生物类群的种类及数量。根据《广东两栖动物和爬行动物》和广东哺乳类多样性分布情况,参考深圳福田红树林国家级自然保护区的哺乳类生物多样性,我们推测惠州惠东红树林市级自然保护区内的哺乳类以啮齿目小型哺乳类为主,有部分翼手目飞行小型哺乳类(蝙蝠),不排除有少量水獭、松鼠等。本次调查拟以以上种类为重点调查对象,对惠州惠东红树林市级自然保护区内的两栖类、爬行类和哺乳类的生物多样性进行全面调查。

8.2　红树林两栖类、爬行类和哺乳类调查方法

8.2.1　调查范围

　　调查区域涵盖保护区的实验区、核心区、缓冲区及保护区外围的不同生境类型,包括滩涂、基围鱼塘和红树林等。

8.2.2　调查位点

　　本次调查在湛江红树林国家级自然保护区内设置了 7 个样区,每个样区设 2~3 条样线;在珠海淇澳-担杆岛省级自然保护区内设置了 5 个样区,每个样区设 2~3 条样线;在惠州惠东红树林市级自然保护区内设置了 4 个样区,每个样区设 2~3 条样线。根据实际地形及可操作性,样线长度为 100~1 500 m,样线宽度为 2~6 m。

8.2.3 调查方法、时间与频次

两栖类和爬行类的调查采用样线法，19：00 左右（日落后）开始进行调查。每条样线 3～4人同时完成，2～3 人观测、报告种类和数量，1 人相应地进行记录。对于树栖蛙类，观测并记录栖息高度≤2 m 的个体。观测时行进速度约 2 km/h。

本调查区域内的哺乳类主要分为三大类：地栖小型哺乳类、飞行性小型哺乳类以及其他大中型哺乳类。

对地栖小型哺乳类（如啮齿目）采用夹日法进行调查，调查样方设置在两栖类、爬行类样线附近，便于与样线调查（直接调查）结合进行。样方尽量覆盖所选地段内所有小生境，每次安放100 个鼠夹，以新鲜花生为诱饵，置夹 1 个工作日，次日清晨检查捕获情况并记录物种信息。

为了尽量避免对保护区内的珍稀保护动物（尤其鸟类）造成伤害，对飞行性小型哺乳类（翼手目）则以栖息地和鸣声计数法为主，辅以网捕法进行调查。

对其他大中型哺乳类则主要采取样线法和访谈法进行调查。样线法调查时，每 3 名调查者为 1 组，沿样线步行，记录所观察到的动物活动痕迹或粪便等，记录出现的动物种类和数量。调查每天 7：00 开始，19：00 前结束，以确保数据质量。

2017 年对广东红树林开展了 3 次野外调查，分别是 4 月在湛江、珠海和惠州红树林，7 月在珠海和惠州红树林，以及 10 月在湛江红树林。不同类群动物的活动规律不同，昼夜活动节律不完全一样。例如，大部分两栖类和部分爬行类在夜晚活动，但有相当一部分爬行类在白天活动。因此，对每条样线采取白天调查 1 次、晚上调查 1 次的方法，力争覆盖所有类群的活动时间。总体来说，对每条样线（或样区）开展 2 轮（每轮 2 次）重复调查。

4 月在湛江红树林共走样线 31 条次，安置鼠夹 500 夹日；在珠海红树林共走样线 10 条次，安置鼠夹 155 夹日；在惠州红树林保护区共走样线 11 条次，安置鼠夹 215 夹日。7 月在珠海红树林共走样线 9 条次，安置鼠夹 145 夹日；在惠州红树林共走样线 12 条次，安置鼠夹 110 夹日。10 月在湛江红树林共走样线 29 条次，安置鼠夹 830 夹日。

8.3 红树林两栖类、爬行类和哺乳类调查结果

8.3.1 物种组成及其特点

8.3.1.1 湛江红树林

通过实地标本采集、样线调查、访问调查和文献资料查阅，确认湛江红树林国家级自然保护区现有两栖类 1 目 7 科 18 种（表 8-1），爬行类 1 目 6 科 13 种（表 8-2），哺乳类 4 目 7 科 21 种（表 8-3）。

表 8-1　湛江红树林国家级自然保护区两栖类物种名录

两栖类	濒危状况	区系	来源凭证
无尾目 Anura			
蟾蜍科 Bufonidae			
黑眶蟾蜍 *Duttaphrynus melanostictus*		东洋	本次调查
雨蛙科 Hylidae			
华南雨蛙 *Hyla simplex*		东洋	本次调查
蛙科 Ranidae			
长趾纤蛙 *Hylarana macrodactyla*	NT	东洋	[3][4]
台北纤蛙 *Hylarana taipehensis*	NT	东洋	本次调查
沼蛙 *Boulengerana guentheri*		东洋	本次调查
叉舌蛙科 Dicroglossidae			
泽陆蛙 *Fejervarya multistriata*		东洋	本次调查
海陆蛙 *Fejervarya cancrivora*	EN	东洋	本次调查
虎纹蛙 *Hoplobatrachus chinensis*	EN、Ⅱ	东洋	本次调查
浮蛙科 Occidozygidae			
尖舌浮蛙 *Occidozyga lima*	VU	东洋	[1]
圆蟾舌蛙 *Phrynoglossus martensii*	NT	东洋	本次调查
树蛙科 Rhacophoridae			
背条跳树蛙 *Chirixalus doriae*		东洋	本次调查
斑腿泛树蛙 *Polypedates megacephalus*		东洋	本次调查
姬蛙科 Microhylidae			
粗皮姬蛙 *Microhyla butleri*		东洋	本次调查

两栖类	濒危状况	区系	来源凭证
小弧斑姬蛙 *Microhyla heymonsi*		东洋	[2]
饰纹姬蛙 *Microhyla ornate*		东洋	本次调查
花姬蛙 *Microhyla pulchra*		东洋	本次调查
花狭口蛙 *Kaloula pulchra*		东洋	本次调查
花细狭口蛙 *Kalophrynus interlineatus*	NT	东洋	[3]

注：EN，濒危；VU，易危；NT，近危；Ⅱ，国家二级保护动物。濒危状况参照蒋志刚等（2016）

来源凭证：

[1] 费梁,胡淑琴,叶昌媛,等.中国动物志 两栖纲（下卷） 无尾目 蛙科[M].北京：科学出版社,2009.

[2] 费梁,叶昌媛,江建平.中国两栖动物及其分布[M].成都：四川科学技术出版社,2012.

[3] 黎振昌,肖志,刘少容.广东两栖动物和爬行动物[M].广州：广东科技出版社,2011.

[4] 邹发生,叶冠锋.广东陆生脊椎动物分布名录[M].广州：广东科技出版社,2015.

表 8-2　湛江红树林国家级自然保护区爬行类物种名录

爬行类	特有性	濒危状况	区系	来源凭证
有鳞目 Squamata				
壁虎科 Gekkoaidae				
原尾蜥虎 *Hemidactylus bowringii*			东洋	本次调查
疣尾蜥虎 *Hemidactylus frenatus*			东洋	本次调查
中国壁虎 *Gekko chinensis*	中国特有		东洋	本次调查
大壁虎 *Gekko gecko*		CR、Ⅱ	东洋	[1][2]
石龙子科 Scincidae				
中国石龙子 *Eumeces chinensis*			东洋	本次调查
铜蜓蜥 *Sphenomorphus indicus*			东洋	本次调查

续表

爬行类	特有性	濒危状况	区系	来源凭证
鬣蜥科 Agamidae				
变色树蜥 *Calotes versicolor*			东洋	本次调查
游蛇科 Colubridae				
三索锦蛇 *Coelognathus radiatus*		EN	东洋	本次调查
铅色水蛇 *Enhydris plumbea*		VU	东洋	本次调查
黄斑异色蛇 *Xenochrophis flavipunctata*			东洋	本次调查
眼镜蛇科 Elapidae				
银环蛇 *Bungarus multicinctus*		EN	东洋	本次调查
舟山眼镜蛇 *Naja atra*		VU	东洋	本次调查
蝰科 Viperidae				
白唇竹叶青 *Trimeresurus albolabris*			东洋	本次调查

注:CR,极危;EN,濒危;VU,易危;Ⅱ,国家二级保护动物。濒危状况参照蒋志刚等(2016)。物种名参照蔡波等(2015)

来源凭证:

[1]黎振昌,肖智,刘少容.广东两栖动物和爬行动物[M].广州:广东科技出版社,2011.

[2]邹发生,叶冠锋.广东陆生脊椎动物分布名录[M].广州:广东科技出版社,2015.

表 8-3　湛江红树林国家级自然保护区哺乳类物种名录

哺乳类	濒危状况	区系	来源凭证
鼩形目 Soricomorpha			
鼩鼱科 Soricidae			
臭鼩 *Suncus murinus*		东洋	本次调查
灰麝鼩 *Crocidura attenuata*		东洋	[1]

哺乳类	濒危状况	区系	来源凭证
翼手目 Chiroptera			
菊头蝠科 Rhinolophidae			
中菊头蝠 *Rhinolophus affinis*		东洋	本次调查
蝙蝠科 Vespertilionidae			
东亚伏翼 *Pipistrellus abramus*		古北、东洋	本次调查
普通伏翼 *Pipistrellus pipistrellus*		古北、东洋	本次调查
华南水鼠耳蝠 *Myotis laniger*		古北、东洋	本次调查
食肉目 Carnivora			
灵猫科 Viverridae			
花面狸 *Paguma larvata*	NT	东洋	[1]
小灵猫 *Viverricula indica*	VU	东洋	[1]
獴科 Herpestidae			
红颊獴 *Herpestes javanicus*	VU	东洋	[1]
啮齿目 Rodentia			
松鼠科 Sciuridae			
隐纹花松鼠 *Tamiops swinhoei*		东洋	[1]
鼠科 Muridae			
板齿鼠 *Bandicota indica*		东洋	本次调查
黑缘齿鼠 *Rattus andamanensis*		古北、东洋	本次调查
褐家鼠 *Rattus norvegicus*		古北、东洋	本次调查
黄胸鼠 *Rattus tanezumi*		东洋	本次调查
黄毛鼠 *Rattus losea*		东洋	本次调查
大足鼠 *Rattus nitidus*		东洋	[1]
小泡巨鼠 *Leopoldamys edwardsi*		东洋	[1]
针毛鼠 *Niviventer fulvescens*		东洋	本次调查

哺乳类	濒危状况	区系	来源凭证
社鼠 *Niviventer confucianus*		古北、东洋	[1]
小家鼠 *Mus musculus*		古北、东洋	[1]
卡氏小鼠 *Mus caroli*		东洋	本次调查

注：VU，易危；NT，近危。濒危状况参照蒋志刚等（2016）

来源凭证：

[1] 邹发生，叶冠锋.广东陆生脊椎动物分布名录[M].广州：广东科技出版社，2015.

保护区在动物地理区划上属于东洋界华南区，因此，尽管保护区中不同陆生脊椎动物类群的分布特点存在差异，但其区系从属以东洋界为主。

两栖类全部为东洋界物种。其中，西南区、华中区与华南区共有的物种有 7 种，即黑眶蟾蜍、沼蛙、泽陆蛙、斑腿泛树蛙、粗皮姬蛙、小弧斑姬蛙和饰纹姬蛙，占保护区东洋界两栖类物种数的 38.9％。仅华中区和华南区共有的物种有 5 种，分别为华南雨蛙、台北纤蛙、虎纹蛙、尖舌浮蛙和花姬蛙，占保护区两栖类物种数的 27.8％。华南区独有的物种有 6 种，分别为长趾纤蛙、海陆蛙、圆蟾舌蛙、背条跳树蛙、花狭口蛙和花细狭口蛙，占保护区两栖类物种数的 33.3％。本次调查在湛江红树林各调查样区内均发现海陆蛙，表明海陆蛙普遍存在于雷州半岛，大致呈环状分布。此外，在徐闻县、覃典村等调查样区发现背条跳树蛙，这是该物种在广东的新记录。

保护区目前确认的 13 种爬行类亦全部为东洋界物种。西南区、华中区和华南区共有的物种仅有黄斑异色蛇和舟山眼镜蛇，占保护区爬行类物种数的 15.4％。仅华中区和华南区共有的物种有 6 种，分别为中国壁虎、中国石龙子、铜蜓蜥、铅色水蛇、银环蛇和白唇竹叶青，占保护区爬行类物种数的 46.2％。华南区独有的物种有原尾蜥虎、疣尾蜥虎、大壁虎、变色树蜥和三索锦蛇，占保护区爬行类物种数的 38.4％。

保护区内 21 种哺乳类中，有 7 种为古北界与东洋界共有物种，包括世界性的广布种小家鼠，以及黑缘齿鼠、褐家鼠、社鼠、东亚伏翼、普通伏翼和华南水鼠耳蝠，占保护区哺乳类物种数的 33.3％。其余 14 种为东洋界物种，占保护区哺乳类物种数的 66.7％。其中，西南区、华中区和华南区共有的物种有 12 种，分别为臭鼩、灰麝鼩、中菊头蝠、花面狸、小灵猫、隐纹花松鼠、板齿鼠、黄胸鼠、黄毛鼠、大足鼠、小泡巨鼠和针毛鼠，占保护区东洋界物种数的 85.7％。华南区物种有 2 种，即红颊獴和卡氏小鼠。

8.3.1.2　珠海红树林

通过实地标本采集、样线调查、访问调查和文献资料查阅，确认珠海淇澳-担杆岛省级自然保护区现有两栖类 1 目 7 科 13 种（表 8-4），爬行类 1 目 4 科 6 种（表 8-5），哺乳类 3 目 6 科 6 种（表 8-6）。

表 8-4　珠海淇澳-担杆岛省级自然保护区两栖类物种名录

两栖类	濒危状况	区系	来源凭证
无尾目 Anura			
蟾蜍科 Bufonidae			
黑眶蟾蜍 *Duttaphrynus melanostictus*		东洋	本次调查
雨蛙科 Hylidae			
华南雨蛙 *Hyla simplex*		东洋	[3][4]
蛙科 Ranidae			
长趾纤蛙 *Hylarana macrodactyla*	NT	东洋	[3][4]
台北纤蛙 *Hylarana taipehensis*	NT	东洋	本次调查
沼蛙 *Boulengerana guentheri*		东洋	本次调查
叉舌蛙科 Dicroglossidae			
泽陆蛙 *Fejervarya multistriata*		东洋	本次调查
海陆蛙 *Fejervarya cancrivora*	EN	东洋	本次调查
浮蛙科 Occidozygidae			
尖舌浮蛙 *Occidozyga lima*		东洋	[1][3][4]
树蛙科 Rhacophoridae			
斑腿泛树蛙 *Polypedates megacephalus*		东洋	本次调查
姬蛙科 Microhylidae			
小弧斑姬蛙 *Microhyla heymonsi*		东洋	[2]
饰纹姬蛙 *Microhyla ornate*		东洋	本次调查
花姬蛙 *Microhyla pulchra*		东洋	[2]
花狭口蛙 *Kaloula pulchra*		东洋	本次调查

注：EN，濒危；NT，近危。濒危状况参照蒋志刚等（2016）

来源凭证：

[1] 费梁,胡淑琴,叶昌媛,等.中国动物志　两栖纲（下卷）　无尾目　蛙科[M].北京:科学出版社,2009.

[2] 费梁,叶昌媛,江建平.中国两栖动物及其分布[M].成都:四川科学技术出版社,2012.

[3] 黎振昌,肖智,刘少容.广东两栖动物和爬行动物[M].广州:广东科技出版社,2011.

[4] 邹发生,叶冠锋.广东陆生脊椎动物分布名录[M].广州:广东科技出版社,2015.

表 8-5　珠海淇澳-担杆岛省级自然保护区爬行类物种名录

爬行类	区系	来源凭证
有鳞目 Squamata		
壁虎科 Gekkoaidae		
原尾蜥虎 *Hemidactylus bowringii*	东洋	本次调查
中国壁虎 *Gekko chinensis*	东洋	本次调查
石龙子科 Scincidae		
蓝尾石龙子 *Eumeces elegans*	东洋	本次调查
鬣蜥科 Agamidae		
变色树蜥 *Calotes versicolor*	东洋	本次调查
游蛇科 Colubridae		
草腹链蛇 *Amphiesma stolata*	东洋	本次调查
黄斑异色蛇 *Xenochrophis flavipunctata*	东洋	本次调查

注：物种名参照蔡波等（2015）

表 8-6　珠海淇澳-担杆岛省级自然保护区哺乳类物种名录

哺乳类	濒危状况	区系	来源凭证
鼩形目 Soricomorpha			
鼩鼱科 Soricidae			
臭鼩 *Suncus murinus*		东洋	本次调查
翼手目 Chiroptera			
狐蝠科 Pteropodidae			
犬蝠 *Cynopterus sphinx*	NT	东洋	本次调查
菊头蝠科 Rhinolophidae			
小菊头蝠 *Rhinolophus pusillus*		东洋	本次调查
蹄蝠科 Hipposideridae			

哺乳类	濒危状况	区系	来源凭证
果树蹄蝠 *Hipposideros pomona*		东洋	本次调查
蝙蝠科 Vespertilionidae			
东亚伏翼 *Pipistrellus abramus*		古北、东洋	本次调查
啮齿目 Rodentia			
鼠科 Muridae			
黑缘齿鼠 *Rattus andamanensis*		古北、东洋	本次调查

注：NT，近危。濒危状况参照蒋志刚等（2016）

保护区目前确认的 13 种两栖类全部为东洋界物种。其中，西南区、华中区与华南区共有的物种有 6 种，即黑眶蟾蜍、沼蛙、泽陆蛙、斑腿泛树蛙、小弧斑姬蛙和饰纹姬蛙，占保护区两栖类物种数的 46.1%。仅华中区和华南区共有的物种有 4 种，分别为华南雨蛙、台北纤蛙、尖舌浮蛙和花姬蛙，占保护区两栖类物种数的 30.8%。华南区独有的物种有 3 种，分别为长趾纤蛙、海陆蛙和花狭口蛙，占保护区两栖类物种数的 23.1%。

保护区目前确认的 6 种爬行类亦为东洋界物种。西南区、华中区和华南区共有的物种只有黄斑异色蛇。仅华中区和华南区共有的物种有 3 种，分别为中国壁虎、蓝尾石龙子和草腹链蛇。华南区独有的物种有 2 种，即原尾蜥虎和变色树蜥。

保护区内已确认的哺乳类有 2 种古北界物种：东亚伏翼和黑缘齿鼠。东洋界物种有 4 种：臭鼩、小菊头蝠和果树蹄蝠为西南区、华中区和华南区共有物种，犬蝠为西南区和华南区共有物种。

8.3.1.3　惠州红树林

通过实地标本采集、样线调查、访问调查和文献资料查阅，确认惠州惠东红树林市级自然保护区现有两栖类 1 目 5 科 15 种（表 8-7），爬行类 1 目 1 科 2 种（表 8-8），哺乳类 3 目 4 科 7 种（表 8-9）。

表 8-7　惠州惠东红树林市级自然保护区两栖类物种名录

两栖类	特有性	濒危状况	区系	来源凭证
无尾目 Anura				
蟾蜍科 Bufonidae				
黑眶蟾蜍 *Duttaphrynus melanostictus*			东洋	本次调查

续表

两栖类	特有性	濒危状况	区系	来源凭证
蛙科 Ranidae				
长肢林蛙 *Rana longicrus*	中国特有		东洋	[4]
沼蛙 *Boulengerana guentheri*			东洋	本次调查
大绿臭蛙 *Odorrana graminea*			东洋	[1][4]
香港湍蛙 *Amolops hongkongensis*		EN	东洋	[3][4]
华南湍蛙 *Amolops ricketti*			东洋	[4]
叉舌蛙科 Dicroglossidae				
泽陆蛙 *Fejervarya multistriata*			东洋	本次调查
虎纹蛙 *Hoplobatrachus chinensis*		EN、Ⅱ	东洋	本次调查
棘胸蛙 *Quasipaa spinosa*		VU	东洋	[4]
树蛙科 Rhacophoridae				
费氏刘树蛙 *Liuixalus feii*			东洋	[4]
斑腿泛树蛙 *Polypedates megacephalus*			东洋	本次调查
姬蛙科 Microhylidae				
小弧斑姬蛙 *Microhyla heymonsi*			东洋	[2]
饰纹姬蛙 *Microhyla ornate*			东洋	本次调查
花姬蛙 *Microhyla pulchra*			东洋	[2]
花狭口蛙 *Kaloula pulchra*			东洋	本次调查

注:EN,濒危;VU,易危;Ⅱ,国家二级保护动物。濒危状况参照蒋志刚等(2016)

来源凭证:

[1] 费梁,胡淑琴,叶昌媛,等.中国动物志　两栖纲(下卷)　无尾目　蛙科[M].北京:科学出版社,2009.

[2] 费梁,叶昌媛,江建平.中国两栖动物及其分布[M].成都:四川科学技术出版社,2012.

[3] 黎振昌,肖智,刘少容.广东两栖动物和爬行动物[M].广州:广东科技出版社,2011.

[4] 邹发生,叶冠锋.广东陆生脊椎动物分布名录[M].广州:广东科技出版社,2015.

表 8-8　惠州惠东红树林市级自然保护区爬行类物种名录

爬行类	区系	来源凭证
有鳞目 Squamata		
壁虎科 Gekkoaidae		
原尾蜥虎 *Hemidactylus bowringii*	东洋	本次调查
中国壁虎 *Gekko chinensis*	东洋	本次调查

表 8-9　惠州惠东红树林市级自然保护区哺乳类物种名录

哺乳类	濒危状况	区系	来源凭证
鼩形目 Soricomorpha			
鼩鼱科 Soricidae			
臭鼩 *Suncus murinus*		东洋	本次调查
食肉目 Carnivora			
鼬科 Mustelidae			
黄鼬 *Mustela sibirica*		古北、东洋	[1]
獴科 Herpestidae			
食蟹獴 *Herpestes urva*	NT	东洋	[1]
啮齿目 Rodentia			
鼠科 Muridae			
黑缘齿鼠 *Rattus andamanensis*		古北、东洋	本次调查
褐家鼠 *Rattus norvegicus*		古北、东洋	本次调查
黄胸鼠 *Rattus tanezumi*		东洋	本次调查
黄毛鼠 *Rattus losea*		东洋	本次调查

注：NT，近危。濒危状况参照蒋志刚等（2016）

来源凭证：

[1] 邹发生，叶冠锋. 广东陆生脊椎动物分布名录[M]. 广州：广东科技出版社，2015.

保护区目前确认的 15 种两栖类全部为东洋界物种。西南区、华中区与华南区共有的物种有 6 种，即黑眶蟾蜍、沼蛙、泽陆蛙、斑腿泛树蛙、小弧斑姬蛙和饰纹姬蛙，占保护区两栖类物种数的 40%。仅华中区和华南区共有的物种有 4 种,分别为大绿臭蛙、华南湍蛙、虎纹蛙和棘胸蛙,占保护区两栖类物种数的 33.3%。华南区独有的物种亦有 4 种,分别为长肢林蛙、香港湍蛙、费氏刘树蛙和花狭口蛙。

保护区内现已确认的爬行类有 2 种,即中国壁虎和原尾蜥虎,均为东洋界物种,分别为华中区、华南区共有物种以及华南区物种。

哺乳类有 3 种古北界与东洋界共有物种:黄鼬、黑缘齿鼠和褐家鼠。其余 4 种东洋界物种中,有 3 种为西南区、华中区和华南区共有物种,分别为臭鼩、黄胸鼠和黄毛鼠,食蟹獴为华中区和华南区共有物种。

8.3.2　物种特有性

湛江红树林国家级自然保护区有我国特有的爬行类中国壁虎。惠州惠东红树林市级自然保护区有我国特有的两栖类长肢林蛙。

8.3.3　物种珍稀濒危性

湛江红树林国家级自然保护区、惠州惠东红树林市级自然保护区内的虎纹蛙为我国二级重点保护野生动物。湛江红树林国家级自然保护区内的大壁虎亦为我国二级重点保护野生动物。

根据最新的《中国脊椎动物红色名录》(蒋志刚等,2016),湛江红树林国家级自然保护区的两栖类有 2 种被评估为濒危种,即海陆蛙和虎纹蛙;尖舌浮蛙被评估为易危种;被评估为近危种的有长趾纤蛙、台北纤蛙、圆蟾舌蛙和花细狭口蛙 4 种。爬行类中,大壁虎被评估为极危种,被评估为濒危种的有三索锦蛇和银环蛇,铅色水蛇和舟山眼镜蛇被评估为易危种。哺乳类中的小灵猫和红颊獴被评估为易危种,花面狸被评估为近危种。

珠海淇澳-担杆岛省级自然保护区的两栖类中,海陆蛙被评估为濒危种,长趾纤蛙和台北纤蛙被评估为近危种;哺乳类中,犬蝠被评估为近危种。惠州惠东红树林市级自然保护区有 2 种两栖类被评估为濒危种,即香港湍蛙和虎纹蛙;被评估为易危种的有棘胸蛙。哺乳类中的食蟹獴被评估为近危种。

8.3.4　生物多样性受威胁因素评估

8.3.4.1　栖息地丧失

红树林生长在热带、亚热带河口和海岸潮间带,由以红树植物为主的常绿灌木或乔木组成,在生态平衡中起着特殊且重要的作用。红树林湿地具有良好的生态效益、经济效益和社会效益(黄初龙等,2004),在防浪护堤、促淤造陆、调节气候、降解污染及保持河口海岸生物多样性等方面起着重要作用,是多种底栖动物、陆生脊椎动物赖以生存的栖息场所。然而,毁林养虾、养鱼等经济活动导致红树林面积大幅减少。比如,1980~2001 年,挖塘养殖占用了湛江市红树林面积 6 363.6 hm²（林康英等，2006），根据湛江市林业局提供的资料，该市红树林面积仅为 9 258 hm²（张伟等，2010）。而惠东县的红树林面积，由于围海造田、围垦养殖及城镇发展等人类活动，从 20 世纪 60 年代的 3 km² 缩小到 20 世纪末的 0.8 km²（曾宪光，2008）。在本次调查过程中，仍然发现红树林区域存在大量、大面积的鱼塘、虾塘。

8.3.4.2　红树林生境恶化

随着城市的发展，各种社会经济活动所产生的污染物迅速增加，但环境保护制度和污染处理能力却相对滞后，给红树林的生长繁育带来了巨大的不良影响。这些污染物主要来自生活污水、生活垃圾、水产养殖和工业及船舶污染。此次调查发现，部分鱼塘附近或河口海岸堆积着大量生活垃圾。人类的生活垃圾随着河水或潮水进入红树林湿地，可能影响红树林的生长。而生活污水及工业废水的排放，除了不利于红树林的生长、存活外，对区域内动物群落结构可能产生更为直接的负面影响。此外，水产养殖过程中产生了大量的养殖排泄物及残饵等，这些污染物的过量排放极易造成水体富营养化，从而导致赤潮。据统计，湛江港湾自 1980 年 5 月 17 日首次出现赤潮后，24 年内未再发生；但 2005 年和 2006 年连续发生赤潮，且每次持续 3 个月以上（张伟等，2010）。

8.3.4.3　人类捕杀

广东动物资源丧失与流失，一个重要因素是当地居民对野生动物的滥捕及非法贸易。某些两栖类或爬行类，如小棘蛙 *Paa exilispinosa*、百花锦蛇 *Elaphe moellendorffi*、滑鼠蛇 *Ptyas mucosus*、金环蛇 *Bungarus fasciatus*、乌梢蛇 *Zaocys dhumnades* 等，常在餐馆或集市的药材市场中出售，被食用或作为药用。由于人类的捕杀，不少物种的野外数量已经很少，亟待加以保护。比如，在最新的《中国脊椎动物红色名录》（蒋志刚等，2016）中，眼镜王蛇 *Ophiophagus hannah*、金环蛇、银环蛇、王锦蛇、三索锦蛇等物种被列为濒危种。

8.3.5　生物多样性保护现状评估

由于广东红树林野生动物资源调查在历史上开展得较少，本项目对湛江红树林、珠海红树林和惠州红树林的陆生脊椎动物进行了较为系统的调查。从目前的调查结果来看，尽管发现的湛江红树林两栖类种类相对丰富，但总体来说对红树林陆生脊椎动物资源的调查尚不够深入，物种名录仍有待进一步完善。在《广东两栖动物和爬行动物》《中国两栖动物及其分布》等专著中，有一些两栖类、爬行类被记录为在广东全省分布或广泛分布，但在本次调查中未有发现，如丽棘蜥 *Acanthosaura lepidogaster*、光蜥 *Ateuchosarus chinensis*、南滑蜥 *Scincella reevesii*、翠青蛇 *Cyclophiops major*、中国水蛇 *Enhydris chinensis* 等。此外，《广东陆生脊椎动物分布名录》一书中记录了不少爬行类分布于惠东地区，如乌梢蛇 *Ptyas dhumnades*、白头蝰 *Azemiops kharini*、原矛头蝮 *Protobothrops mucrosquamatus*、赤链华游蛇 *Sinonatrix annularis*、赤链蛇 *Lycodon rufozonatum* 等。尚不明确这些物种是否栖息于调查区域内。仍需要加大调查力度，以确认红树林的物种资源。

8.4　讨论

8.4.1　调查结论

相较而言,针对广东红树林野生陆生脊椎动物资源的调查较少。本次调查在一定程度上丰富了 3 个保护区的物种及其分布信息。从目前的调查结果来看,湛江红树林的生物多样性相对较高,且保护区有虎纹蛙、大壁虎等国家二级保护动物,以及中国壁虎等中国特有物种。尽管如此,结合调查结果和文献资料来看,对广东红树林陆生脊椎动物资源的调查尚不够深入,物种名录及其分布仍有待进一步完善和确认。红树林区域的占用、红树林生境的破坏依然严重,加之旅游业的发展,红树林生境内的陆生脊椎动物生存持续受到威胁。应当加大红树林保护力度,采取具体的奖惩措施,才有可能从根本上保护好红树林区域的生物多样性。

8.4.2　对保护红树林两栖类、爬行类和哺乳类资源的建议

经济发展与环境保护之间的矛盾始终存在。渔业是广东沿海居民的主要生活来源和手段,基围鱼塘、虾塘在当地普遍存在,占用了大量红树林面积。因此,红树林恢复与渔业经济发展之间存在着直接的矛盾。红树林是多种陆生脊椎动物赖以生存的栖息地,鉴于其在保护生物多样性及湿地生态系统中的重要地位,为了更好地保护好红树林保护区的生态环境和陆生脊椎动物资源,建设和管理好湛江红树林国家级自然保护区、珠海淇澳-担杆岛省级自然保护区和惠州惠东红树林市级自然保护区,应当采取更加积极有效的措施,做到以下几点。

第一,加强宣传,提高民众对红树林的保护意识。除了政府及管理部门重视红树林的恢复和保护外,还应该通过加强宣传来提高民众的保护意识。可利用电视、报纸及新媒体等多种途径对红树林湿地的功能和作用进行宣传,让广大群众充分认识到保护红树林的重要性。

第二,妥善处理红树林保护与经济建设间的关系。建立红树林保护区必然影响当地渔民的生产和经济收入,政府应当帮助渔民生产转型,并给予适当的经济补偿。

第三,加强滩涂和水污染治理。长期的人为干扰已对红树林造成了严重的不良影响,尤其是破坏了多种动物类群的栖息环境。因此,需要彻底清理滩涂上现存的生活垃圾及渔网等渔业垃圾,并妥善处理旅游产生的垃圾。严格控制陆源污染物的排放量。加强海上污染源管理,提高船舶和港口防污设备的配备率。

第四,建设红树林湿地监测体系。目前,对保护区内红树林湿地尚缺乏连续的、系统的监测研究,无法满足决策部门进行科学管理的需求。可以考虑选取一些典型的红树林湿地区域,建立规范的、合理的监测体系,对其生态系统结构、功能及环境变化过程展开长期定位监测,建立

具时序变化的信息数据库，有助于及时、准确地掌握生境健康状况，预测变化趋势。

参考文献

蔡波，王跃招，陈跃英，等.中国爬行纲动物分类厘定[J]. 生物多样性，2015，23（3）：365-382.

费梁，胡淑琴，叶昌媛，等.中国动物志 两栖纲（下卷） 无尾目 蛙科[M].北京：科学出版社.2009.

费梁，叶昌媛，江建平.中国两栖动物及其分布[M].成都：四川科学技术出版社.2012.

黄初龙，郑伟民.我国红树林湿地研究进展[J].湿地科学，2004.（4）：303-308.

蒋志刚，江建平，王跃招，等.中国脊椎动物红色名录[J]. 生物多样性，2016，24（5）：500-551.

李鹄鸣，王菊凤.经济蛙类生态学及养殖工程[M].北京：中国林业出版社.1995.

黎振昌，肖智，刘少容.广东两栖动物和爬行动物[M].广州：广东科技出版社.2011.

林康英，张倩媚，简曙光，等.湛江市红树林资源及其可持续利用[J].生态科学，2006（3）：222-225.

张荣祖.中国动物地理[M].北京：科学出版社.2011.

张伟，张义丰，张宏业，等.生态城市建设背景下湛江红树林的保护与利用[J].地理研究，2010（4）：607-616.

曾宪光.惠州红树林湿地资源现状及保护对策[J].惠州学院学报（自然科学版），2008（6）：55-57.

邹发生，叶冠锋.广东陆生脊椎动物分布名录[M].广州：广东科技出版社.2015.

附录 8　**湛江、惠州红树林两栖类、爬行类和哺乳类分布情况**

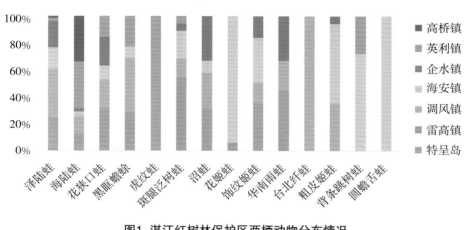

图1　湛江红树林保护区两栖动物分布情况

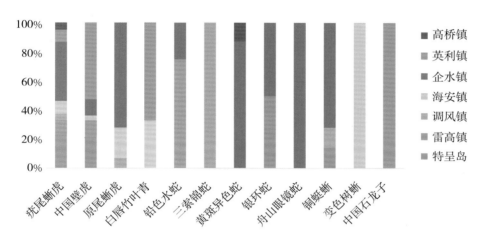

图2　湛江红树林保护区爬行动物分布情况

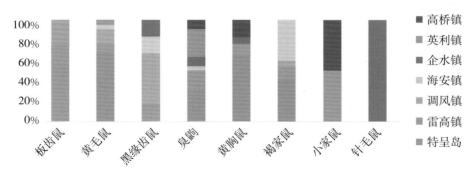

图3　湛江红树林保护区地栖小型兽类分布情况

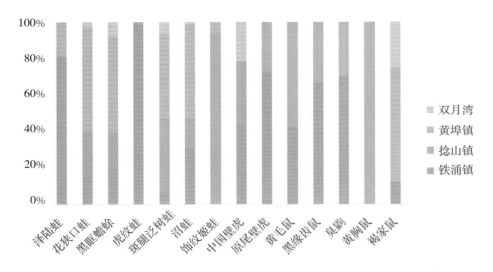

图4 惠东红树林保护区两栖、爬行和兽类分布情况

广东红树林两栖类、爬行类和哺乳类实物图

黑眶蟾蜍 *Duttaphrynus melanostictus*

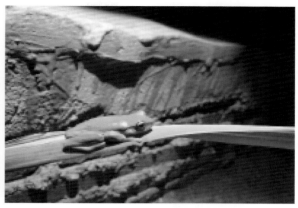

华南雨蛙 *Hyla simplex*

花狭口蛙 *Kaloula pulchra*

斑腿泛树蛙 *Polypedates megacephalus*

虎纹蛙 *Hoplobatrachus chinensis*

变色树蜥 *Calotes versicolor*

原尾蜥虎 *Hemidactylus bowringii*

沼蛙 *Boulengerana guentheri*

舟山眼镜蛇 *Naja atra*

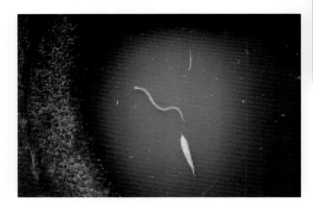

铅色水蛇 *Enhydris plumbea*

三索锦蛇 *Coelognathus radiatus*

银环蛇 *Bungarus multicinctus*

黄斑异色蛇 *Xenochrophis flavipunctata*

白唇竹叶青 *Trimeresurus albolabris*

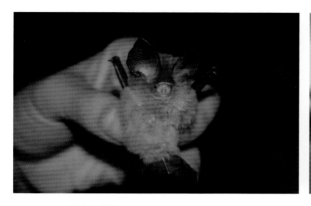

果树蹄蝠 *Hipposideros pomona*

小菊头蝠 *Rhinolophus pusillus*

东亚伏翼 *Pipistrellus abramus*

犬蝠 *Cynopterus sphinx*

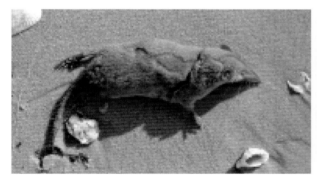

臭鼩 *Suncus murinus*

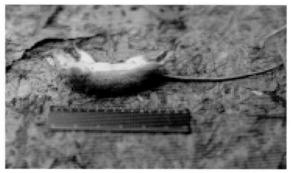

针毛鼠 *Niviventer fulvescens*

板齿鼠 *Bandicota indica*

黄毛鼠 *Rattus losea*

附录 I 红树林生态监测技术规程（HY/T 081—2005）

目 次

---

① 附录 A、参考文献及表 1～表 A.7 参见本标准原文，本书不详列。

前　　言

本标准的附录 A 为规范性附录。

本标准由国家海洋局提出。

本标准由国家海洋标准计量中心归口。

本标准起草单位：国家海洋环境监测中心。

本标准主要起草人：马明辉、韩庚辰、周秋麟、梁斌。

红树林生态监测技术规程

1　范围

本标准规定了红树林生态监测的主要内容、技术要求和方法。

本标准适用于在中华人民共和国内海、领海以及中华人民共和国管辖海域内红树林的生态监测工作。

2　规范性引用文件

下列文件中的条款通过本标准的引用而成为本标准的条款。凡是注日期的引用文件，其随后所有的修改单（不包括勘误的内容）或修订版均不适用于本标准，然而，鼓励根据本标准达成协议的各方研究是否可使用这些文件的最新版本。凡是不注日期的引用文件，其最新版本适用于本标准。

GB 17378.2　海洋监测规范　第2部分：数据处理与分析质量控制

GB 17378.4　海洋监测规范　第4部分：海水分析

GB 17378.5　海洋监测规范　第5部分：沉积物分析

GB 17378.7　海洋监测规范　第7部分：近海污染生态调查和生物监测

GB 12763.4　海洋调查规范　海水化学要素观测

GB 13909　海洋调查规范：海洋地质地球物理调查

3　术语和定义

下列术语和定义适用于本标准。

红树林　Mangrove Forest

生长在热带和亚热带沿海潮间带，受海水周期性浸淹的木本植物群落。

4　监测内容与指标

4.1　水环境

水环境监测指标包括：

——水温；

——盐度；

——pH；

——悬浮物；

——溶解氧；

——营养盐（硝酸盐、亚硝酸盐、氨、无机磷、活性硅酸盐）。

4.2 沉积环境

沉积物监测指标包括：

——沉积物粒度；

——土壤盐分；

——有机碳；

——硫化物。

4.3 栖息地

栖息地监测指标包括：

——红树林分布面积；

——覆盖度。

4.4 生物指标

4.4.1 红树林群落

红树林群落监测指标包括：

——种类组成；

——密度；

——胸径；

——株高。

4.4.2 底栖动物群落

底栖动物监测指标包括：

——种类组成；

——密度；

——生物量。

4.4.3 红树林鸟类群落

鸟类监测指标包括：

——种类组成；

——种群数量。

5 监测方法

5.1 水环境

在红树林分布区的潮间带和潮下带均应布设相应监测站位，站位应尽可能在红树林分布区内均匀布设。应在高潮时进行现场测定并采集水样，每个站位只测定并采集表层水样，水环境各项指标分析测定按表1所列方法进行，测定方法按 GB 17378.4 的有关规定执行。所测数据按附录 A 表 A.1 的格式填写数据报表。

表 1　水环境指标测定分析方法

指标	方法	引用标准
水温	表层水温表法	GB 17378.4
盐度	盐度计法	GB 17378.4
pH	pH 计法	GB 17378.4
溶解氧	碘量法	GB 17378.4
悬浮物	重量法	GB 17378.4
亚硝酸盐	萘乙二胺分光光度法	GB 17378.4
硝酸盐	锌-镉还原法	GB 17378.4
	镉柱还原法	GB 17378.4
氨	次溴酸盐氧化法	GB 17378.4
无机磷	磷钼蓝分光光度法	GB 17378.4
活性硅酸盐	硅钼黄分光光度法、硅钼蓝分光光度法	GB 17378.4

5.2 沉积环境

5.2.1 沉积物粒度

在每个红树林样地内（见5.4.1）采集表层（0 cm～10 cm）沉积物进行粒度分析，沉积物粒度分析按 GB 13909 的有关规定执行。所测数据按附录 A 表 A.2 的格式填写数据报表。

5.2.2 土壤盐分

5.2.2.1 仪器设备

红树林土壤盐分分析所需主要仪器设备如下：

——盐度折射计；

——20 mL 或 50 mL 注射器。

5.2.2.2 盐分测定

在每个样地内取土芯，从土芯表面算起，在土芯 10 cm 处取出土样。将一小片滤纸或纤维纸放于注射器的底部，然后加入土样，用栓塞挤压使间隙水通过滤纸，滴到折射计的玻璃槽上，盖上盖片，将折射计对着光亮处，通过目镜直接读出盐度。所测数据经校正后按附录 A 表 A.3 的格式填写数据报表。

5.2.3 有机碳、硫化物

在每个红树林样地内（见5.4.1）采集表层(0 cm～10 cm)沉积物用于有机碳和硫化物分析。有机碳分析采用热导法，硫化物分析采用碘量法分析，样品预处理、分析方法应按 GB 17378.5 的有关规定执行。所测数据按附录 A 表 A.3 的格式填写数据报表。

5.3 红树林分布面积及盖度

5.3.1 遥感信息源选择和仪器设备

红树林分布面积及盖度监测所需信息源及仪器设备如下：

——全色波段 HRV 卫星数据；

——GIS 软件平台；

——手持 GPS；

——1∶10 000 地形图。

5.3.2 遥感图像的几何精校正方法

SPOT 图像在 1∶10 000 地形图上选择地面控制点(DCP)，采用一般齐次多项式方法进行几何精校正。DCP 尽可能在海岸带中选取。再用 GPS 实地采集 DCP 作为补充进行二次校正。经几何校正后的 SPOT 和 ETM＋图像采用最邻近内插法进行重采样。

5.3.3 图像增强与图像复合方法

在图像中选择红树林训练区，即感兴区(ROI)，分析红树林的图像特征，然后用直线拉伸法对图像进行三线性变换分段拉伸，使红树林区域与周围滩涂、海域的光谱间差异增大。采用锐化 HIS 变换的方法，分别将各景 SPOT 图像与相应的 ETM＋图像进行融合，得到包含了 SPOT 和 ETM＋两种数据信息的复合图像。然后采用经过融合的图像数据进行 RGB 真彩色合成，并加入公里格网，以 TIFF 格式保存。

5.3.4 图像判读与野外工作图的编制

在 GIS 支持下，在计算机上对各景图像进行人工目视判读，区划红树林小班，勾绘其边界线，得到多边形小班面状图层。以 1∶10 000 地形图为基础，产生相关的图层，并与由图像判读得到的小班面状图层进行叠加后，输出以遥感图像为背景的、包含行政界线和有关地物的比例尺为 1∶20 000 的红树林小班区划草图,作为野外调查的工作图。

5.3.5　野外调查方法

深入实地,逐一对照、检查工作图上红树林小班区划的合理性、界线定位的准确性。若通过目测判定某一小班区划合理,小班界线在图上位移小于或等于 2.0 mm,面积误差小于或等于 15%,则认为工作图上该小班的界线是准确的;若区划不合理,或界线位移明显偏大,或工作图上没有勾绘的零星分布红树林、未成林林地、天然更新林地等,采用 GPS 绕测定位修正,将其数据通过 GIS 数据处理软件下载后,生成面状图层后对计算机上的原小班界线图进行修正;对于紧靠或紧邻山丘、海堤、建构筑物等明显地物点,通过目测在工作图上能够准确定位和勾绘的红树林小班,直接在工作图上进行小班界线修正和补充勾绘,并通过直接转绘法和扫描量化法两种方法对计算机上的原小班界线图进行修正。

小班界线修正和补充勾绘完成后,进入小班内部,选择有代表性地段,采用目测法调查其盖度(郁闭度)。通过访问附近群众和知情者、查阅历史资料等方法,确定林木起源。

5.3.6　红树林分布面积计算

采用 GIS 对野外修正后的图像进行空间分析,计算红树林林地分布总面积、未成林林地面积、天然更新林林地面积。所测数据按附录 A 表 A.4 格式填写数据报表。

5.4　生物指标

5.4.1　红树群落(断面样地法)

5.4.1.1　设备

红树林群落监测所需仪器设备如下:

——手持指南针,2 个,用以确定断面线;

——卷尺,50 m 玻璃纤维卷尺,用于确定样地;2 m 玻璃纤维卷尺,用于测量红树林树木胸径;

——约 100 m 长的绳子或线;

——耐用的标签和细不锈钢丝,标签用铝片制作,编号;

——标桩,长 1.5 m,粗 50 mm 的 PVC 或其他材质的管材;

——手锤和钉子(5 cm);

——印制好的现场记录表;

——铅笔。

5.4.1.2　断面布设

在每一红树林监测区,根据红树林分布区域面积设 3~6 条以上断面,断面从红树林向海的分布前沿向红树林陆地边缘布设,穿越高、中、低三个潮带。

5.4.1.3　样地选择

在断面内,低、中和高潮区各布设 1 个大小相同的样地。样地面积取决于树木的密度,但不能小于 10 m×10 m,可根据红树林的密度扩大或缩小样地面积,一般来说,每一样地至少应有40~100 棵树木。如果红树林仅为沿海岸分布的狭窄"条状带",则应在此"条状带"中布设一个样地。

用标桩在样方的四角做标志,标桩要牢固插入地下(至少 50 cm),在每个标桩上用不锈钢丝系上标签,标明断面、样地编号。

5.4.1.4 胸径、株高测量

用 2 m 玻璃纤维卷尺测量每棵树周长大于 4 cm 的树木基干周长(C)。测量在肩高位置进行,大约在地面以上 1.5 m 处。将钉子(长 5 cm)钉入测量高度以下 10 cm 处的茎干,以便为将来的测量提供参考点。将钉子的一半突出于茎干之外,以利树木生长。

一些红树林树木的形状和生长形态难以测量其树木基干周长,采用下述方法测量:

——若树木在胸部高度以下分叉,或在近地面或地面之上的基部单向萌芽,将每一分枝看作单独的茎干加以测量(在记录中,将主茎干记为"1",其余的分枝记为"2");

——若茎干具有支撑根系或下部树干呈现凹槽形(红树科植物),则在根颈上部 20 cm 处测量树木基干周长;

——若在测量点茎干具有隆起、枝条或畸形时,要把测量基干周长的位置稍微上移或下移。

测量树木基干周长的同时测定每株红树林树木的株高(地面至植株的最高点)。

胸径(DBH)按式(1)计算。

$$DBH = C/\pi \tag{1}$$

式中:

DBH——胸径,cm;

C——树木基干周长,cm。

5.4.1.5 种类组成、密度

鉴定样地内所有红树林种类,按以下三类记录不同种类的植株数量:

大树,DBH 大于 4 cm;

小树,DBH 大于 1 cm、小于 4 cm,且株高大于 1 m;

幼树,树高小于 1 m。

红树林密度按式(2)计算。

$$d = n/s \times 10 \tag{2}$$

式中:

d——红树林植株密度,株/10 平方米;

n——样地内红树林植株树,株;

s——样地面积,m²。

红树林现场调查数据记入表 2 中,现场记录经计算整理后按表 A.5 的格式报表。

表 2　红树林群落现场监测记录

共____页　第____页

监测时间：_____年_____月_____日，记录者：_____

断面编号：_____样地编号：_____样地中心位置：经度_____纬度_____

序号	种名	拉丁名	基干周长/cm	胸径/cm	株高/cm

5.4.2　大型底栖动物

在每个红树林样地内（见 5.4.1）采用 0.25 cm×0.25 cm 定量样方随机采集底栖动物样品 4～8 次，生物样品经底层孔径为 1.0 mm 套筛分选，5‰福尔马林海水溶液固定。现场采样、样品实验室鉴定、记录、分析方法按 GB 17378.7 潮间带生物生态调查有关规定进行。大型底栖动物监测数按表 A.6 格式填报表。

5.4.3　红树林鸟类

用样线法统计鸟类数量。退潮时，在红树林中按固定的线路和长度以每小时 0.5 km～1 km 速度行进，观察统计线路两侧各 25 m 宽范围内的鸟类；记录下观察到的鸟类所在的位置、高度以及距林缘出发点的距离；隔天作 1 次，共 3 次，以 3 次的平均数作为分析数据。红树林鸟类调查数据按附录 A 表 A.7 格式填报表。

6　质量控制

首次开展红树林生态监测前应进行充分论证，确定监测区域的范围、监测断面、样地及监测站位，经确定后应固定不变。若需增加监测断面、样地或监测站数量，应在原有基础上增加。以 2 月份、5 月份、8 月份、11 月份分别代表春、夏、秋、冬四个季节。年季之间同一季节的监测时间应尽可能固定不变，监测时间相差最多不能超过 15 d。按国家海洋局有关规定管理及报送监测数据，同时应报送监测站位图，图中应标明监测站位编号、经纬度等信息，有关数据处理与分析质量控制按 GB 17378.2 有关规定执行。

附录Ⅱ 生物多样性观测技术导则 鸟类（HJ 710.4—2014）

目 次

---

① 附录 A～附录 I 参见本标准原文,本书不详列。

前　　言

　　为贯彻落实《中华人民共和国环境保护法》《中华人民共和国野生动物保护法》，规范我国生物多样性观测工作，制定本标准。

　　本标准规定了鸟类多样性观测的主要内容、技术要求和方法。

　　本标准附录 A、B、C、D、E、F、G、H、I 为资料性附录。

　　本标准为首次发布。

　　本标准由环境保护部科技标准司组织制订。

　　本标准主要起草单位：环境保护部南京环境科学研究所、中国科学院昆明动物研究所。

　　本标准环境保护部 2014 年 10 月 31 日批准。

　　本标准自 2015 年 1 月 1 日起实施。

　　本标准由环境保护部解释。

生物多样性观测技术导则   鸟类

1 适用范围

本标准规定了鸟类多样性观测的主要内容、技术要求和方法。

本标准适用于中华人民共和国范围内鸟类多样性的观测。

2 规范性引用文件

本标准内容引用了下列文件或其中的条款。凡是不注日期的引用文件，其最新版本适用于本标准。

GB/T 7714   文后参考文献著录规则

GB/T 8170   数值修约规则与极限数值的表示和判定

HJ 623   区域生物多样性评价标准

HJ 628   生物遗传资源采集技术规范（试行）

3 术语和定义

下列术语和定义适用于本标准。

3.1 鸟类群落 bird community

指一定时间某一特定区域或生境内，由资源因素（如食物或巢址）所决定的，通过各种相互作用而共存的鸟类集合体。

3.2 样线 line transect

指观测者在观测样地内选定的一条路线。观测者记录沿该路线一定空间范围内出现的鸟类物种。

3.3 样点 sampling point

指以某一地点为中心，观察一定半径或区域内的鸟类物种。

3.4 候鸟 migratory bird

指一年中随着季节的变化，定期地沿相对稳定的迁徙路线，在繁殖地和越冬地之间做远距离迁徙的鸟类。

3.5 迁徙 migration

指在每年的春季和秋季，鸟类在越冬地和繁殖地之间进行定期、集群飞迁的习性。在我国，春季迁徙是指鸟类自南方往北方，自越冬地往繁殖地之间的迁徙；秋季迁徙是指鸟类自北方往南方，自繁殖地往越冬地之间的迁徙。

3.6 全长 total length

指自喙尖至尾端的直线距离。

3.7 尾长 tail length

指自尾羽基部至末端的直线距离。

3.8 翅长 wing length

指自翼角（翼的弯折处，相当于腕关节）至翼尖的直线距离。

3.9 跗跖长 tarsus length

指胫跗骨与跗跖骨之间的关节处（关节后面的中点）至跗跖骨与中趾间的关节处（跗跖与中趾关节前面最下方的整个鳞片的下缘）的距离。

3.10 喙长 bill length

通常所测的喙长多系指嘴峰长，是从喙基与羽毛的交界处沿喙正中背方的隆起线，一直量至上喙喙尖的直线距离

4 观测原则

4.1 科学性原则

有明确的观测目标，观测样地和观测对象应具有代表性，能全面反映观测区域内鸟类多样性的整体状况，具有多种生境的区域可根据需要在不同的生境类型中分别设置足够数量的观测样线和样点；应采用统一、标准化的观测方法，对鸟类种群动态变化进行长期观测。

4.2 可操作性原则

观测计划应考虑所拥有的人力、资金和后勤保障等条件，观测样地应具备一定的交通条件

和工作条件。应在系统调查的基础上,充分考虑鸟类资源现状、保护状况和观测目标,选择合适的观测区域和观测对象,采用高效率、低成本的观测方法。

4.3　可持续性原则

观测工作应满足生物多样性保护和管理的需要,并能有效地指导生物多样性保护和管理。观测对象、观测样地、观测方法、观测时间和频次一经确定,应长期保持固定,不能随意变动。

4.4　保护性原则

尽量采用非损伤性取样方法,避免不科学的频繁观测。若要捕捉国家重点保护野生动物进行取样或标记,必须获得相关主管部门的行政许可。

4.5　安全性原则

保障观测者人身安全。在捕捉、处理潜在疫源动物时,应按有关规定进行防疫处理。观测具有一定的野外工作特点,观测者应接受相关专业培训,做好安全防护措施。

5　观测方法

5.1　观测准备

5.1.1　观测目标

观测目标为掌握区域内鸟类的种类组成、分布和种群动态,并评价其生境质量;或评估各种威胁因素对鸟类产生的影响;或分析鸟类保护措施和政策的有效性,并提出适应性管理措施。在确定观测目标后应明确观测区域。

5.1.2　观测对象

5.1.2.1　鸟类群落观测。对观测区域内所有鸟类物种进行观测。

5.1.2.2　常见鸟类物种观测。选择观测区域内一个或多个常见物种实施重点观测。选择的物种要有明显的识别特征,对环境变化有足够的敏感性,可以指示环境的变化。

5.1.2.3　珍稀、濒危或特有鸟类物种观测。选择观测区域内珍稀、濒危或特有物种实施重点观测。

5.1.3　观测计划

观测计划内容应包括样地设置,样方(样线、样点)设置,观测方法,观测内容和指标,观测时间和频次,数据处理和分析,质量控制和安全管理,等等。

5.1.4　观测仪器和工具

包括 8～12 倍的双筒望远镜（用于行走时或在树林中观测近距离的鸟类）、25～60 倍单筒望远镜（用于观测远距离且较长时间停留在某地的鸟类）、鸟类野外手册或鸟类图鉴等工具书、野外记录表、照相机、全球定位系统（GPS）定位仪、罗盘、温度计、直尺、游标卡尺、地图以及必要的防护用品和应急药品等。

5.1.5　培训

观测者应接受野外观测方法、野外操作规范和安全等方面的培训，使其熟悉观测区域的地形、植被和鸟类物种，提高其识别鸟类物种的能力。

5.2　观测样地、样线和样点设置

5.2.1　根据观测对象的生物学、生态学特征和观测目标，在观测区域内设立样地。

5.2.2　样地的数量应符合统计学的要求，并考虑人力、资金等因素。

5.2.3　采用简单随机抽样、系统抽样或分层随机抽样等方法，在样地内设置观测样线或样点。

5.2.3.1　简单随机抽样法：在样地内采用随机数或抽签等随机抽样方法，设置观测样线或样点。

5.2.3.2　系统抽样法：在样地内按一定的距离间隔，设置观测样线或样点。

5.2.3.3　分层随机抽样法：按照生境类型、海拔、人为干扰程度等因素对样地进行分层，在每层中按简单随机抽样方法设置观测样线或样点。分层随机抽样是较为常用的方法。

5.3　观测方法

5.3.1　分区直数法

5.3.1.1　根据地貌、地形或生境类型对整个观测区域进行分区，逐一统计各个分区中的鸟类种类和数量，得出观测区域内鸟类总种数和个体数量（记录表参见附录 A）。

5.3.1.2　该方法适用于较小面积的草原或湿地，主要应用于水鸟或其他集群鸟类的观测。

5.3.2　样线法

5.3.2.1　观测者沿着固定的线路行走，并记录样线两侧所见到的鸟类。

5.3.2.2　根据生境类型和地形设置样线，各样线互不重叠。一般而言，每种生境类型的样线在 2 条以上，每条样线长度以 1～3 km 为宜，若因地形限制，样线长度不应小于 1 km。

5.3.2.3　观测时行进速度通常为 1.5～3 km/h。

5.3.2.4　根据对样线两侧观测记录范围的限定，样线法又分为不限宽度、固定宽度和可变宽度 3 种方法。不限宽度样线法即不考虑鸟类与样线的距离，固定宽度样线法即记录样线两侧固定距离内的鸟类，可变宽度样线法需记录鸟类与样线的垂直距离。可变宽度样线法的记录表参见附录 B。

5.3.3 样点法

5.3.3.1 样点法是样线法的一种变形,即观测者行走速度为零的样线法。

5.3.3.2 以固定距离设置观测样点,样点之间的距离应根据生境类型确定,一般在 0.2 km 以上,在每个样点观测 3～10 min。

5.3.3.3 样点法更适合在崎岖的山地或片段化的生境中使用。样点数一般在 30 个以上。

5.3.3.4 根据对样点周围观测记录范围的界定,样点法又分为不限半径、固定半径和可变半径 3 种方法。不限半径样点法即观测时不考虑鸟类与样点的距离,固定半径样点法即记录样点周围固定距离内的鸟类,可变半径样点法需记录鸟类与样点的距离。可变半径样点法的记录表参见附录 C。

5.3.4 网捕法

5.3.4.1 网捕法是使用雾网捕捉鸟类,记录观测区域内活动鸟类的种类和数量的方法。

5.3.4.2 雾网规格为长 12 m、高 2.6 m;网眼大小可根据所观测鸟种而定,一般森林鸟类使用的雾网网眼大小为 36 mm²。

5.3.4.3 设网时间标准为 36 网时/千米²。每天开网时间为 12 h,开、闭网时间为当地每天日出、日落时间。大雾、大风及下雨时段不开网。天亮前开网,天黑后收网。每 1 h 查网一次,数量较多时可适当增加查网次数,以保证鸟类个体的安全。每次查网时记录上网鸟类的种类和数量,并进行测量(测量记录表参见附录 D)后就地释放。

5.3.5 领域标图法

5.3.5.1 领域标图法通常适用于观测繁殖季节具有领域性的鸟类。

5.3.5.2 将一定区域内所观测到的每一鸟类个体位点标绘在已知比例的坐标方格地图上,然后将该图进行转换,使得每种鸟都具有单独的标位图,最后确定位点群。每一位点群代表一个领域拥有者的活动中心。总位点群数＝完整位点群数＋边界重叠的不完整位点群的总数,鸟类数量通过位点群数乘以每一位点群代表的平均鸟类个体数获得。

5.3.5.3 领域标图法一般有如下的基本要求:

　　a)观测区域面积:森林生境 0.1～0.2 km²,开阔地带 0.4～1 km²;

　　b)地图比例:森林生境 1:(1 250～2 500),开阔地带 1:(2 000～5 000);

　　c)观测重复次数:5～10 次;

　　d)某个物种的领域必须不能少于 3 个,才能进行密度估计。

5.3.6 红外相机自动拍摄法

5.3.6.1 红外感应自动照相机能拍摄到稀有或活动隐蔽的地面活动鸟类。

5.3.6.2 安置红外相机前,应调查鸟类的活动区域和日常活动路线。尽量将相机安置在目标动物经常出没的通道上或其活动痕迹密集处。水源附近往往是动物活动频繁的区域,其他如取食点、求偶场、倒木、林间道路等也是鸟类经常活动的地点，应优先考虑。

5.3.6.3 可采用分层抽样法或系统抽样法设置观测样点。分层抽样法中，观测样点应涵盖观测样地内不同的生境类型，每种生境类型设置 7 个以上样点（样点间距 0.5 km 以上）。系统抽样法中，在观测样地内按照固定间距设置观测样点，每 1 km² 至少设置 1 个观测样点。

5.3.6.4 记录各样点名称，进行编号，并用 GPS 定位仪定位。每个样点于树干、树桩或岩石上装设 1 或 2 台红外感应自动相机。相机架设位置一般距离地面 0.3～1.0 m，架设方向尽量不朝东方太阳直射处。相机镜头与地面大致平行，略向下倾，一般与鸟类活动路径呈锐角夹角，并清理相机前的空间，减少对照片成像质量的干扰。

5.3.6.5 每一个样点应该至少收集 1 000 个相机工作小时的数据。在夏季每个样点需至少连续工作 30 d，以完成一个观测周期。

5.3.6.6 根据设备供电情况，定期巡视样点并更换电池，调试设备，下载数据。记录各样点拍摄起止日期、照片拍摄时间、动物物种与数量、年龄等级、性别、外形特征等信息，建立信息库，归档保存（记录表参见附录 E）。

5.3.7 非损伤性脱氧核糖核酸（DNA）检测法

5.3.7.1 采集与保存样品。按照 HJ 628 的规定进行样品采集。对采集的样品逐一编号，记录物种名称、样品类型（羽毛、卵壳等）、采集日期、地点、采集人员等信息。采用干燥保存法（硅胶保存法）、冷冻保存法、乙醇保存法等处理并初步保存采集的样品。

5.3.7.2 微量 DNA 提取。首先对样品进行预处理，然后采用酚-氯仿抽提法、硫氰酸胍（GuSCN）裂解法、Chelex-100 煮沸法、十六烷基三甲基溴化铵（CTAB）两步法等提取 DNA。

5.3.7.3 聚合酶链反应（PCR）扩增反应和 DNA 多态性分析。选择合适的遗传标记（如线粒体 DNA、微卫星等），通过 PCR 扩增特异性目的片断，再进行序列测定或基因分型。

6 观测内容和指标

鸟类观测内容和指标见表 1。

7 观测时间和频次

鸟类具有迁徙的特点，应根据观测目标和观测区域鸟类的繁殖、迁徙及越冬习性确定观测的时间。

表1 鸟类观测内容和指标

观测内容	观测指标	调查方法
种群结构	种类	野外调查
	性别比（雄∶雌）	野外调查
	成幼比例（成∶幼）	野外调查
	物种居留型	资料查阅和野外调查
鸟类多样性	种类数量	野外调查
	各物种种群数量	野外调查
珍稀、濒危和特有鸟类资源状况	珍稀、濒危和特有物种种类	野外调查和访问调查
	珍稀、濒危和特有物种数量	野外调查和访问调查
	珍稀、濒危和特有物种生存状况	野外调查和访问调查
	主要威胁因素	野外调查和访问调查
生境状况	人为干扰活动类型	野外调查和访问调查
	人为干扰活动强度	野外调查和访问调查
	适宜生境面积	野外调查
	适宜生境斑块化情况	野外调查
迁徙活动规律	春季迁徙起始时间	野外调查和访问调查
	秋季迁徙起始时间	野外调查和访问调查
	迁徙时期种类数量变化	野外调查
	迁徙时期各物种种群数量变化	野外调查

7.1 繁殖期鸟类观测

观测时间通常从繁殖季节开始持续到繁殖季节结束，包括整个繁殖季节，或选择其中的一个时间段进行观测。在我国通常为3～7月，但不同地区的繁殖时间有很大的差异，繁殖鸟类占区鸣唱的高峰期是最佳的观测时间。繁殖期鸟类观测应至少开展2次，繁殖前期和繁殖后期各开展1次。

7.2 越冬期鸟类观测

通常在越冬种群数量比较稳定的阶段进行。在资金和人力充足的情况下，可在每年10月至次年 3 月开展每月 1 次的观测；在资金和人力不足时，可选择 12 月或次年 1 月开展 1 次观测。

7.3 迁徙期鸟类观测

通常包括整个迁徙期，在我国主要是春季和秋季。根据资金和人力情况，开展每月 1 次或每周 1 次的观测。

7.4 观测时间

根据鸟类活动高峰期确定一天中的观测时间。观测时的天气应为晴天或多云天气，雨天或大风天气不能开展观测。一般在早晨日出后 3 小时内和傍晚日落前 3 小时内进行观测，高海拔地区观测时间应根据鸟类活动时间做适当提前或延后。

8 数据处理和分析

测度 α 多样性和 β 多样性的方法参见附录 H。

9 质量控制和安全管理

9.1 严格按科学性、可操作性和可持续性原则选择样地。在首次确定样线或样点后，应采取必要的保护措施，保证样线或样点的长期有效性。

9.2 观测者应接受专业培训，并具备一定的野外实践经验，掌握鸟类识别、野外距离估算技术，掌握观测程序和方法。严格按照规范填写记录表，原始记录要归档并长期保存。数值测试和计算按 GB/T 8170 的规定执行。

9.3 应及时整理、审核和检查观测数据，并及时进行必要的补充，保证数据的准确性。

9.4 作业期间，在确保人员和操作安全的情况下方可进行观测；禁止在雷雨、大风、大雾等影响观测结果和人身安全的天气条件下进行观测，尽量避免单人作业。

10 观测报告编制

鸟类观测报告内容应包括前言，观测区域概况，观测方法，鸟类的种类组成、区域分布、种群动态、面临的威胁，对策建议，等等。观测报告编写格式参见附录 I。